Rhino 5.0 产品创意设计

李宏 / 编著

清华大学出版社

北京

内容简介

本书共分6章，第1章介绍Rhino软件的初步知识，第2章讲解基本的成形工具运用，第3～5章讲述从简单到高级的建模。前5章剔除华而不实的命令介绍，让读者以最直接的方式快速入门，并遵循“建模→渲染”这一产品设计工作流程，通过产品实例引导读者快速掌握相关的建模技巧。第6章则讲解建模后期的KeyShot 6.0渲染器。读者可以根据详细操作步骤自由轻松地渲染出照片级的产品效果图。

作者在本书的编写过程中进行了无数次换位思考，整体结构由浅入深、案例安排从易到难。同时，根据作者长期从事产品设计教学和研究的体会，总结了从建模、渲染到出工程图的整个过程，把许多关键点和使用技巧融会贯通在全书中，让读者在较短的时间快速掌握本书内容。

本书特别适合读者自学，也可作为各类高等院校和职业院校计算机辅助工业设计课程的教材和参考书，还适合从事工业设计的设计人员学习和参考。

图书在版编目 (CIP) 数据

Rhino 5.0 产品创意设计 / 李宏编著 .—北京：清华大学出版社，2019（2024.8重印）

ISBN 978-7-302-51701-6

Ⅰ . ① R… Ⅱ . ①李… Ⅲ . ①产品设计—计算机辅助设计—应用软件 Ⅳ . ① TB472-39

中国版本图书馆 CIP 数据核字（2018）第 266957 号

责任编辑：陈绿春
封面设计：潘国文
责任校对：徐俊伟
责任印制：沈　露

出版发行：清华大学出版社
网　　址：https://www.tup.com.cn, https://www.wqxuetang.com
地　　址：北京清华大学学研大厦 A 座　　**邮　　编：**100084
社 总 机：010- 83470000　　**邮　　购：**010-62786544
投稿与读者服务：010-62776969，c-service@tup.tsinghua.edu.cn
质 量 反 馈：010-62772015，zhiliang@tup.tsinghua.edu.cn
印 装 者：三河市龙大印装有限公司
经　　销：全国新华书店
开　　本：188mm×260mm　　**印　张：**9.75　　**字　数：**313 千字
版　　次：2019 年 1 月第 1 版　　**印　次：**2024 年 8 月第 7 次印刷
定　　价：49.00 元

产品编号：076558-01

前言

首届世界工业设计大会在中国召开，为中国工业设计的发展带来了前所未有的发展机遇。科技与文化迅速发展，工业设计和产品设计也因此成为当前比较热门的就业领域，这些工作中都要涉及计算机辅助工业设计（Computer Aided Industrial Design，CAID）。与传统的工业设计相比，计算机辅助设计使创意的表达更可靠、完整、科学和真实，是产品设计中表达创意想法的强有力手段，而熟练掌握一门三维软件建模技术，也是通往设计这条职业道路的不二法则。

当前，用于创建三维建模的软件很多，但是在产品造型设计方面应用比较广泛的软件当属Rhino（犀牛）。它是一款功能强大的高级建模软件，是基于NURBS为主的三维建模软件。三维建模软件之多，想要在激烈的竞争中取得一席之地，必定在某一方面有特殊的优势。此软件小巧精致、功能强大、插件多、用户群体大、学习资源丰富。它包含了所有的NURBS建模功能，用它建模感觉非常流畅，所以大家常用它来建模，然后导出高精度模型给其他三维软件使用。自Rhino推出以来，无数的产品设计师和3D专业制作人员都被其强大的建模功能深深迷住并折服。因而国内大多数院校的工业设计、产品设计专业均开设了Rhino建模课程。

根据笔者多年的教学经验和总结，在学习Rhino之前首先应明白三点：第一，软件学习需要时间和耐心，把它当作一种好玩有趣的游戏去学，找适合自己的建模方法，运用自己的学习思路和方法，会大大提高学习兴趣；第二，学会做减法原则，软件命令有好几百个，全部记住费时费力，要学会归纳重要的命令；第三，软件只是表达创意想法的工具，不要纠结所有的面是否达到G2连续性，这样会浪费大量时间，时间应该多放在创意上，不然会沦为绘图员而不是设计师。

前言

本书定位于Rhino建模，从技术的角度对如何使用此软件创建各类模型进行详细讲解，力求以最简单、最快速、最通俗的方式让学习者掌握此软件。

感谢您选择了本书，希望此书对您的工作和学习有所帮助，也欢迎您把对本书的意见和建议告诉我们。同时也深深感谢支持和关心本书出版的所有朋友。

本书的相关素材请扫描封底的二维码进行下载，如果在相关素材下载过程中碰到问题，请联系陈老师，联系邮箱：chenlch@tup.tsinghua.edu.cn。

作　者

2018年10月

目录

第1章 初识Rhino

1.1 Rhino软件概述 2
1.1.1 Rhino的八大优势 2
1.1.2 Rhino 5.0的相关插件 2
1.2 Rhino 5.0工作界面 2
1.3 Rhino的3种工作模式和选择物件方式 4
1.4 Rhino主要工具的系统性归纳 5
1.5 环境与显示设置 5
1.5.1 设置文件属性 5
1.5.2 鼠标中键设置自定义工具列 6
1.5.3 显示模式设置 6
1.6 常用快捷键 10
1.7 Rhino 5.0专业术语介绍 11
1.7.1 非均匀有理B样条(NURBS) 11
1.7.2 曲线的阶数 11
1.7.3 连续性 11
1.7.4 法线方向 12
1.7.5 结构线 12
1.8 自我学习的助手——即时联机说明 12

第2章 Rhino建模成形工具

2.1 Rhino建模成形的基本运用方法 14
2.1.1 挤压成形——动物饰品 14
2.1.2 挤压成形 ——创意书档 15
2.2 Rhino旋转成形运用 16
2.2.1 旋转成形——红酒杯 16
2.2.2 沿着路径旋转——心形气球 18
2.3 Rhino边成形工具运用 20
2.3.1 放样成形——水杯 20
2.3.2 单双轨扫掠——水晶鹅 22
2.3.3 网线建立曲面——勺子 24

第3章 初级建模—— 修剪工具、布尔运算、阵列等运用技巧

3.1 产品造型设计建模方法简介 29
3.2 果盘 29
3.2.1 大形绘制 29
3.2.2 修剪细节 30

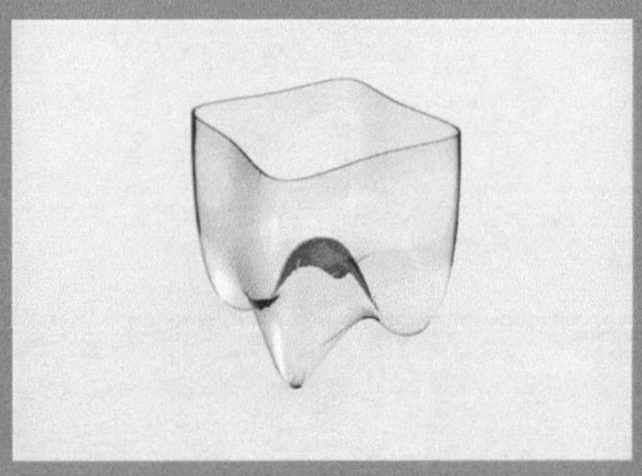

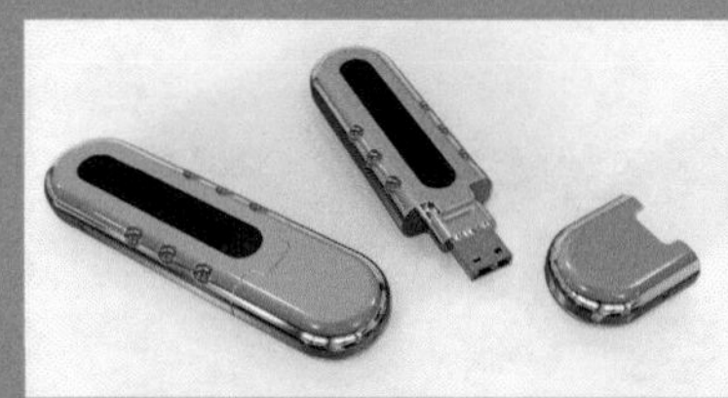

3.3 杯子......31
3.3.1 二维线绘制......31
3.3.2 布尔运算运用......33
3.4 U盘......34
3.4.1 绘制U盘大形......34
3.4.2 盖体分离制作......34
3.4.3 装修细节部分处理......36
3.5 欧式吊灯......38
3.5.1 单元体的绘制......39
3.5.2 阵列多个单元体......40

第4章 中级建模——曲线面混接、曲线面流动等运用技巧

4.1 克拉尼椅......43
4.1.1 形体布线......43
4.1.2 混接曲线、面的生成......44
4.2 碟子......47
4.2.1 单元形体布线......47
4.2.2 曲线面混接单个体......48
4.2.3 环形阵列形体......49
4.3 高跟鞋......50
4.3.1 大形体绘制......50
4.3.2 鞋跟建模......52
4.3.3 鞋面细节制作......55
4.4 迷你小风扇......56
4.4.1 单个风扇页的绘制......56
4.4.2 整体风扇页制作......57
4.4.3 底部制作......59
4.5 丘比特箭首饰......60
4.5.1 基本形绘制......60
4.5.2 曲线流动......61
4.6 咖啡杯......62
4.6.1 基本形体绘制......62
4.6.2 曲面流动......63
4.6.3 把手细节制作......65

第5章 高级建模——分面方式、减消面制作、细节处理等技巧

5.1 电热水壶......68
5.1.1 热水壶大形绘制......68

目录

5.1.2 壶身把手挖空处理......69
5.1.3 壶盖制作......70
5.1.4 壶身细节制作......72
5.1.5 壶底座制作......74

5.2 卷尺......75

5.2.1 卷尺基本形绘制......75
5.2.2 拆面补面绘制......78
5.2.3 中间部分细节绘制......85
5.2.4 开口部位细节绘制......88

5.3 方向盘......93

5.3.1 方向盘大形绘制......93
5.3.2 方向盘里面部分制作......94
5.3.3 表面细节部分处理......100
5.3.4 方向盘外部细节制作......107

5.4 鼠标......109

5.4.1 布线绘制大形体......109
5.4.2 减消面绘制......110
5.4.3 减消面与落差面交汇处理......111
5.4.4 按键细节部分处理......116

5.5 导出平面工程图设置——电热水壶......119

第6章 渲染一种出彩的艺术——KeyShot 6.0渲染器

6.1 KeyShot概述......124

6.2 KeyShot 6.0 界面介绍......125

6.2.1 导入......125
6.2.2 库......126
6.2.3 项目......127
6.2.4 动画......127
6.2.5 KeyShotVR......128
6.2.6 渲染......128

6.3 KeyShot 6.0的新特征......129

6.3.1 提高流程效率......129
6.3.2 更大的材质控制......129
6.3.3 惊人的新功能......130
6.3.4 强大的功能增强......130

6.4 KeyShot 6.0 5种贴图介绍......131

6.4.1 色彩贴图......131
6.4.2 反射贴图......131
6.4.3 凹凸贴图......131
6.4.4 法线贴图......132

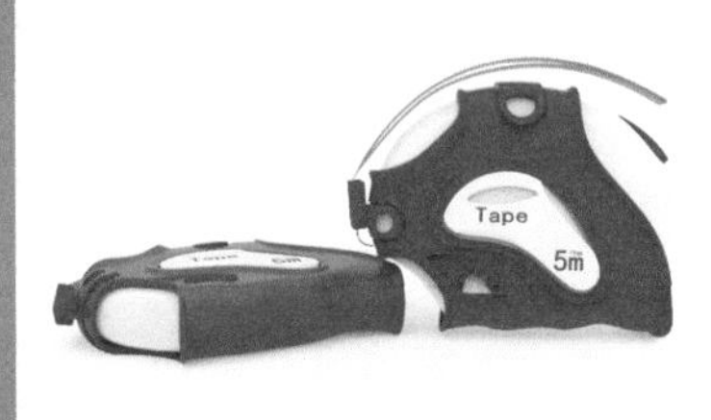

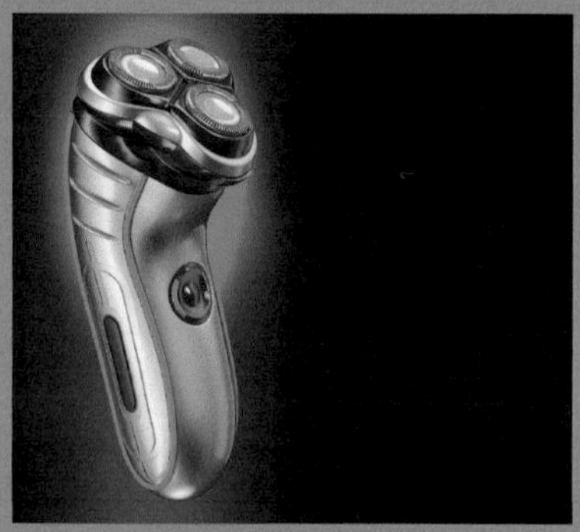

6.4.5 不透明贴图 132

6.5 KeyShot 6.0材质的使用方法 132

6.5.1 复制和粘贴材质 132
6.5.2 在项目库中使用材质 133
6.5.3 编辑材质 133

6.6 KeyShot 6.0控制灯光位置和反射的方法 134

6.7 KeyShot 6.0HDRI编辑器介绍 135

6.8 KeyShot 6.0景深功能使用方法 136

6.9 KeyShot自发光材质运用 137

6.10 KeyShot照明设置 138

6.10.1 环境照明 138
6.10.2 物理照明 139
6.10.3 添加照明 139

6.11 KeyShot动画的类型 139

6.11.1 平移动画 140
6.11.2 旋转动画 140
6.11.3 淡出动画 141
6.11.4 KeyShot 6.0 快捷键运用 141

6.12 KeyShot工作流程——静物实例讲解 141

6.12.1 导入3D模型 141
6.12.2 给物体赋材质 142
6.12.3 选择光照环境 144
6.12.4 选择背景图片 144
6.12.5 调整摄像机 145
6.12.6 渲染导出图像 146

6.13 制作旋转动画实例讲解 146

第1章 初识Rhino

1.1 Rhino软件概述

Rhino 英文全名为 Rhinoceros，中文称之为犀牛，于 1998 年 8 月正式上市，是美国 Robert McNeel & Assoc 为 PC 开发的强大的专业 3D 造型软件。Rhinoceros 软件在早期的发展原型代号就称为“Rhino”。它具有比传统网格建模更为优秀的 NURBS（Non-Uniform Rational B-Spline）建模方式，也有类似于 3ds Max 的网格建模插件 T-Spline，其发展理念是以 Rhino 为系统，不断开发各种行业的专业插件、多种渲染插件、动画插件、模型参数及限制修改插件等，使之不断完善，发展成一个通用型的设计软件。除此之外，Rhino 的图形精度高，能输入和输出几十种文件格式，所绘制的模型能直接通过各种数控机器加工或成型制造出来，如今已被广泛应用于产品设计、建筑设计、工业制造、机械设计、科学研究和三维动画制作等领域。

1.1.1 Rhino的八大优势

（1）Rhino 拥有集百家之长为一体的理念，它有 NURBS 的优秀建模方式，也有网格建模插件 T-Spline，使建模方式有了更多的选择，从而能创建出更逼真、更生动的造型。

（2）Rhino 配备有多种行业的专业插件，用户只要熟练地掌握好 Rhino 常用工具的操作方法、技巧和理论，再学习这些插件就相对容易上手。然后根据自己从事的设计行业，把其相应配备的专业插件加载至 Rhino 中，即可使其变成一个非常专业的软件，这就是 Rhino 能立足于多种行业的主要原因，它非常适合从事多行业设计和有意转行的设计人士使用。

（3）Rhino 配备有多种渲染插件，弥补了自身在渲染方面的缺陷，从而制作出逼真的效果图。

（4）Rhino 配备有动画插件，能轻松地为模型设置动作，从而通过动态完美地展示自己的作品。

（5）Rhino 配备有模型参数及限制修改插件，为模型的后期修改带来巨大的便利。

（6）Rhino 能输入和输出几十种不同格式的文件，其中包括二维、三维软件的文件格式，还包括成型加工和图像类文件格式。

（7）Rhino 对建模数据的控制精度非常高，因此能通过各种数控成型机器加工或直接制造出来，这就是它在精工行业中的巨大优势。

（8）Rhino 是一个“平民化”的高端软件，相对其他的同类软件而言，它对计算机的操作系统没有特殊选择，对硬件配置要求也并不高，在安装上更不像其他软件那样动辄需要几百兆字节磁盘，而 Rhino 只占用区区二十几兆字节，在操作上更是易学易懂。

1.1.2 Rhino 5.0的相关插件

（1）各行业的专业插件：包括建筑插件 EasySite、机械插件 Alibre Design、珠宝首饰插件 TechGems（其他有 Jewelerscad、RhinoGold 、Rhinojewel、Matrix 6 for Rhino 、Smart3d StoneSetting）、鞋业插件 RhinoShoe、船舶插件 Orca3D、牙科插件 DentalShaper for Rhino、摄影量测插件 Rhinophoto、逆向工程插件 RhinoResurf 等（更多插件待更新）。

（2） 网格建模插件：T-Spline。

（3） 渲染插件：Keyshot、Flamingo（火烈鸟）、Penguin（企鹅）、V-Ray 和 Brazil（巴西）等。

（4） 动画插件：Bongo（羚羊）、RhinoAssembly 等。

1.2 Rhino 5.0工作界面

图 1-1 是打开 Rhino 5.0 的默认界面，主要由标题栏、菜单栏、指令栏、工具栏、工作视图区等几个部分组成。

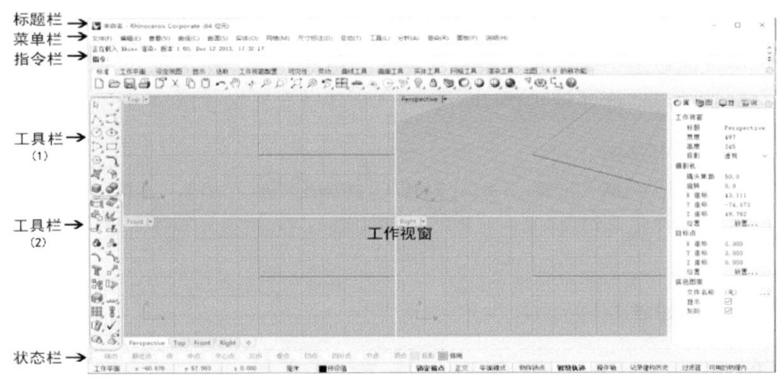

图1-1

标题栏：显示当前文件名等。

菜单栏：分类放置软件的各种命令的地方。

指令栏：显示当前命令执行的状态、提示命令的操作信息、参数设置与数量等。

工具栏：以按钮的形式来显示命令的区域，工具栏是Rhino软件的核心，包括工具栏（1）和工具栏（2），所有的建模操作都需要依靠这里面的工具，工具图标右下角的三角形符号表示隐藏面板，按下三角形符号可显示隐藏工具。

工作视窗：模型的建造和显示都是在视图区中完成。

默认状态下是4个视图：即Top（顶视图）、Perspective（透视图）、Front（前视图）、Right（右视图），如图1-2所示。

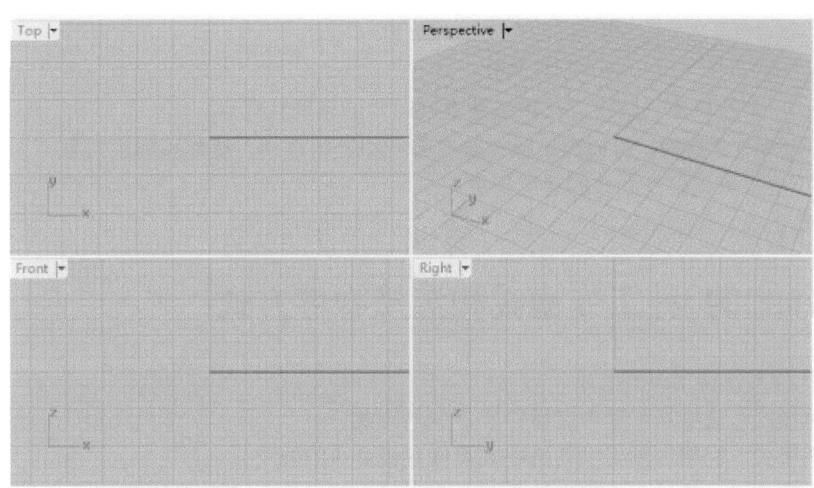

图1-2

恢复默认标准的4个视图方法：右击工具栏上的田按钮。

最大化视图：连续单击两次视图左上角的小方框，如 Perspective ，则视图最大化。

平移视图：单击图标或在Top、Front、Right视图按住鼠标右键移动，在Perspective视图中则同时按住Shift键+鼠标右键移动。

缩放视图：单击图标或滚动鼠标中键。

旋转视图：单击图标或在Perspective视图中按住鼠标右键旋转观察对象。

状态栏：状态栏位于界面最底端，主要显示坐标、捕捉、图层、锁点和操作轴等信息，是辅助建模的重要工具。

锁定格点：单击“锁定格点”字体变粗显示激活，用来限制鼠标光标在视图中的格点上移动，控制图形的精确性，快捷键为F9。

正交：单击“正交”字体变粗显示激活，用来保持水平与垂直，快捷键为 F8。

平面模式：光标只能在上一个指定点所在的平面上移动，便于曲面创建。

物件锁点：有利于进行捕捉并精确作图，单击“物件锁点”模式后会弹出图 1-3。

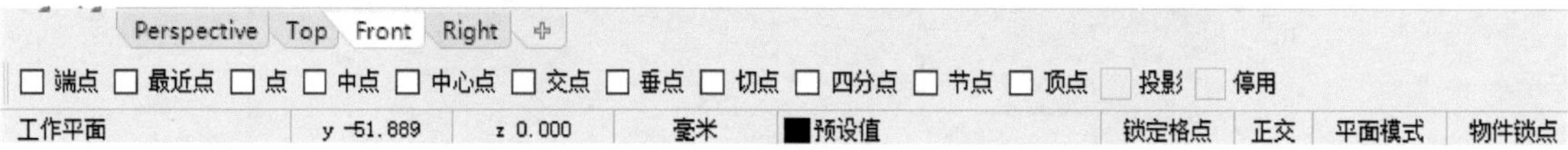

图1-3

图 1-3 中各选项含义如表 1-1 所示。

表1-1

端点	捕捉到线段的起点和终点、曲面边界的转角点
最近点	捕捉光标附近最近的曲线或曲面边缘上的点
点	捕捉到点
中点	捕捉到曲线或曲面边缘的中点
中心点	捕捉到圆、椭圆的中心点
交点	捕捉两条曲线的相交点
垂点	直线曲线或曲面边缘的垂直点
切点	目标线与曲面边缘的正切点
四分点	正圆或椭圆上的四分点
节点	曲线与曲面边缘上的节点
顶点	网格对象的顶点
投影	将捕捉的点投影到工作平面上
停用	停用捕捉功能

智慧轨迹：“智能轨迹”建模工具用来建立临时性的辅助线或点。

操作轴：Rhino 5.0 新增，可以通过操作轴在各视图进行移动、旋转和缩放对象。

记录建构历史：可以记录命令的建构历史。

过滤器：可以选择需要过滤的点、线、面等，方便对物件操作。

1.3 Rhino的3种工作模式和选择物件方式

Rhino 的 3 种工作模式如下所述。

（1）菜单模式：直接从菜单中选择建模命令的方式。

（2）按钮模式：利用工具栏中的按钮来操作建模命令的方式。

（3）命令行模式：通过命令行直接输入命令来操作建模的方式。

在这里我们使用按钮的模式进行操作，这种模式图文并茂，效率高。

Rhino 的 3 种常用的选择物件方式如下所述。

（1）点选 ：单击被选物件即可。

（2）加选：按住 Shift 键，再单击要增加的对象。

（3）减选：按住 Ctrl 键，再单击要取消的对象。

（4）框选：按住鼠标左键从右下方向左上方拖动框选物件（一般情况下用此方式）。

（5）按类型选：按物件的曲线、曲面、多边形等类型，可以一次性全部选取此类型的物件。我们在平时操作中常用的有以下几种。

：全选　　：取消全选　　：选择点

：选择曲线　　：选择曲面　　：按颜色选择

1.4 Rhino主要工具的系统性归纳

Rhino 主要工具的系统性归纳如表 1-2 所示。

表1-2

界面显示系统	物件图层与属性	图层控制面板，设置不同层级有利于区别对象 物件属性面板，设置场景中物件的一些基本属性
	物件可见与锁定	对场景中物件的隐藏 显示以及锁定
	显示模式设置与修改	场景中物件显示模式的控制按钮
核心工具系统	线的绘制	在 Rhino 中线的类型就是两类：一是直线；二是曲线；用得最多的是用 CV 点来绘制曲线
	曲面成形工具	2、3 或 4 条曲线成面：利用 2、3 或 4 条曲线作为曲面的边来创建曲面 挤出：将曲线挤出为曲面或实体 从网线建立曲面：所有同一方向的曲线必须与另一方向的曲线全部交叉，而同方向的曲线不能交叉 放样：使用若干条曲线连接成一个曲面 补面：使用任意条曲线或边生成一个曲面 双轨扫掠：使用两条轨迹曲线和若干条截面曲线扫描成曲面 旋转成型：将曲线截面沿规则的圆形或任意曲线旋转成曲面
辅助工具系统	组合与炸开	组合：连接曲线或曲面 炸开：可将连接在一起的复合曲线或曲面全部炸开
	修剪与分割	修剪：把曲线或曲面按剪切线来分成若干部分，并指定删除部分 分割：与修剪类似，只不过不把切开的部分删除
	群组与解散	群组：将选择的物件集合成一个群组 取消成组：将群组的物件打散
	移动与复制	移动：可以调整对象位置 复制：实现对象的复制
	旋转与缩放	旋转：可以改变对象的方向和角度 缩放物件：按照一定比例在一定方向上对物件进行放大或缩小
	镜像与阵列	镜像：实现对象的对称复制 矩形与环形阵列：按照一定规律或次序重复排列对象
	对齐与变形	设定 XYZ 坐标：常用于调整曲线、曲面的 CV 点，用于给指定的坐标系统对齐 变形控制器：可以通过控制点使物件变形

1.5 环境与显示设置

1.5.1 设置文件属性

Rhino 模型如果需要跟下游的 CAD、CAMM 系统有较好的衔接，就必须在建模之前设置好单位与公差，这样才能够更有效率、更准确地确定模型的精度值。

单位与公差

模型单位：适合软件之间的尺寸转换和打印需要，一般选用系统默认值——毫米。

绝对公差：【系统默认值】

相对公差：【系统默认值】

角度公差：【系统默认值】

显示精确度：【系统默认值】

1.5.2 鼠标中键设置自定义工具列

把常用的工具集合到鼠标中键栏里面，操作命令时只要单击鼠标中键，就可以弹出常用的工具，方便提高作图效率。

第一步：按住鼠标中键，弹出编辑对话框，如图 1-4 所示。

图1-4

第二步：在弹出中键栏的情况下，把鼠标移动到工具栏找到常用的工具，按住 Shift 键，再按住鼠标左键拖曳按钮到中键栏里面，然后释放鼠标即可。自定义后鼠标中键如图 1-5 所示。

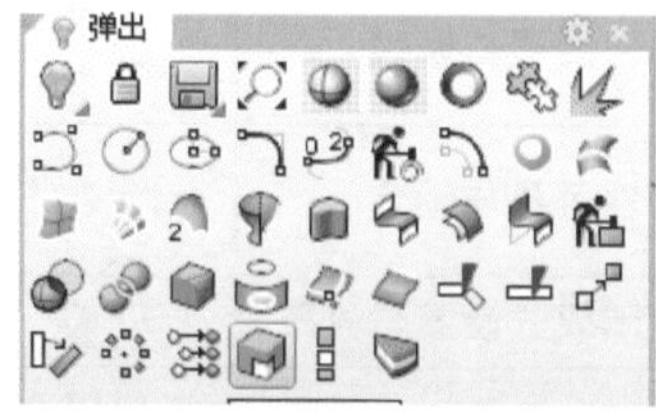

图1-5

删除按钮：按住 Shift 键，再按住鼠标左键拖曳按钮到中键栏以外，即可删除按钮。

工具列消失了怎么办？

在指令栏输入“ToolbarReset”命令，然后确定，关闭软件重新打开就将工具列恢复为出厂设定。

1.5.3 显示模式设置

1. 物件显示模式设置

Rhino 模型有 8 种可显示的模式供选择，一般常用的是“着色模式”和“线框模式”两种。鼠标停留在图标上，单击鼠标左键着色模式显示，单击鼠标右键线框模式显示。Perspective 用着色模式显示，另外的 Top 、Front 和 Right 视图用线框模式显示，这样方便观察，有利于作图，如图 1-6 所示。

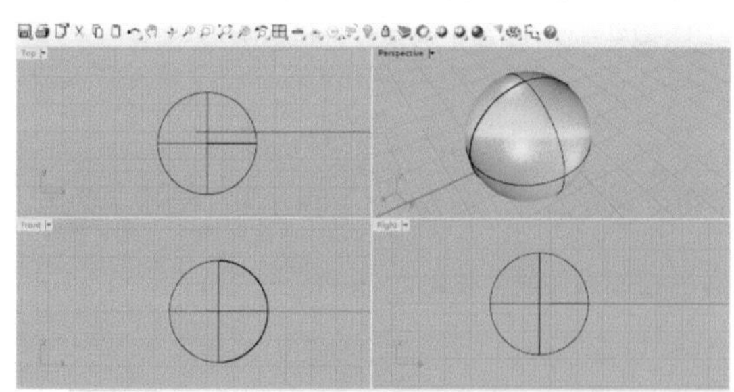

图1-6

显示设置的位置在“工具”→“选项”→“视图”中，下面列表中存在各种不同的显示模式，如图 1-7 所示，各种显示模式之间仅仅是设置的参数不一样，用户可以在这里对各种显示模式做新增、复制、删除、导入、导出等编辑操作。

线框模式：纯线框显示物件的结构线和轮廓线。

着色模式：带结构线有明暗变化的单一颜色显示。

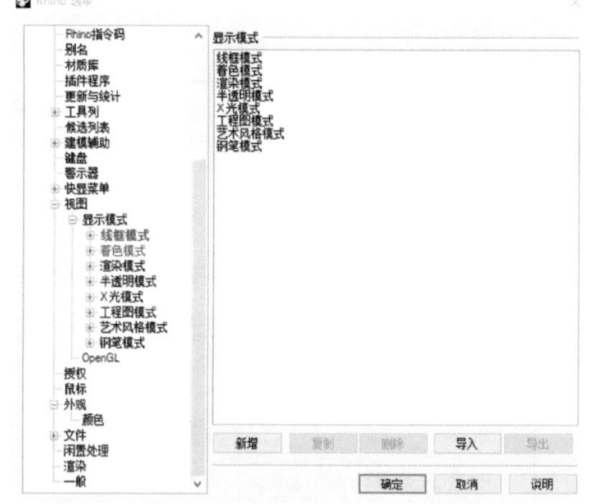

图1-7

渲染模式：有明暗变化表现出更多细节，但不显示结构线。

半透明模式：显示模型 35% 的透明度，可看到被遮掩的对象。

X 光模式：物件以完全透明模式显示。

工程图模式：以工程图效果显示，Rhino 5.0 新增显示模式。

艺术风格模式：具有艺术化风格显示，Rhino 5.0 新增显示模式。

钢笔模式：以钢笔画风格显示，Rhino 5.0 新增显示模式。

2. 彩色背景环境设置

在菜单栏中执行“工具”→“选项”→“视图”→“着色模式”→“背景”→“双色渐变”命令，然后再分别选择上方颜色和下方颜色，如图1-8和图1-9所示。

图1-8

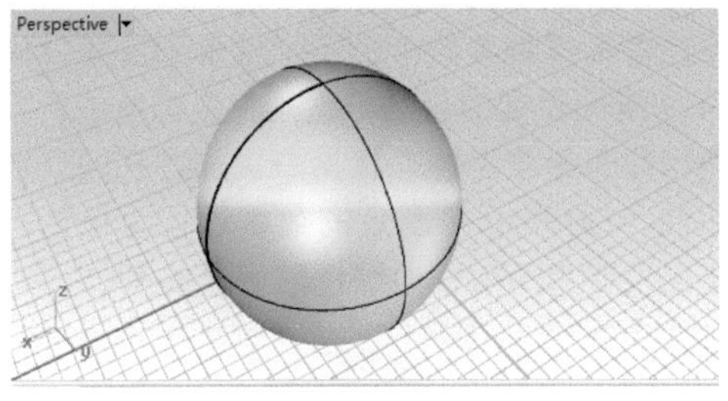

图1-9

3. 控制点设置

单位为像素，1表示使用电脑屏幕上1像素大小的面积作为一个控制点的显示；如果是2，也就是2×2=4像素的大小，后面依此类推。 这个参数不仅控制曲面、曲线的控制点大小，还同时控制多边形的顶点、曲线曲面的节点（kont）和编辑点的大小。控制点参数设置和效果如图1-10～图1-12所示。

图1-10

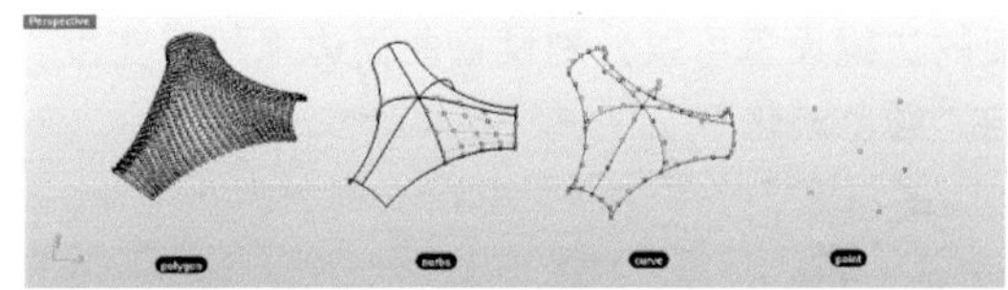

图1-11

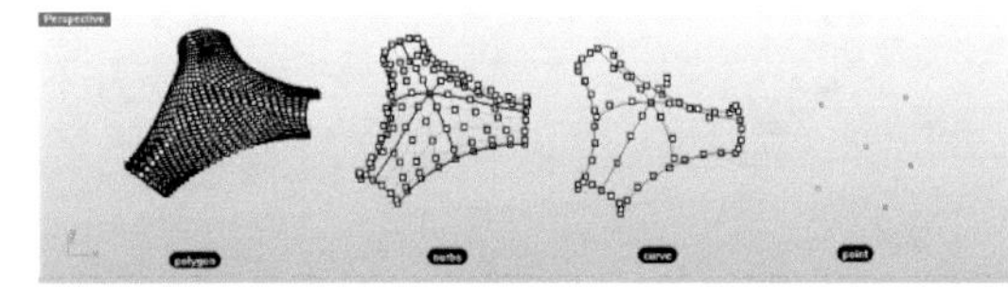

图1-12

控制点的颜色默认设置为：“使用物件颜色”，也可以设置为“使用固定颜色”来定义一个自己喜欢的控制点来显示颜色，如图1-13、图1-14所示。

图1-13

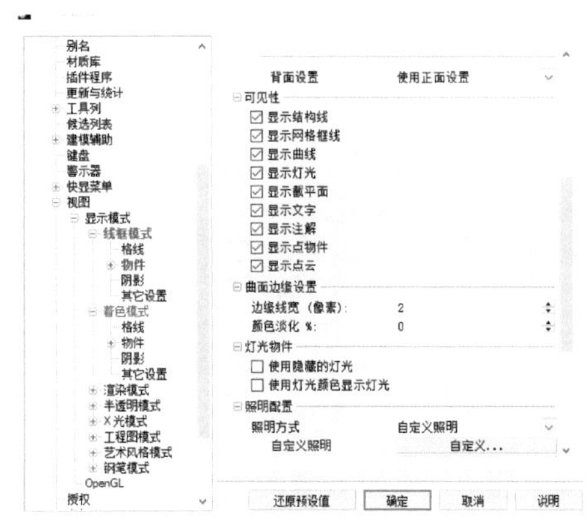

图1-14

4. 线的显示设置

线条的范畴包括：NURBS曲线、NURBS曲面的边界线和结构线（iso）、多边形的边界线。控制线条显示的总“开关”如图1-15所示，可见属性下面可以分别打开或者关闭结构线、网格框线（即polygon物件的边缘）、曲线的显示。曲面的边缘设置可以分别设置曲面边缘的“宽度”与“颜色淡化”。

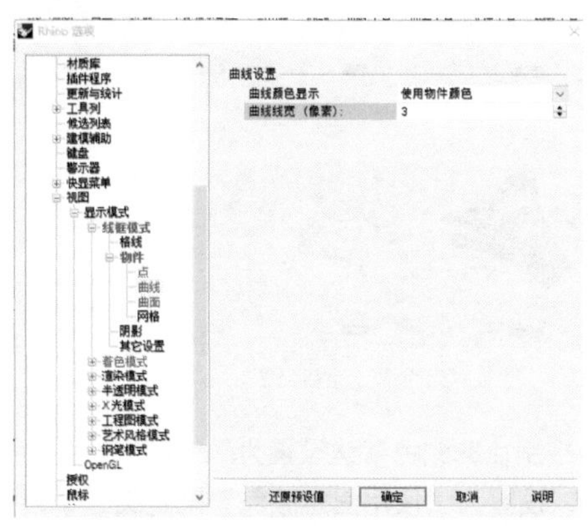

图1-15

（1）曲线设置

可以独立设置曲线显示的颜色和线宽，如线的改粗方式：在菜单栏中执行“工具”→“选项”→“视图”→“线框模式”→“物件”→“曲线”→“曲线宽度”命令，如图1–16和图1–17所示。

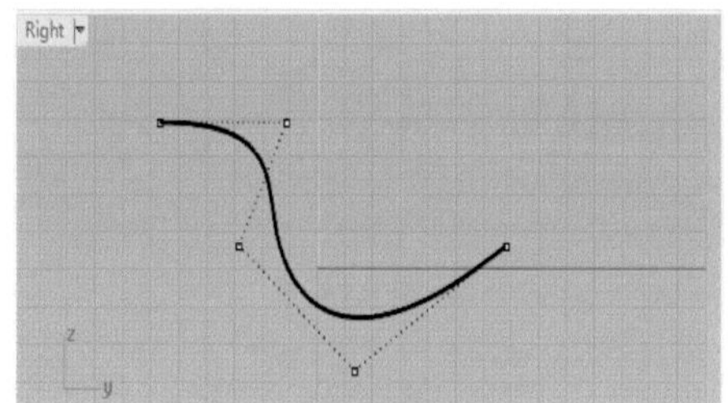

图1-16

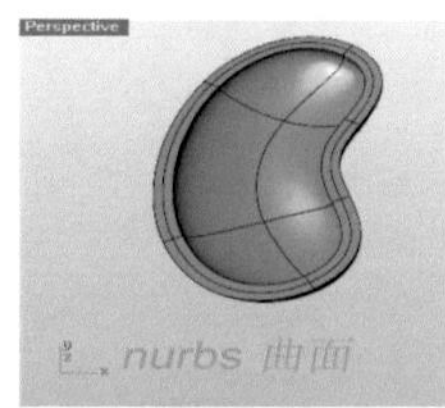

图1-17

如果把边缘线宽设置为 1，则表示：边缘曲线使用 1 像素的宽度曲线来显示，也就是通常见到的边缘曲线显示效果，如图 1-18 所示。

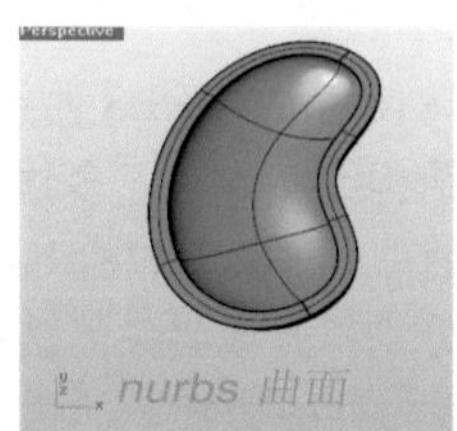

图1-18

如果把边缘线宽设置为 2，边缘曲线会以 2 像素的宽度曲线来显示。把边缘线宽设置为 2 像素的宽度，而把其他曲线设置为 1 像素的宽度，是比较常见的设置，可以从视图中很方便地区分出曲面的边界。

（2）边缘淡化设置

控制了边缘曲线的颜色的变化，让边缘曲线的颜色在既定的设置下做一定比例的“色彩变淡”“变淡”的意思通俗一点就是变黑。这个参数是一个百分比的数值，表示黑色与既定颜色的混合比例。如果设置为 0，表示有 0% 的黑色混合到既定的颜色中，也就是不起作用。如果设置为 50，表示黑色与既定的颜色等比混合，色彩会比原来暗淡一半。如果设置为 100，表示既定颜色的成分为 0，黑色全部替代了既定的颜色，所以会变成黑色。

如果默认的既定颜色就是黑色，那么不难理解不论怎么样设置这个数字，都是不会有效果变化的。这个设置的目的仍然是将边缘曲线的颜色变得稍微有一些不同，让用户更加容易区分出边缘曲线。图 1-19 中既定的线框设置为橙色，边缘淡化设置为 50%，边缘色彩明显偏黑。

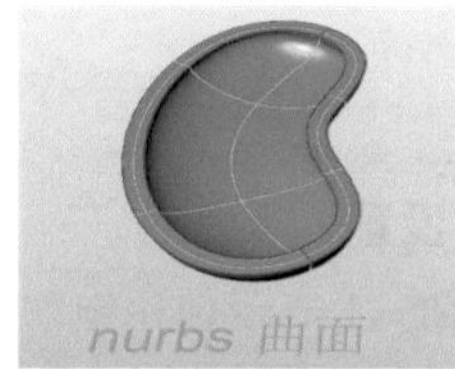

图1-19

（3）曲面边缘颜色显示设置（如图1–20）

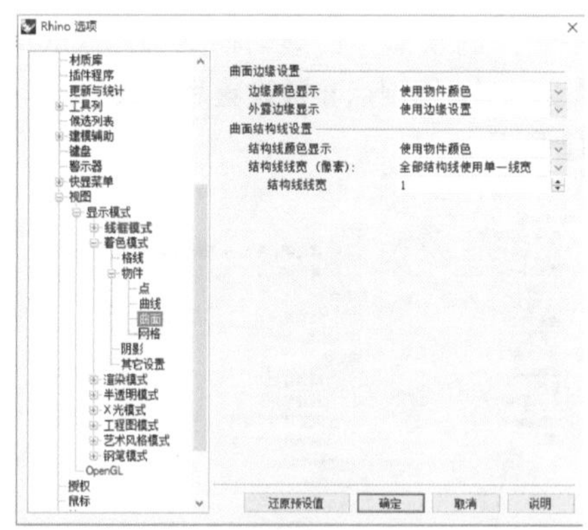

图1-20

可以单独定义外露的边缘的颜色、线宽和颜色淡化属性，以方便使用者注意到外露边缘的存在及位置。通过对曲面线条设置中的各种属性线条做不同颜色和线宽的设置，可以在视图中方便地辨认出不同线条的属性，帮助用户认识模型，比如按照图1-21中的设置，效果如图1-22所示。

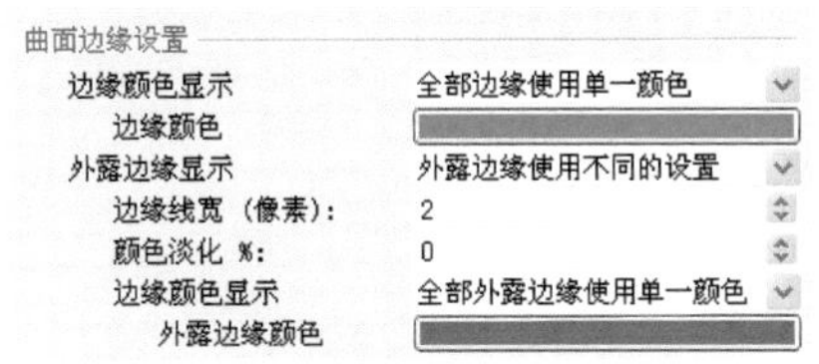

图1-21

图1-22

（4）多边形物件的线条显示

多边形物件经常被用于数控加工实物模型、渲染效果图，以及一些计算机辅助分析（比如材料的变形、刚度、任性、老化性、受力、分析）等很广泛的方面。多数作业流程需要多边形模型是封闭的，所以经常需要对多边形模型进行仔细的检查和修复。 通过对polygon物件的线条颜色显示设置，就可以很容易地从视图中区分出各种不同类型的边界，帮助使用者检查和修复多边形模型，如图1-23和图1-24所示。

图1-23

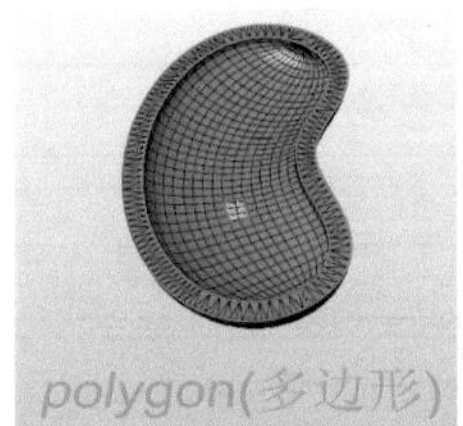

图1-24

内部边界：共用边界并且顶点焊接在一起的边界，通常为polygon内部的边界。

边缘边界：共用边界，顶点没有焊接在一起的边界。

外露边界：没有共用边界的边缘，也就是有“洞”或者没有封闭的模型的边缘。红色边界为模型的边缘，而粉红色边界为外露边界（洞）。

5. 自定义物件正面和反面的材质效果设置

着色部分：着色部分的设置影响Nurbs曲面和Mesh物件的着色效果。设置位置如图1-25所示，可以分别定义曲面正面和反面的材质效果，正面着色效果如图1-26所示。

图1-25

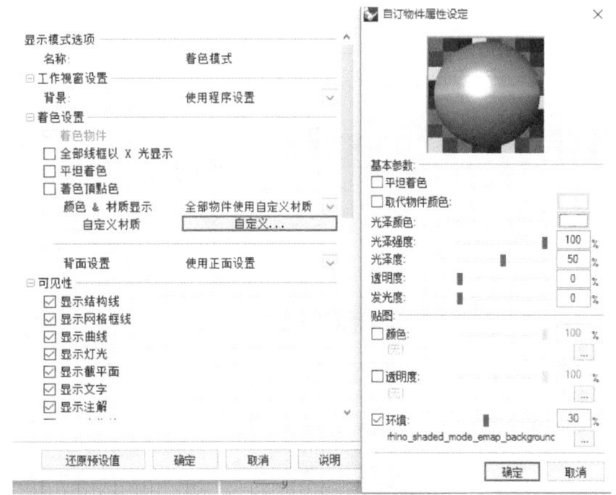

图1-26

使用物件颜色着色（所在图层的颜色），其中光泽度和透明度可以分别设置，如图1-27所示。

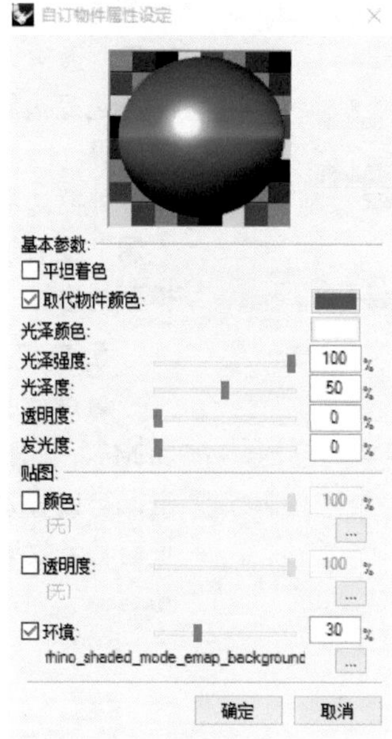

图1-27

使用自定义设置，可以很方便地设置材质的各种效果，包括本色、高光强度和颜色、透明度，以及纹理、透明度、环境反射的贴图方式，可以满足大部分的显示需要。

背面设置和正面设置类似，设置为与正面不同的材质效果来区分曲面的正反面是个不错的方法，如图 1-28 所示。

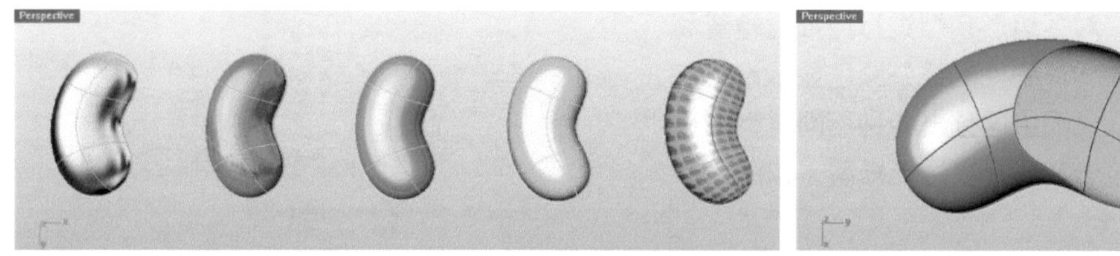

图1-28

1.6 常用快捷键

各快捷键的功能含义如表 1-3 所示。

表1-3

F11	关闭控制点	F10	打开控制点
Ctrl+F1	最大化顶视图	Ctrl+F2	最大化前视图
Ctrl+F3	最大化右视图	Ctrl+F4	最大化透视图
C	框选一个物件	M	移动物件
O	开关正交模式	S	栅格捕捉开关
U	取消上一步操作	W	框选一个物件
Z	缩放窗口	Ctrl+A	选择所有物件
Ctrl+Z	取消上一步操作	Ctrl+Y	重做
Ctrl+C	复制	Ctrl+V	粘贴

1.7 Rhino 5.0专业术语介绍

1.7.1　非均匀有理B样条（NURBS）

Rhino 是一个以 NURBS 曲线技术为核心的建模软件，NURBS 是英文的一个缩写，直译过来叫非均匀有理 B 样条，是一种出色的建模方式。相比传统的网格建模方式，它能够更好地控制物件表面的曲线度，可以创建出复杂的曲面造型效果及特殊效果。

1.7.2　曲线的阶数

在 Rhino 中一条曲线的平滑程度受到曲线阶数的影响；在绘制曲线的时候，Rhino 默认的是 3 阶曲线，阶数是可变的，我们可以在绘制曲线的提示栏中输入改变阶数的命令，Rhino 最高支持 21 阶的曲线。

阶数另一个影响因素是绘制曲线控制点的数量；在绘制不封闭的曲线时，要达到阶数为 N 的曲线，控制点的数量必须达到 N+1 才可以；对于封闭的曲线来讲，就不需要了，要绘制阶数为 N 的曲线，控制点数量为 N 就可以了。

当阶数为 1 的时候，我们所绘制的线就是直线；从视觉上看，阶数越小，曲线越弯曲；阶数越高，曲线越趋于平坦。

1.7.3　连续性

它是判断两条曲线或两个曲面接合是否光滑的重要参数，是根据曲线的曲率进行等级划分的，常见的有 G0、G1、G2、G3 几个等级，其中 G 表示连续性，后面的数值表示连续性的级别，数值越大，连续性越好。在 Rhino 中主要以 G0、G1、G2 为主。

G0（位置连续）

这是最基本的连续方式，其含义是两条线的端点重合，满足结合的最基本状态；所以它们没有曲率上的连续性，仅仅是位置相同而已，所以叫位置连续；它们直观的表现为两条线之间呈现夹角。

当两条曲线端点或曲面边缘接合处形成锐边时，用斑马纹检测相接处断开，则称为 G0。

G1（相切连续）

切线连续是最普通的连续方式，在 G0 的基础上两条线的交点处的切线方向一致，所以叫切线连续，也就是圆弧所能达到的连续性，常见的就是倒圆角。具有切线连续的曲线和曲面表现为光滑连接，但有不明显的折角。

如两条曲线在相接处的切线方向一致或两个曲面相接处的切线方向一致，没有形成锐角或锐边，用斑马纹检测是转向或尖凸起，则称为 G1。

G2（曲率连续）

曲率连续，是一种更高级的连续方式；在 G1 的基础上两条曲线的交点处的曲率一致，所以叫曲率连续；具有曲率连续的曲线或曲面表现为更光滑的连接，无明显的折角。

当两条曲线端点或曲面边缘接合处不仅切线方向一致，而且曲率圆的半径也一致，斑马纹检测是平顺对齐的连续，则称为 G2（一般需光滑的衔接都要用 G2）。

曲线和曲面的连续性都是相对的，是一个物件与另一个物件的相对位置而言的，所以对于单一的物件是没有连续性可言的，单一曲线或曲面如果被分割开后，它们的连续性是曲率连接 G2。

1.7.4 法线方向

法线方向是指曲面法线的曲率方向，垂直于着附点。选取物件执行，可以显示出该物件的方向，以箭头的方式显示。布尔运算出错的时候就可以用反转物件法线方向来解决。

1.7.5 结构线

英文缩写为 ISO，结构线是曲面上一条特定的 U 或 V 线。人们利用结构线和边缘曲线来可视化曲面的形状。

1.8 自我学习的助手——即时联机说明

一个根据当前运行的指令及时作更新的说明窗口，可以停靠在 Rhino 的界面上。比如：在需要使用曲线导角工具时，单击“曲线圆角”工具（Fillet），“即时联机说明”就会立即更新到曲线圆角工具的说明文件这一页，包括：实际操作过程录像、操作步骤说明，以及出现的选项的用途和方法、相关工具的说明等，是非常好的自学帮助，如图 1-29 所示。

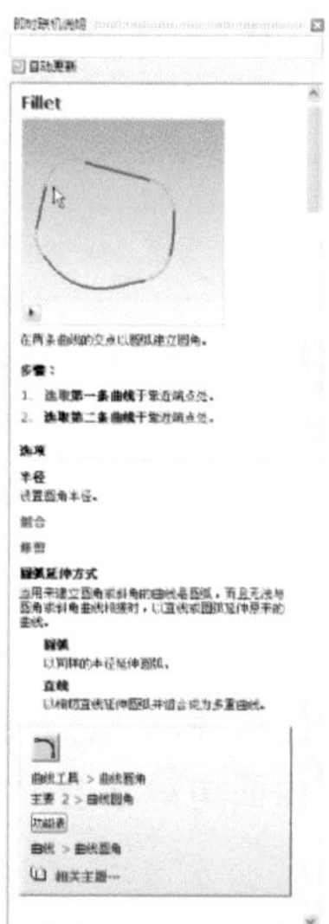

图1-29

第2章

Rhino建模成形工具

2.1 Rhino建模成形的基本运用方法

Rhino主要是以曲面的拼接与修剪为主要的建模手段，一个完整的犀牛模型由很多单面组合而成，像做衣服一样把裁剪好的面料拼接起来，再组合成一个整体。如果说Photoshop是一位妙笔生辉的“美画师”，那Rhino就是一位精巧绝伦的“裁缝师”。

要建造一个模型，首先我们要知道模型是怎么来的，模型的形成方式是什么样的，再找出模型造型的形体规律，运用适合的工具来建造模型大形态，像画素描一样画出大的体面效果。Rhino里面就是运用成形工具生成模型大体面，下面介绍3种常用的建模成形方法。

这3种常用的建模成形方法为：挤压成形、旋转成形、边成形。

2.1.1 挤压成形——动物饰品

知识要点：这是最基本的成形方式之一，画出封闭或者开放的二维线，再沿着一个方向挤出生成实体。

01 单击主工具列中的“控制点曲线”按钮，在Front视图里绘制饰品外部形态，如图2-1所示。单击“打开点”按钮或按快捷键F10将控制点显示出来，对形态进行修改调整，如图2-2所示。

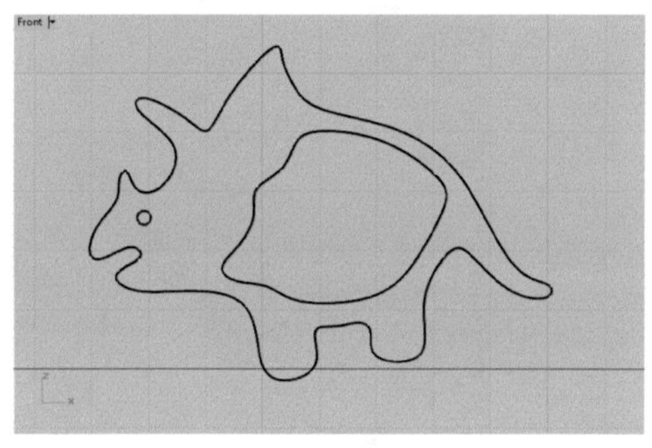

图2-1

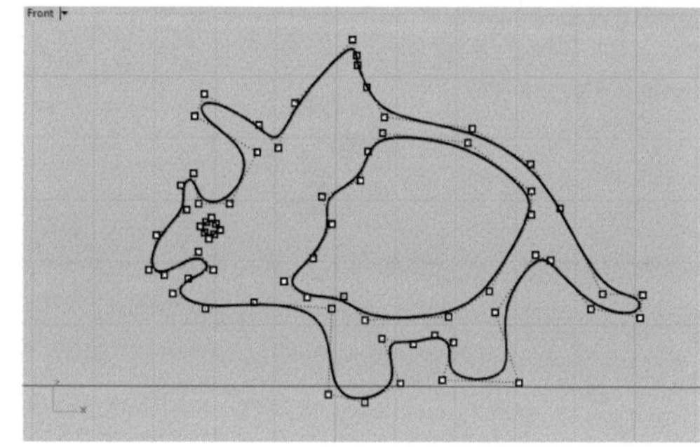

图2-2

02 框选所有的曲线，单击“实体”按钮里面的“挤出封闭的曲线”按钮，挤出曲线部分生成实体，如图2-3所示。

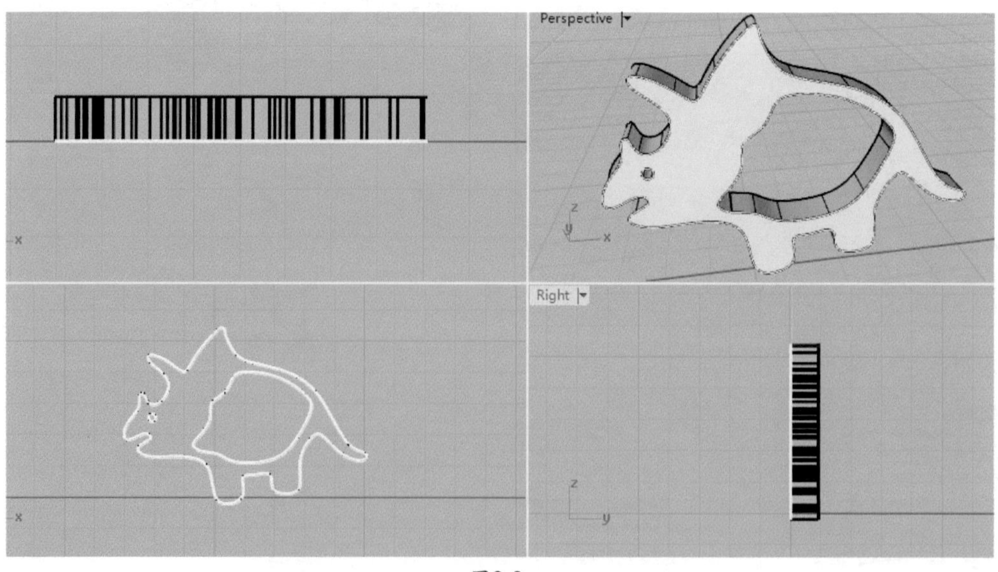

图2-3

03　完成后在透视图中显示，如图2-4所示。

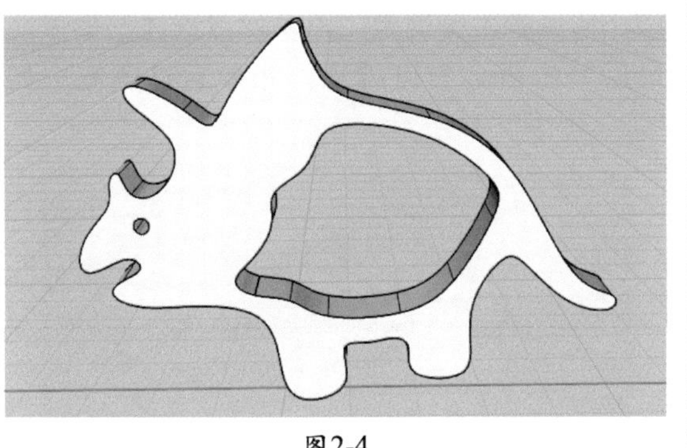

图2-4

04　运用此方法可以练习图2-5中的物件。

图2-5

2.1.2　挤压成形——创意书档

最终的创意书档效果如图2-6所示。

图2-6

01　单击主工具列中的“控制点曲线”按钮，在Front视图里绘制书档的外部形态，如图2-7所示。单击“打开点”按钮或按快捷键F10将控制点显示出来，对形态进行修改调整，如图2-8所示。

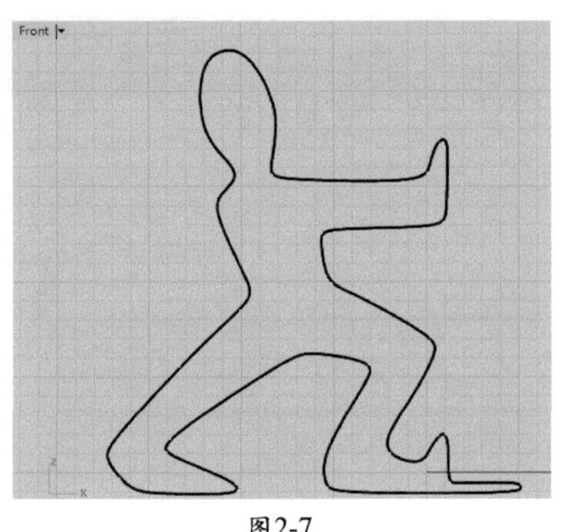

图2-7

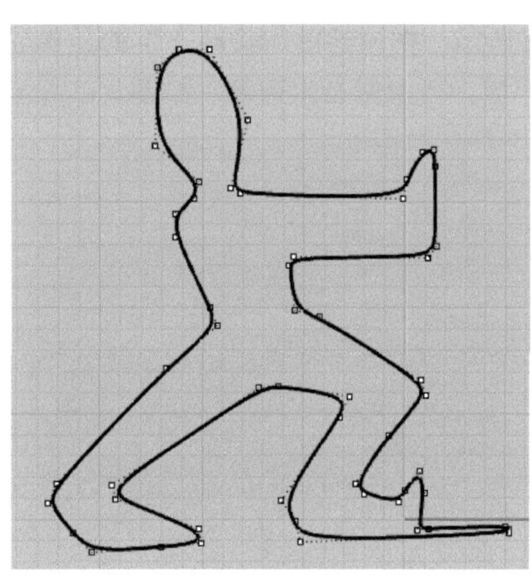

图2-8

02　用“控制点曲线”按钮绘制形体内部的形态，如图2-9所示，按住Shift键（可同时选择多个对象），依次单击内部的3个形态，令其被同时选择，如图2-10所示。

图2-9

图2-10

03 单击“实体”按钮组里面的“挤出封闭的曲线”按钮，挤出内部的实体部分，如图2-11所示，把内部形体移动一定的距离到外部形态里面，用来做布尔运算，如图2-12所示。

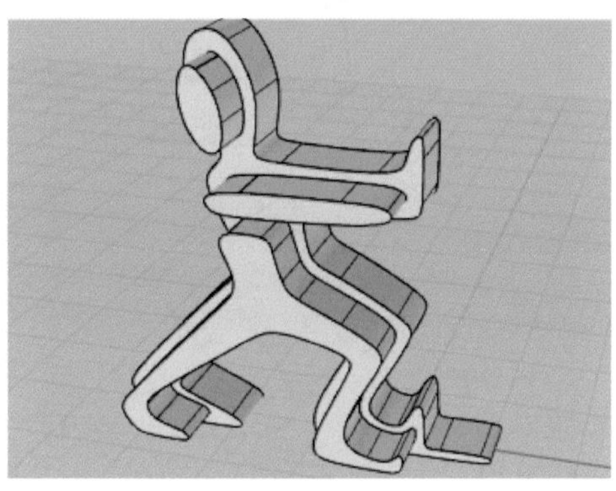

图2-11

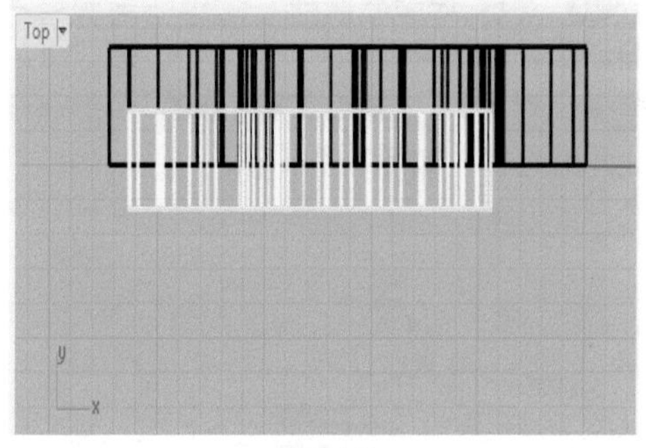

图2-12

04 单击“布尔运算”按钮里面的“布尔运算差集”按钮，再单击物件外部形态，用鼠标右键确定，再依次点选内部形体，最后单击鼠标右键结束，布尔运算完成。如图2-13、图2-14所示。

图2-13

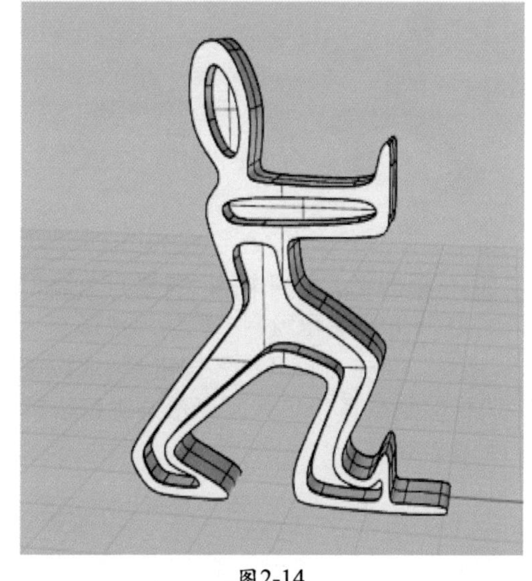

图2-14

2.2 Rhino旋转成形运用

2.2.1 旋转成形——红酒杯

知识要点：由一条曲线或者直线围绕中心旋转轴旋转而成，如图2-15所示。

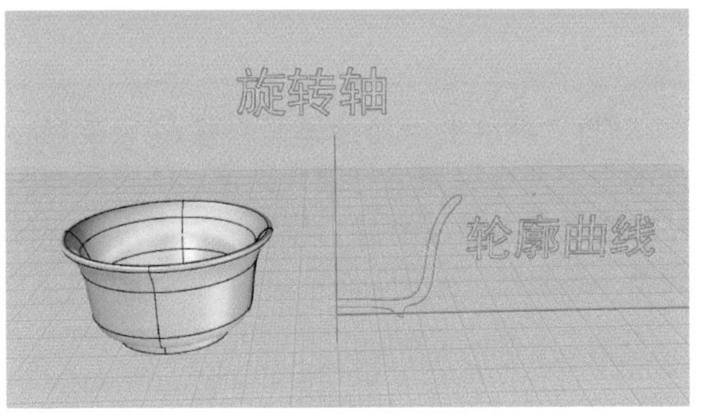

图2-15

图2-16为旋转成形的最终酒杯效果。

图2-16

01 单击“控制点曲线”按钮，在Front图中以绿色轴为对称轴，画出酒杯剖面一半的外形，如图2-17所示。单击“曲面”按钮里面的“旋转成形”按钮，在Front图中确定旋转起点和终点，如图2-18所示。

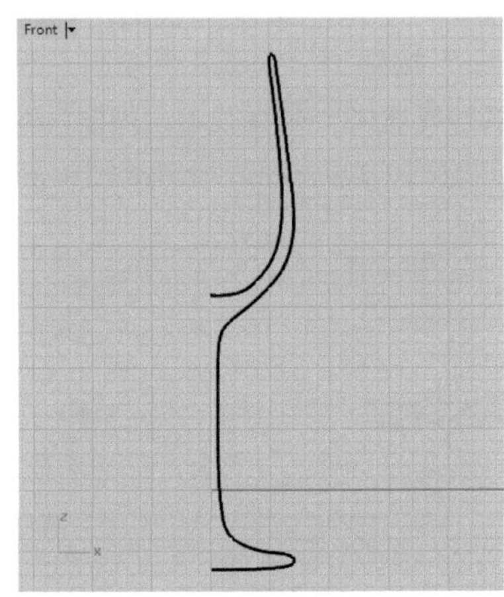

图2-17

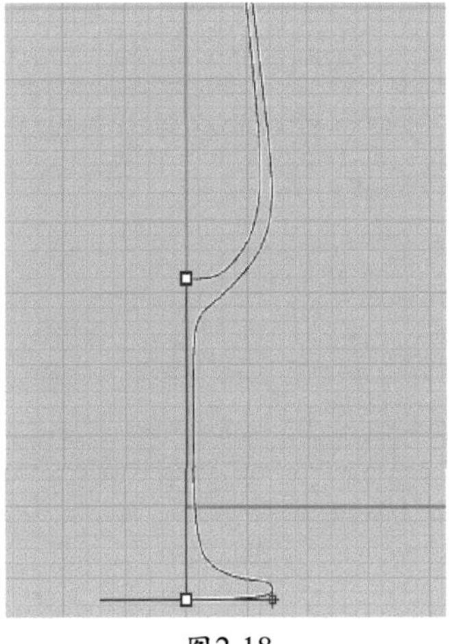

图2-18

02 在命令栏的“旋转角度”选项中输入360，再右击结束操作，如图2-19、图2-20所示。

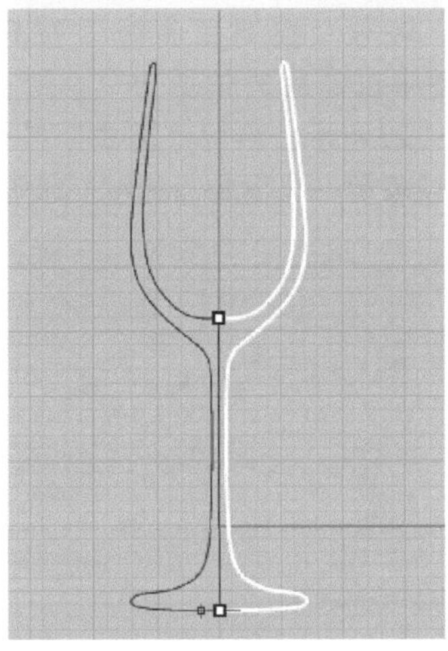

图2-19

图2-20

2.2.2 沿着路径旋转——心形气球

知识要点：轮廓曲线以中心轴沿着路径曲线旋转生成曲面，如图2-21、图2-22所示。

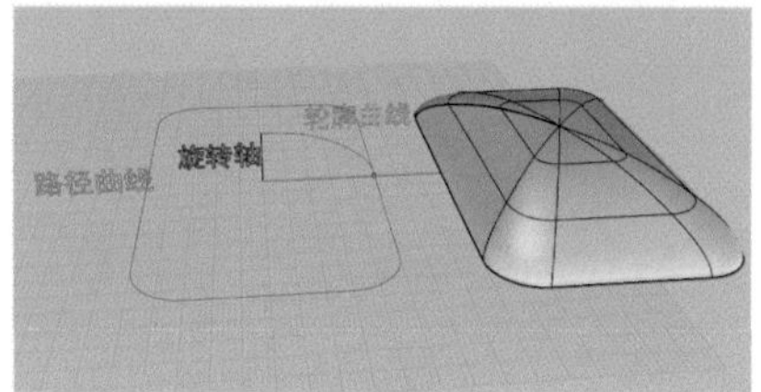

图2-21

图2-22

01 单击“控制点曲线”按钮，在Front视图中以绿色的轴画一个心形曲线的一半，如图2-23所示，再用“镜像”按钮打开端点捕捉镜像另一半出来，如图2-24所示。

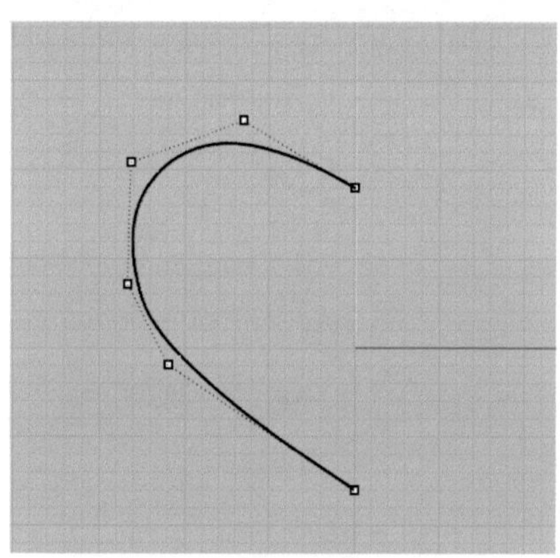

图2-23

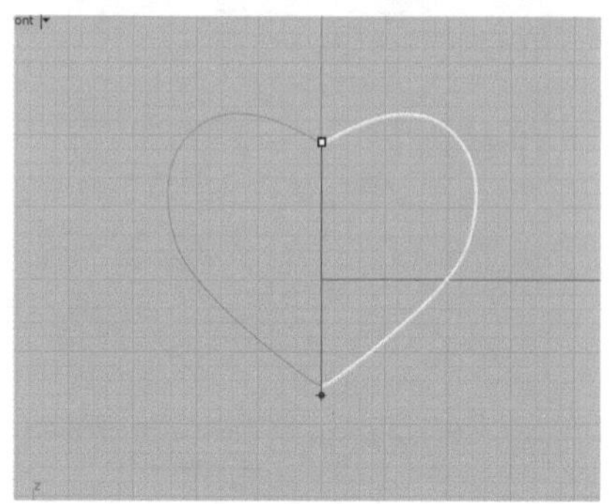

图2-24

02 再单击“曲线圆角”按钮，对心形的上下两个锐角进行圆角处理，圆角后如图2-25所示，用“画直线”按钮在心形中心位置画一条直线，如图2-26所示。

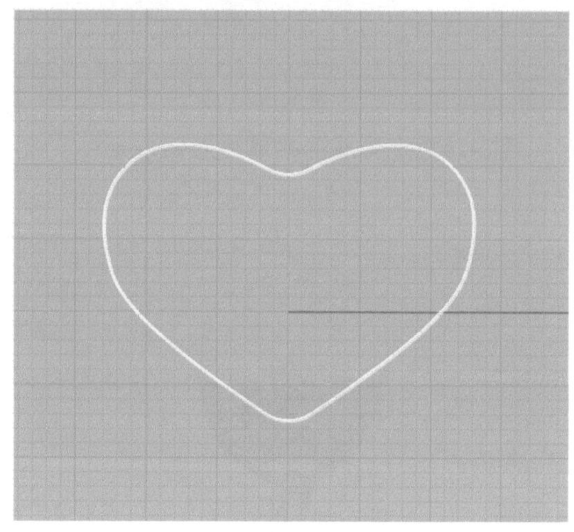

图2-25

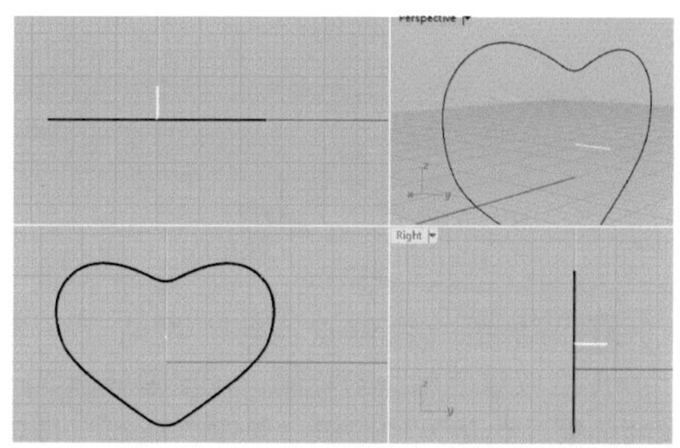

图2-26

03 打开端点和中点捕捉画一条相交曲线，如图2-27所示，在Right视图中单击“设定XYZ坐标”按钮，框选3个控制点设置为Y轴，让其对齐在同一条直线上，如图2-28所示。

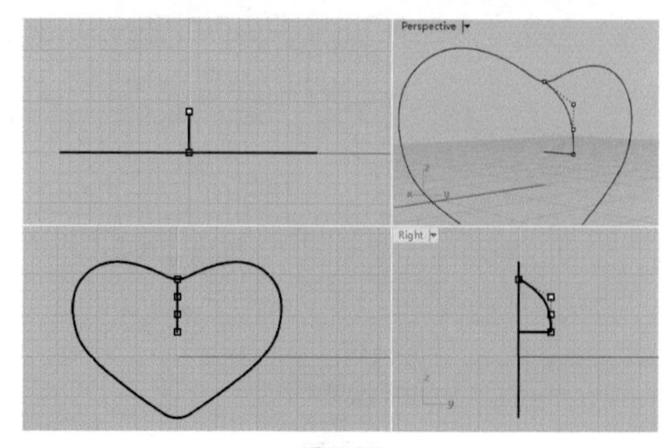

图2-27

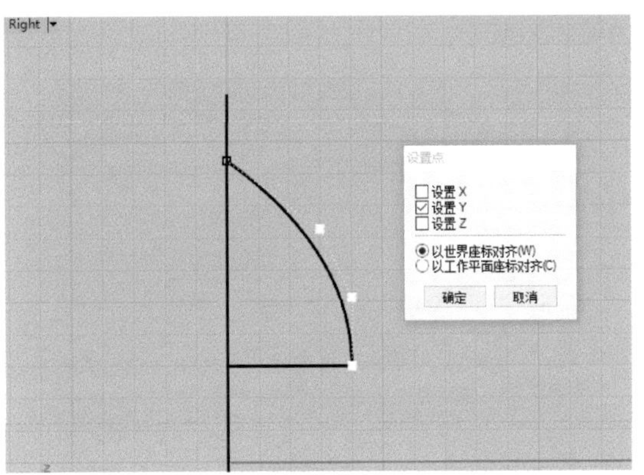

图2-28

04 右击“沿着路径旋转”按钮，先单击图2-27画的轮廓曲线，再单击以心形为路径曲线，最后以直线为旋转轴的起点和终点，完成后的效果如图2-29所示。再单击“镜像”按钮，如图2-30所示。

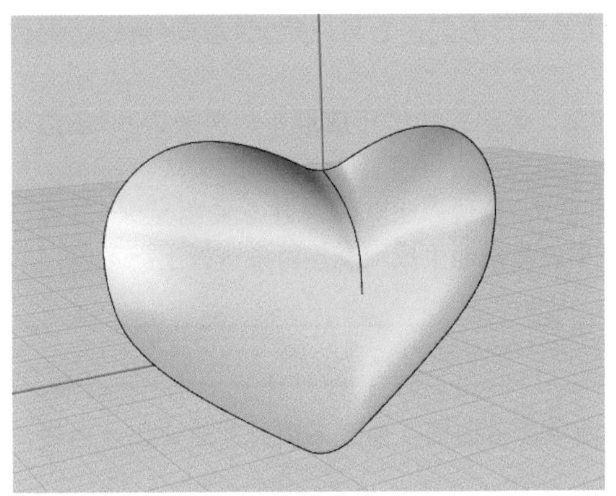

图2-29

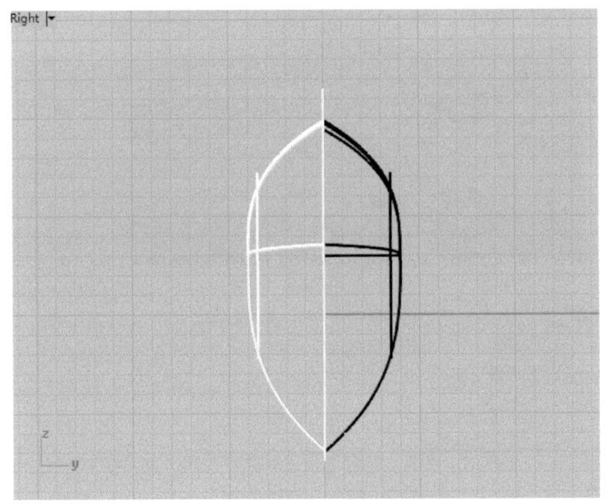

图2-30

05 单击“衔接曲面”按钮，选择正切和互相衔接，单击“确定”按钮。如图2-31、图2-32所示。

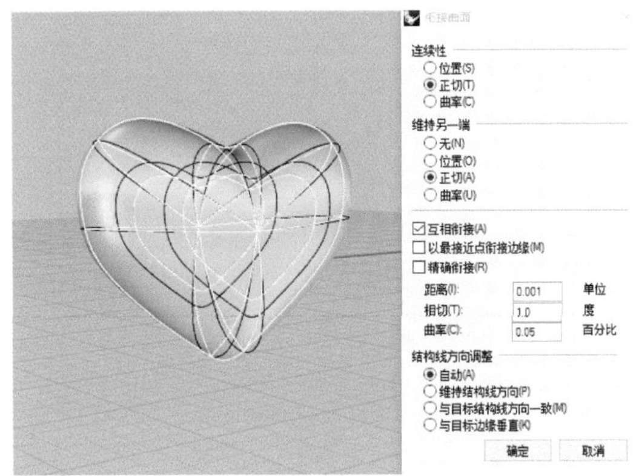

图2-31

图2-32

06 单击“控制点曲线”按钮，画一条曲线，如图2-33所示，单击“圆管”按钮确定一个半径值，再按空格键确定另一个半径值，完成后的效果如图2-34所示。

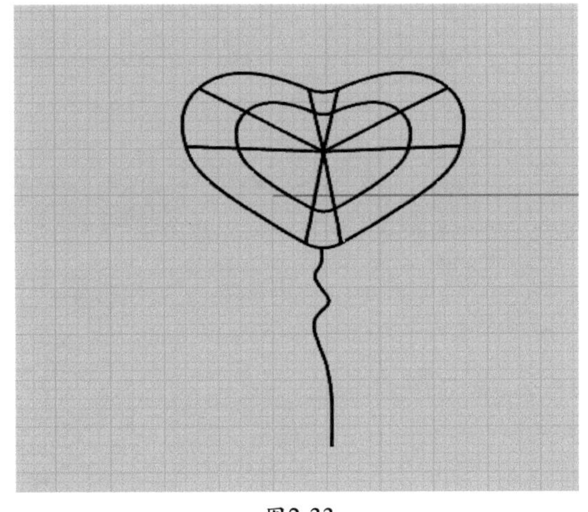

图2-33

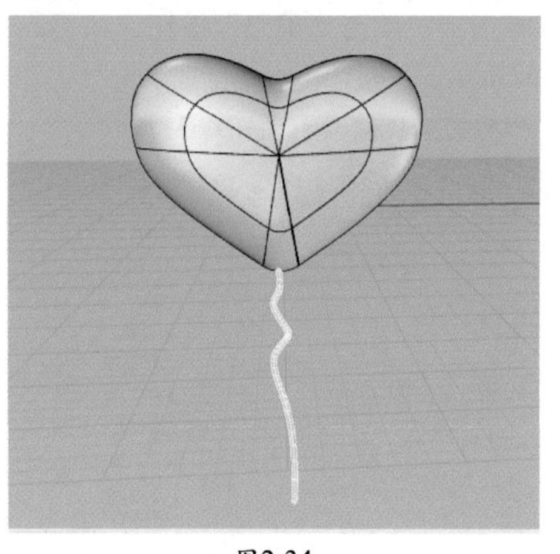
图2-34

07 复制另一个心形气球，全部完成效果如图2-35所示。

图2-35

2.3 Rhino边成形工具运用

Rhino成形的规律是四边成形，这也是比较完美的成形方式，它可以定义4条或4条以上的边来构面，整个曲面按着4条边以及内部曲面来构建。

虽然Rhino里面4边成形比较完美，但也可以定义一条边（如挤压成形）、两条边和3条边来生成曲面。

“单轨扫掠”定义两条边以上、“双轨扫掠”定义3条边以上、网线建立曲面定义4条边以上，放样比较特殊，只要定位UV的一个方向，另一个方向自动生成，满足两条边以上就可以。

2.3.1 放样成形——水杯

知识要点：在空间上定位同一方向的两条以上曲线建立曲面，曲线必须是开放或闭合曲线，本例效果如图2-36所示。

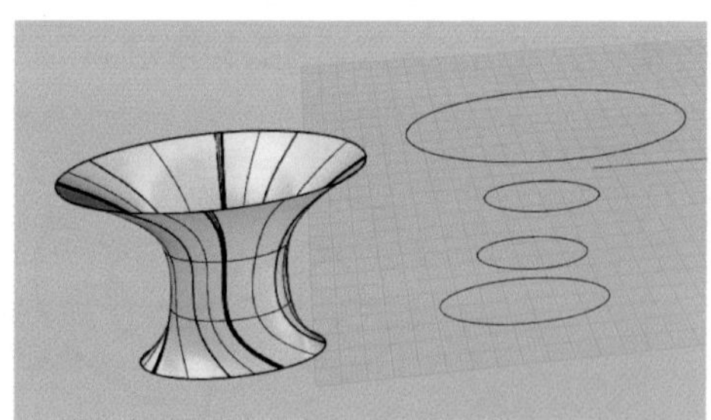
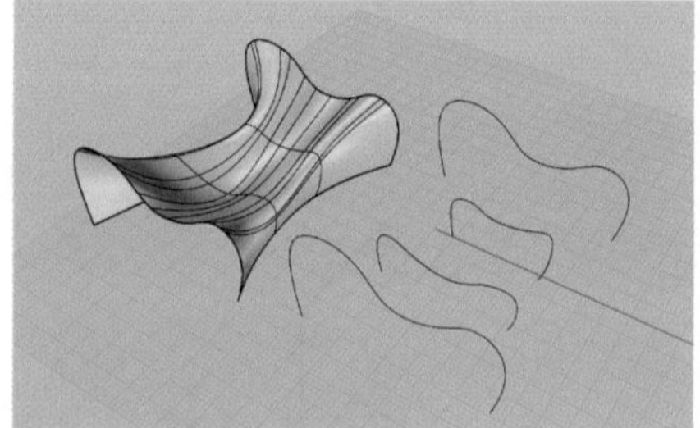
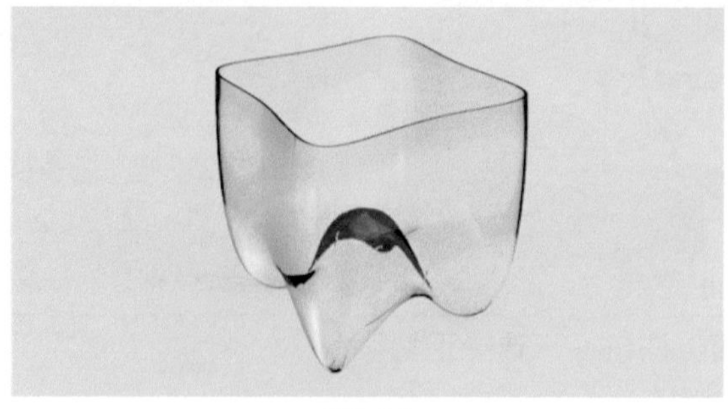
图2-36

01 在Front图中单击“控制点曲线”按钮，画出曲线，如图2-37所示。点选曲线用快捷键Ctrl+C复制，用快捷键Ctrl+V粘贴，复制一条新的曲线，再单击“控制点”按钮调节如下形态，如图2-38所示。

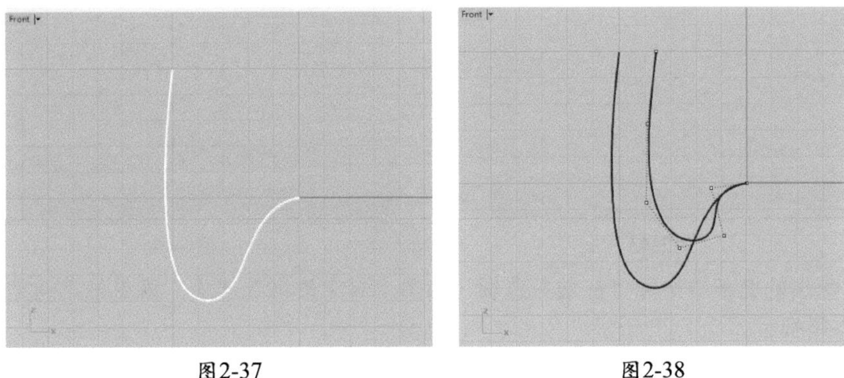

图2-37 图2-38

02 单击“旋转”按钮，在Top视图中点选复制的曲线，在命令栏中输入旋转角度45，如图2-39、图2-40所示。

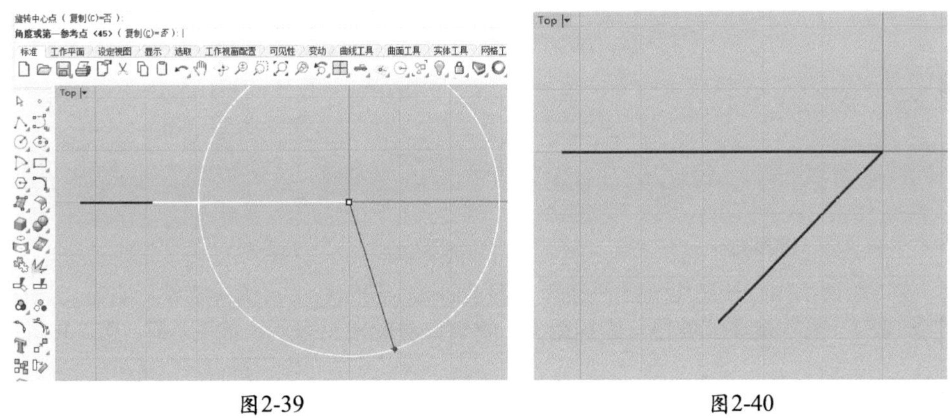

图2-39 图2-40

03 单击“移动”按钮组里面的“环形阵列”按钮，选择曲线，右击确定中心点，在命令栏中设置阵列数为4，“旋转角度”为360，再单击“确定”按钮，这样就环形阵列出4条曲线，如图2-41、图2-42所示。

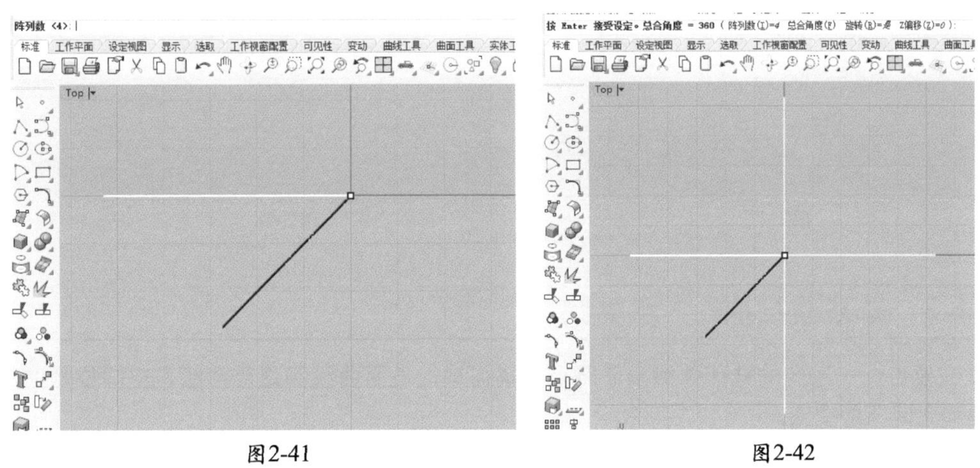

图2-41 图2-42

04 选择另一条短的曲线，按同样的方式环形阵列4条曲线，单击“曲面”按钮组里面的“放样”按钮，再依次点选环形阵列的8条曲线，右击结束，如图2-43、图2-44所示。

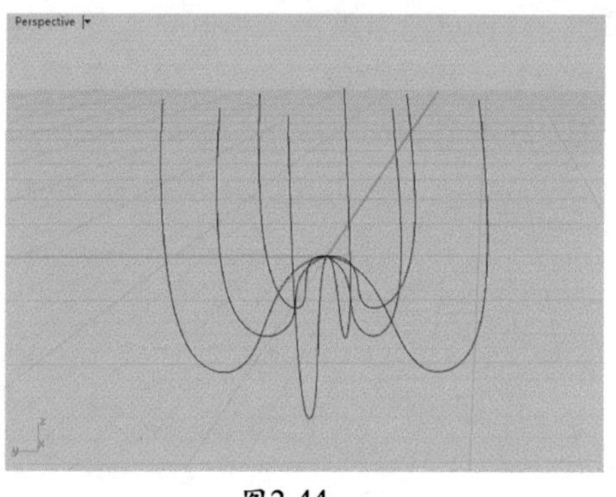

图2-43　　图2-44

05 在弹出的面板中选择“标准”选项，勾选“封闭放样”选项，再单击“确定”按钮，如图2-45、图2-46所示。

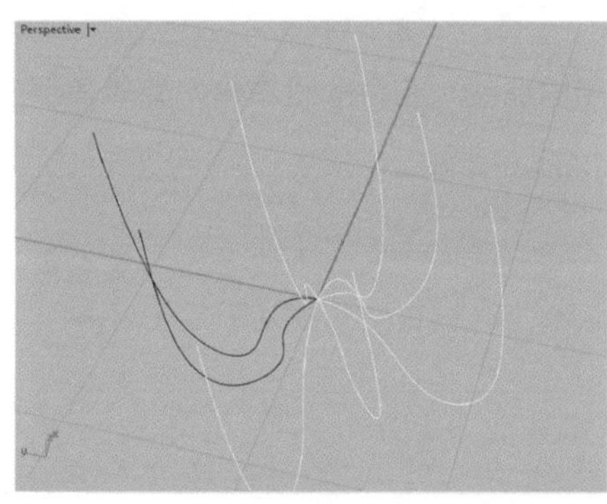

图2-45　　图2-46

06 在“曲面编辑”按钮组里面选择“偏移曲面”按钮，再选择物件，右击，在命令栏里选择“实体（S）=是”选项，偏移一定的距离，物件厚度就做出来了，如图2-47、图2-48所示。

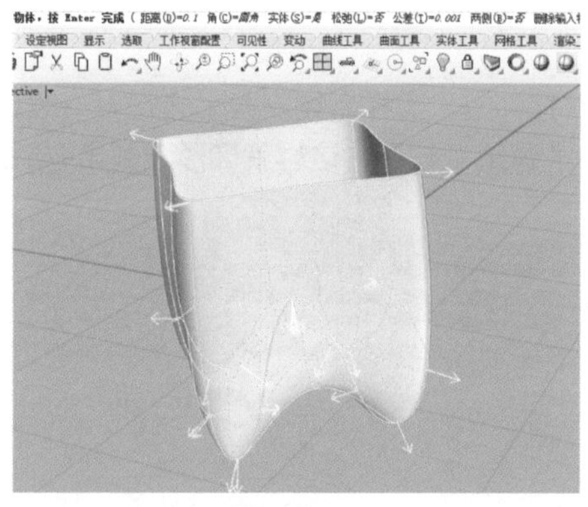

图2-47

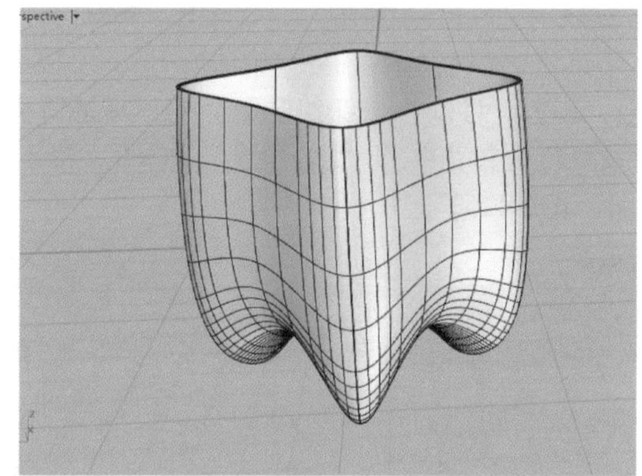

图2-48

2.3.2 单双轨扫掠——水晶鹅

知识要点：一系列的截面曲线沿着路径扫描而成，截面曲线和路径曲线在空间位置上交错，截面曲线之间不能交错。

截面曲线：数量不限，截面曲线断点处也可以是点。

路径曲线：单轨只有一条，双轨有两条。

本例单双轨扫掠及水晶鹅效果如图2-49所示。

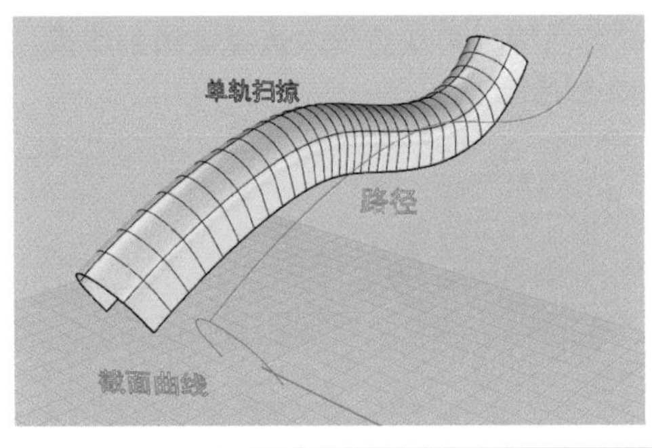

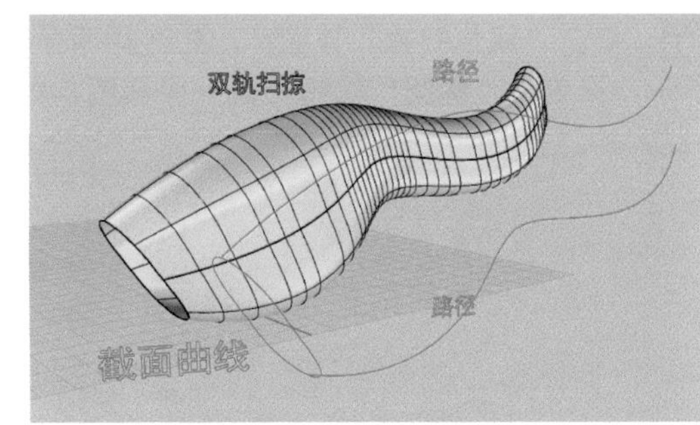

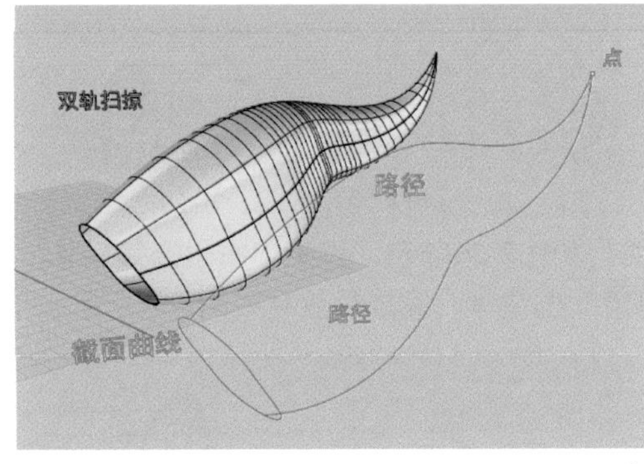

图2-49

01　在Front图中单击“控制点曲线”按钮，分别画两条曲线，如图2-50所示，把最近点捕捉打开，用“椭圆”按钮画两条曲线中间的相交椭圆，如图2-51所示。

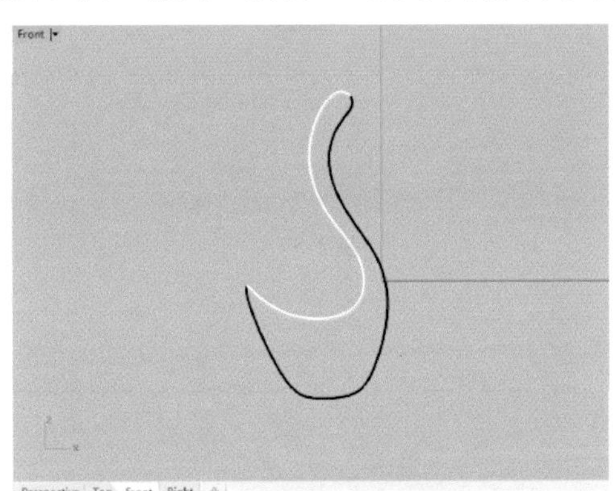

图2-50

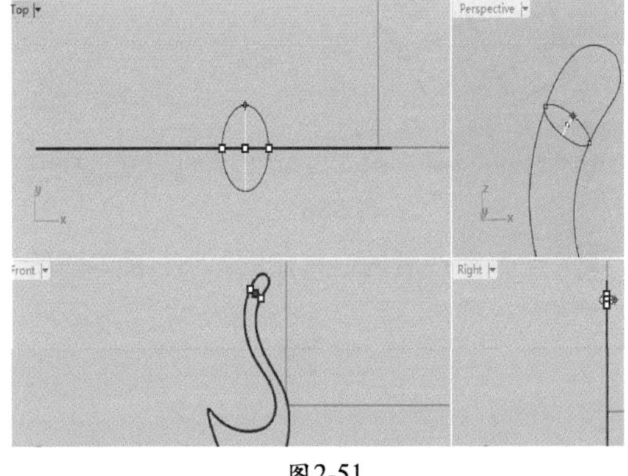

图2-51

02　依次用“椭圆”按钮画4个椭圆，如图2-52所示，再单击“点”按钮，在两头相交处分别加入点，如图2-53所示。

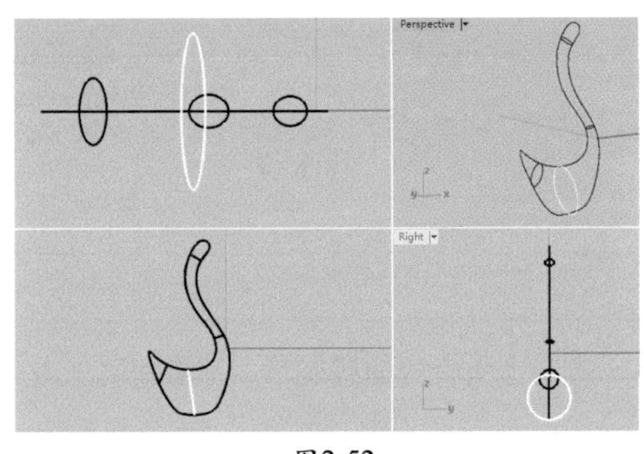

图2-52

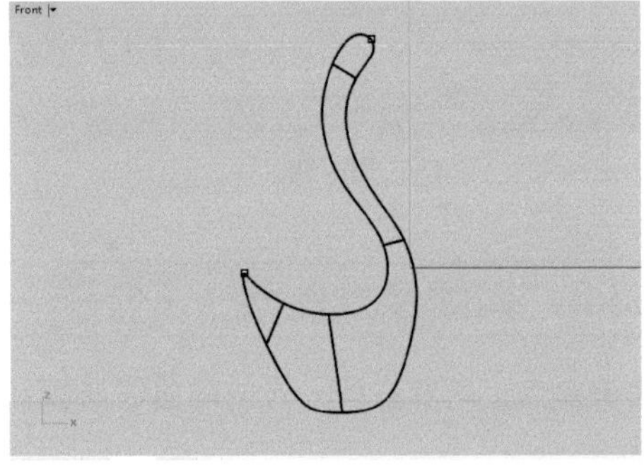

图2-53

03 单击“双轨扫掠”按钮，先选择两条外轮廓曲线，再从点依次选择椭圆到终点，如图2-54所示，再单击“椭圆”按钮画一个椭圆，如图2-55所示。

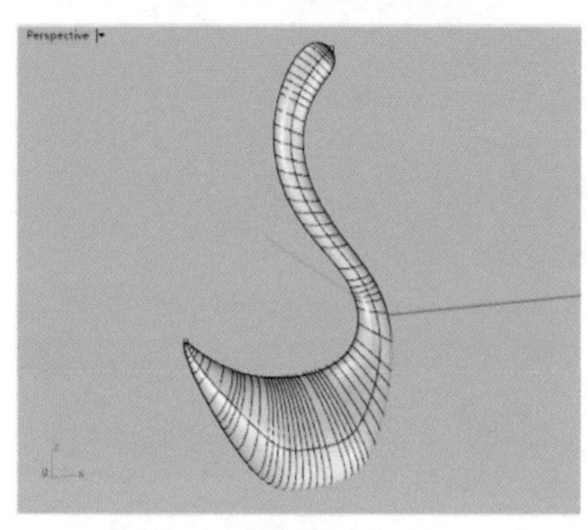
图2-54

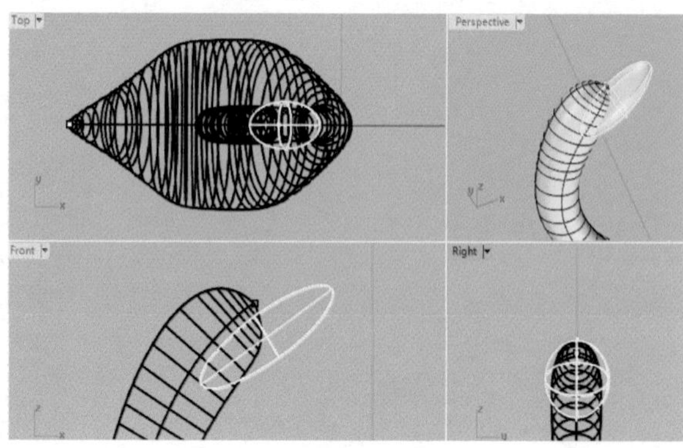
图2-55

04 单击“弯曲”按钮，对椭圆体进行弯曲，如图2-56所示，再用“布尔运算联集”按钮把两个曲面组合起来，最后单击“不等距边缘圆角”按钮，完成后效果如图2-57所示。

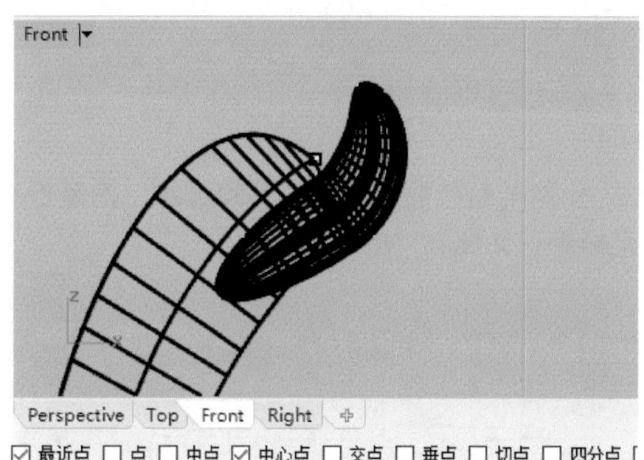

图2-56

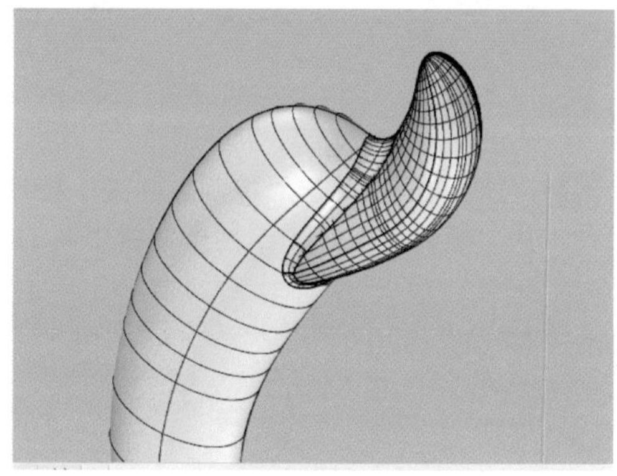
图2-57

05 全部完成后的效果如图2-58、图2-59所示。

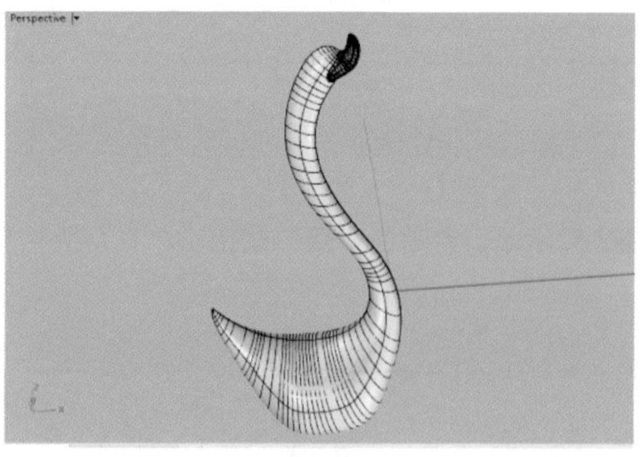
图2-58

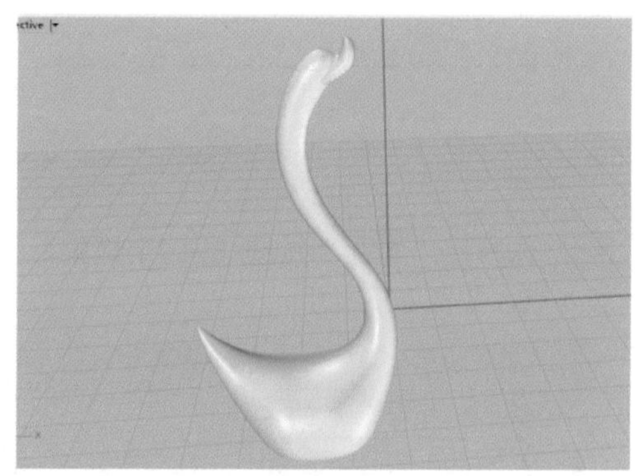
图2-59

2.3.3 网线建立曲面——勺子

知识要点：所有在同一方向的曲线必须和另一方向上所有的曲线交错，不能和同一方向的曲线交错。

图2-60为本例网线建立曲面和勺子的最终效果。

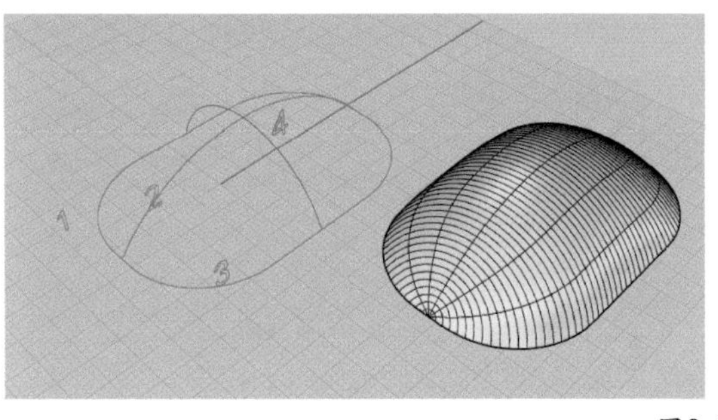

图2-60

01　在Top视图单击“控制点曲线”按钮画出勺子外轮廓的一半，如图2-61所示，再用“镜像”按钮复制另一边，并单击“组合”按钮把两条曲线组合，完成效果如图2-62所示。

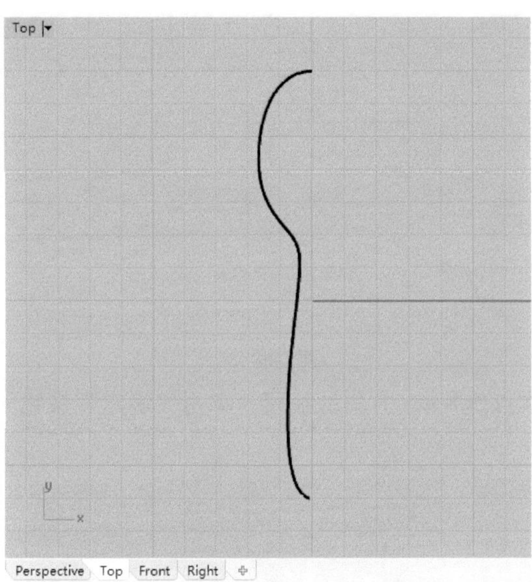

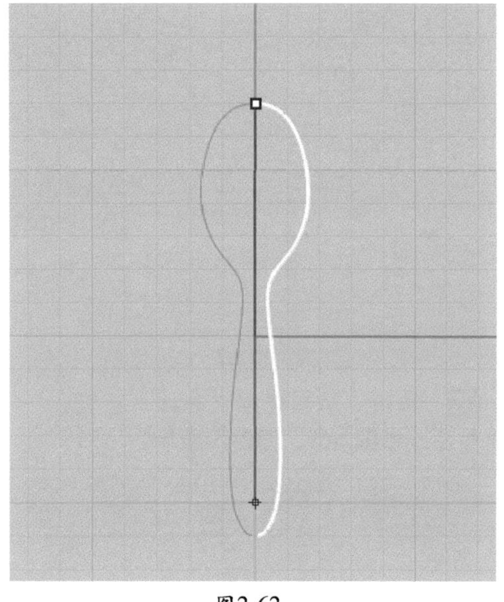

图2-61　　图2-62

02　单击“控制点曲线”按钮组里面的“两条曲线之间建立均分曲线”按钮，然后分别点选两条外轮廓曲线生成中间的平均曲线，如图2-63所示，再打开“打开点”按钮修改中间曲线形态，如图2-64所示。

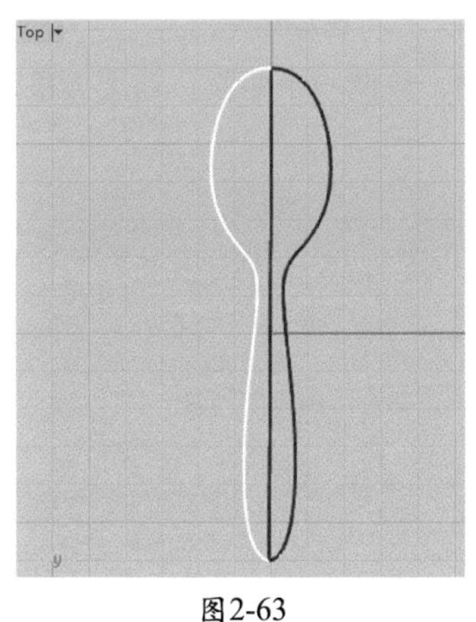

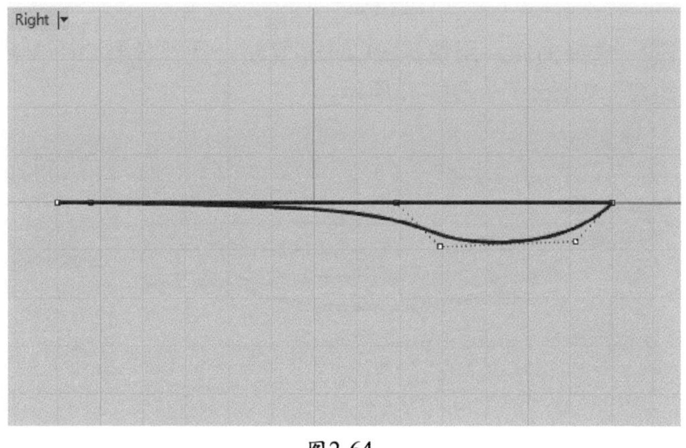

图2-63　　图2-64

03　单击“曲线圆角”按钮组里面的“从断面轮廓线建立曲线”按钮，依次点选3条曲线，并确定起点和终点，如图2-65所示。把生成的椭圆用“修剪”按钮剪掉上面部分，如图2-66所示。

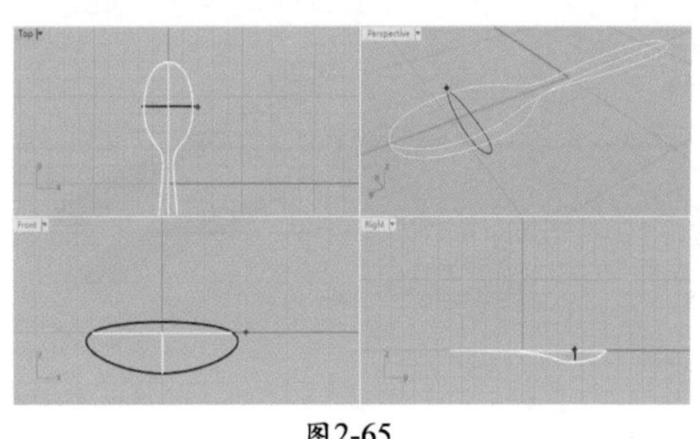

图2-65

图2-66

04 单击“打开点”按钮，再单击“单轴缩放”按钮，把控制点往中间压缩，如图2-67、图2-68所示。

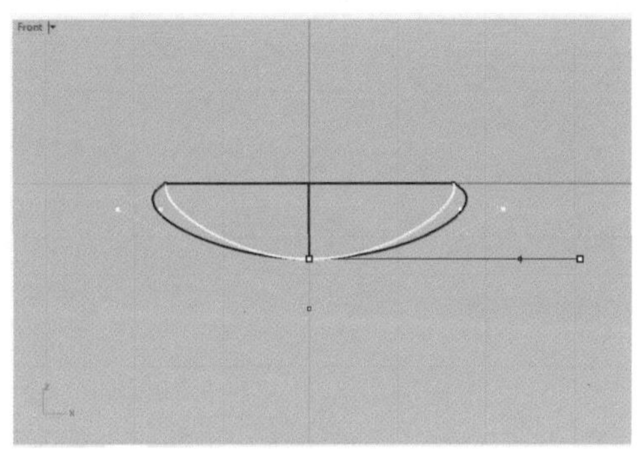

图2-67

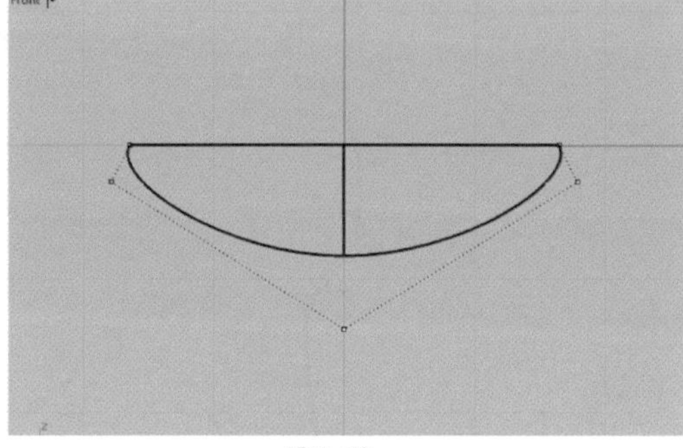

图2-68

05 单击“从网线建立曲面”按钮，依次点选X和Y方向的线段，单击“确定”按钮结束生成曲面，如图2-69、图2-70所示。

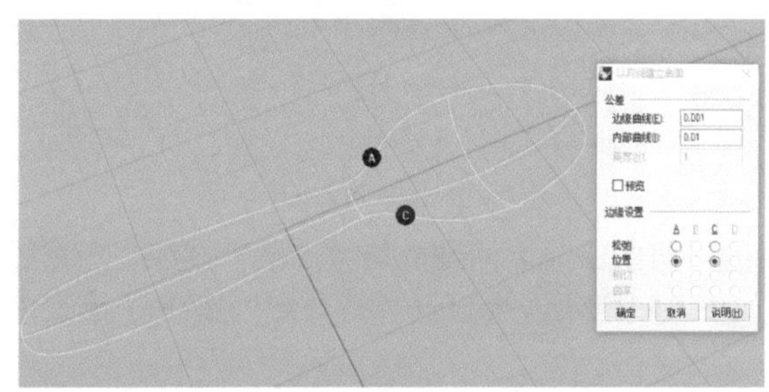

图2-69

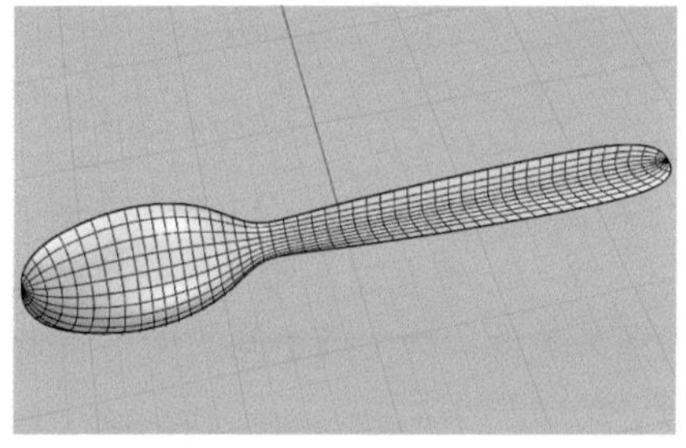

图2-70

06 选择曲面，用快捷键Ctrl+C复制，用快捷键Ctrl+V粘贴，复制一个曲面，往上方移动一定的距离，如图2-71、图2-72所示。

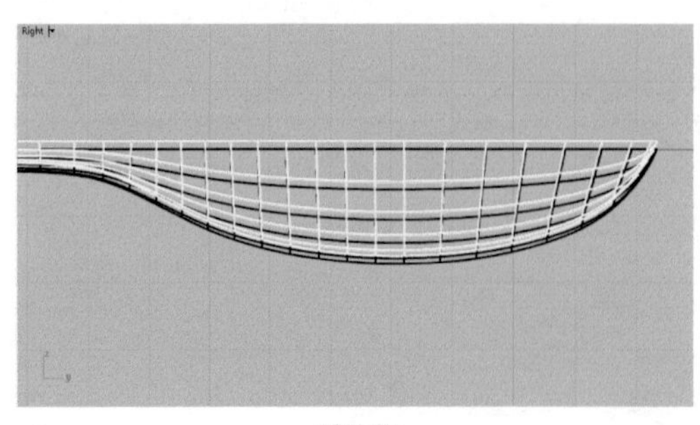

图2-71

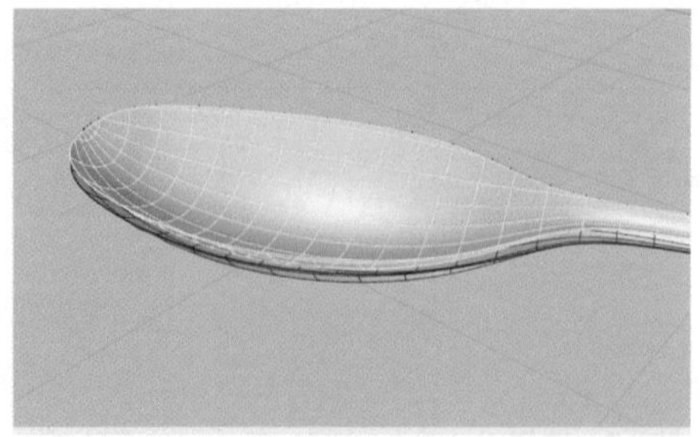

图2-72

07 单击“复制边缘”按钮，复制上面曲面的边缘线，并用“组合”按钮组合成完整曲线，如图2-73所示，再用“偏移曲线”按钮往里偏移一定距离，如图2-74所示。

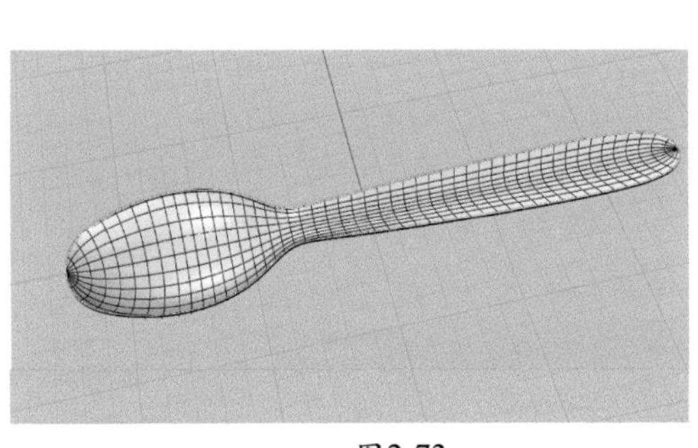

图2-73

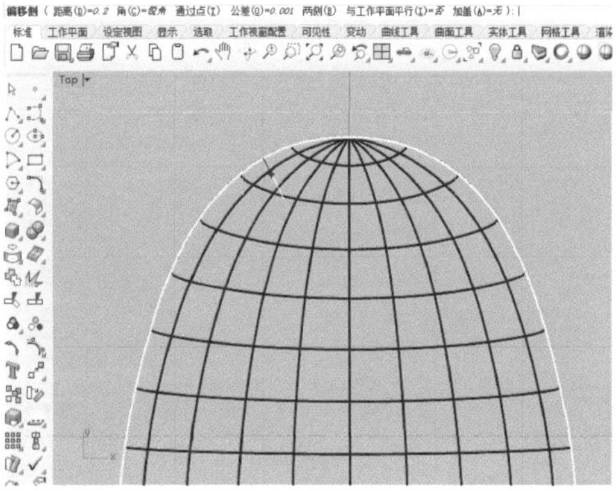

图2-74

08　单击“修剪”按钮，用偏移的曲线修剪掉曲线外部的上下两个曲面，如图2-75所示。单击“混接曲面”按钮，分别点选两条曲面，选择曲率，单击“确定”按钮，完成效果如图2-76所示。

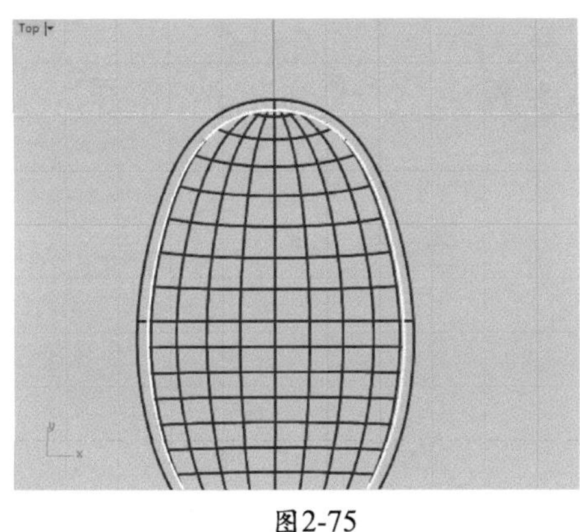

图2-75

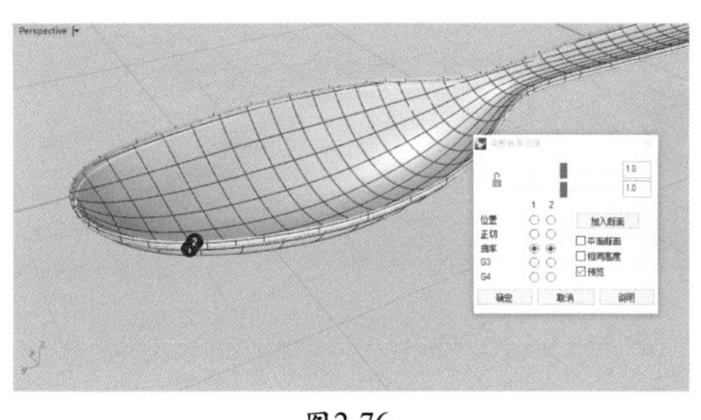

图2-76

09　在Top视图中以中心轴画一条曲线，如图2-77所示。单击“旋转成形”按钮，完成后效果如图2-78所示。

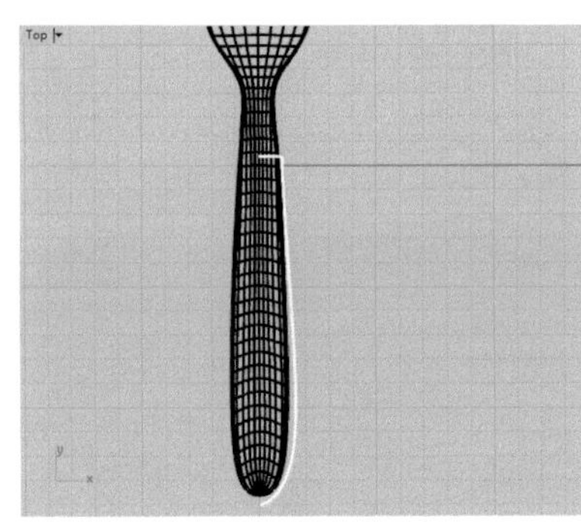

图2-77

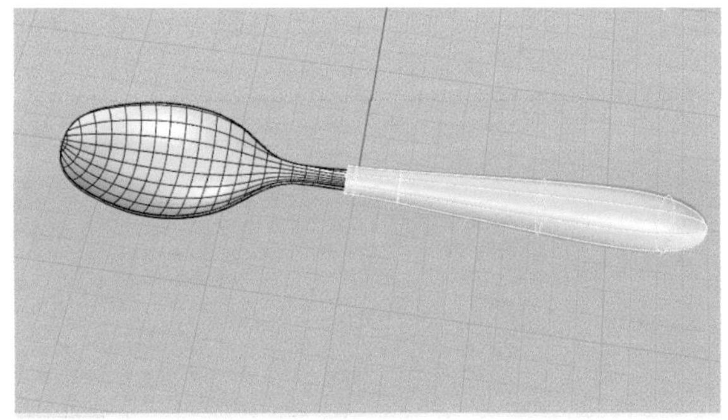

图2-78

10　全部完成后，最终效果如图2-79所示。

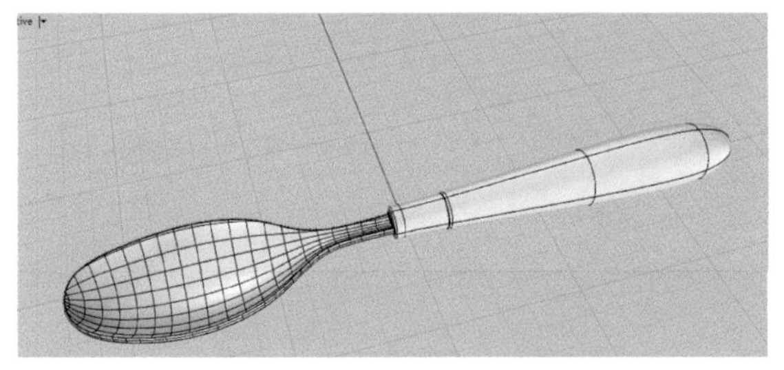

图2-79

第3章

初级建模——修剪工具、布尔运算、阵列等运用技巧

3.1 产品造型设计建模方法简介

建模要知道怎么从点线面入手，完成一个形态的设计过程。在一个物件未开始建模之前，心中要有整体的概念，要理解形体的关系，把复杂的归纳为一个大形。大形可以理解为一个毛胚，也可以理解为基本的几何体或者复合体。

模型分面的几个原则如下所述。

- 尽量按符合标准的NURBS曲面四条边的特征（四边成面原则）分面。
- 简化曲面造型从整体出发，划分曲面适当忽略一些细节。
- 考虑好制作方法再分面，尽量选择容易做和效果好的分面方法。

模型品质的标准：分面简单、结构线少、精度高、造型准确、品质好。

3.2 果盘

本例果盘最终效果如下图所示。

3.2.1 大形绘制

01 在Top视图中单击按钮画一个椭圆，在Front图中单击“旋转”按钮旋转一定的角度，如图3-1所示。在物件锁点中勾选中心点，单击“圆”按钮以椭圆中心画一个正圆，如图3-2所示。

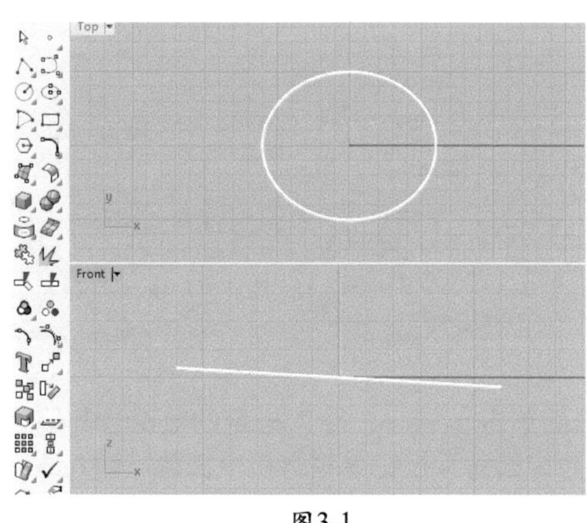

图3-1

图3-2

02 在物件锁点中勾选四分点，单击“圆弧”按钮，以椭圆和正圆四分点位置画一条曲线，如图3-3所示。以同样的方法画另一条曲线，如图3-4所示。

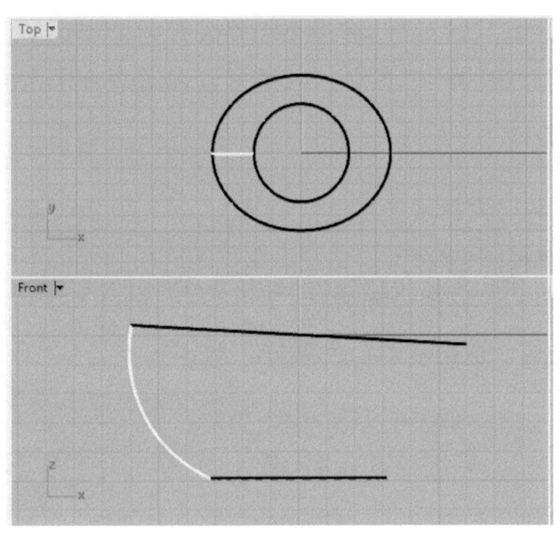

图3-3

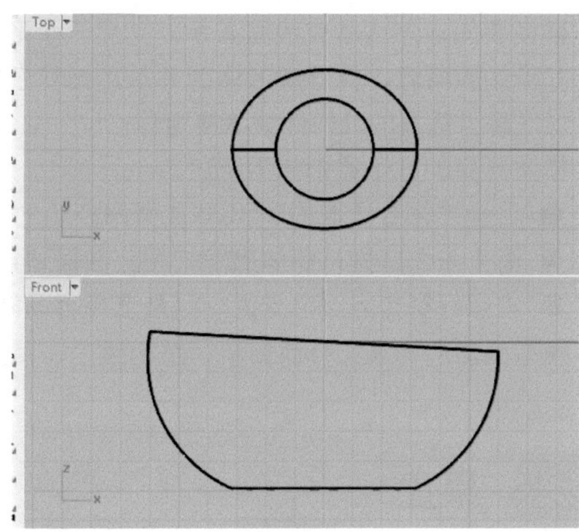

图3-4

03 单击“双轨扫掠”按钮，并勾选“封闭扫掠”选项，如图3-5所示。再单击“以平面曲线建立曲面”按钮把底部封面，再同时框选两个面，单击“组合”按钮，使其组合成一个整体，如图3-6所示。

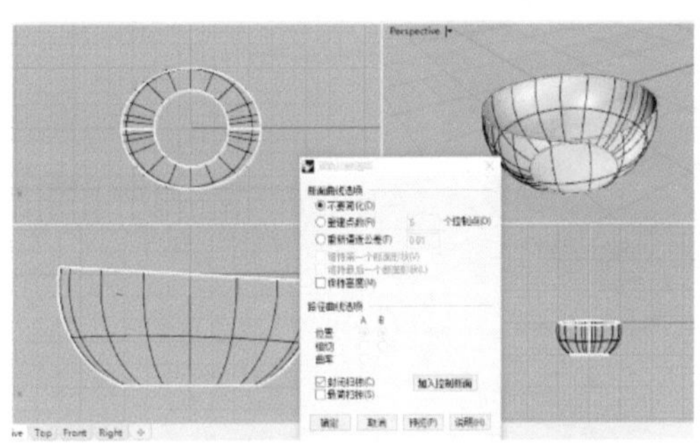
图3-5

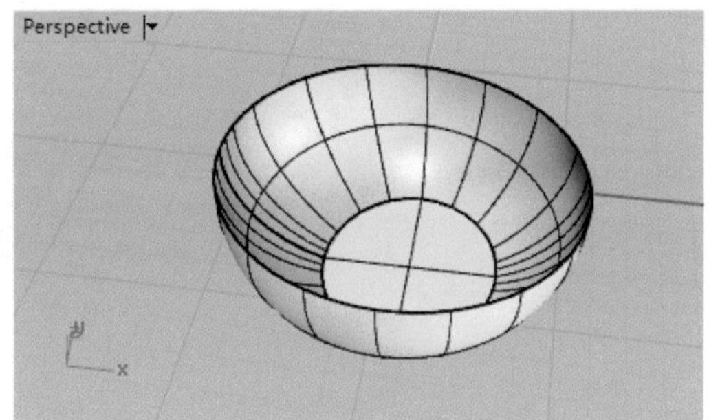

图3-6

3.2.2 修剪细节

01 在Front图中单击按钮画一个圆角矩形，另外两个复制排列如图3-7所示。再单击“修剪”按钮，用圆角矩形修剪掉里面部分，如图3-8所示。

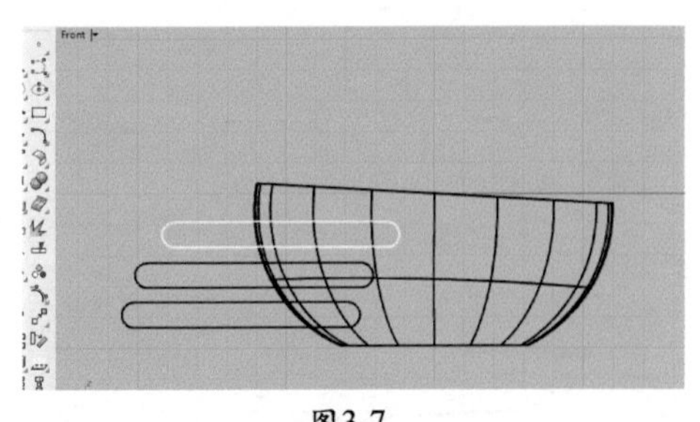
图3-7

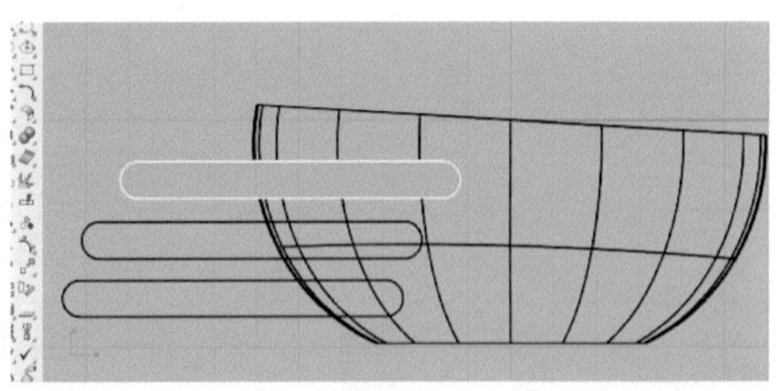
图3-8

02 单击“偏移曲面”按钮，在命令栏里面单击实体(S)=是，输入一定的数值让其偏移成一个有厚度的实体，如图3-9所示。再单击“不等距边缘圆角”按钮框选整个实体，输入适当的数值进行全部圆角操作，如图3-10所示。

图3-9

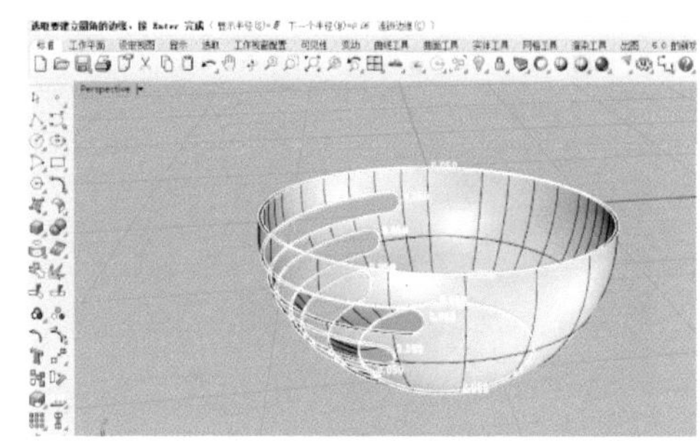

图3-10

03 全部完成后，效果如图3-11所示。

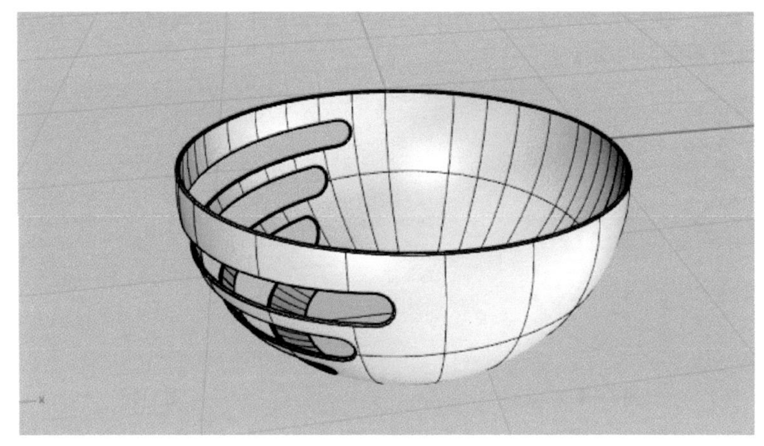

图3-11

3.3 杯子

3.3.1　二维线绘制

01 在Top视图中单击“圆”按钮画一个正圆，如图3-12所示，再单击按钮画一个矩形，如图3-13所示。

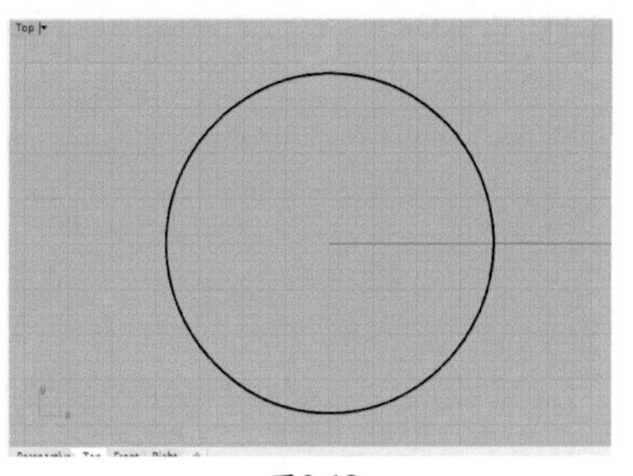
图3-12

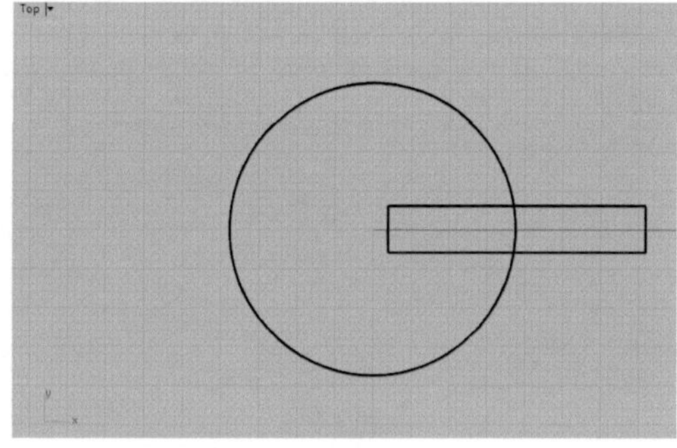
图3-13

02 单击“修剪”按钮修剪如图3-14所示效果，再单击“曲线圆角”按钮，输入适当的数值，圆角操作后效果如图3-15所示。

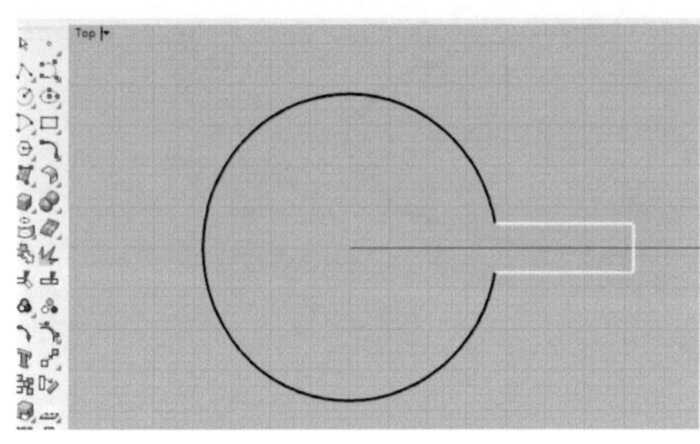
图3-14

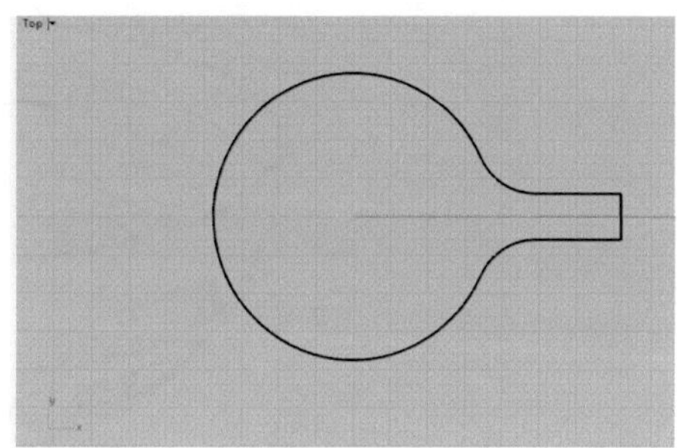
图3-15

03 在实体工具里单击“挤出封闭的平面曲线”按钮，挤成一个实体，如图3-16所示，接着在Front图中单击按钮画一个圆角矩形，如图3-17所示。

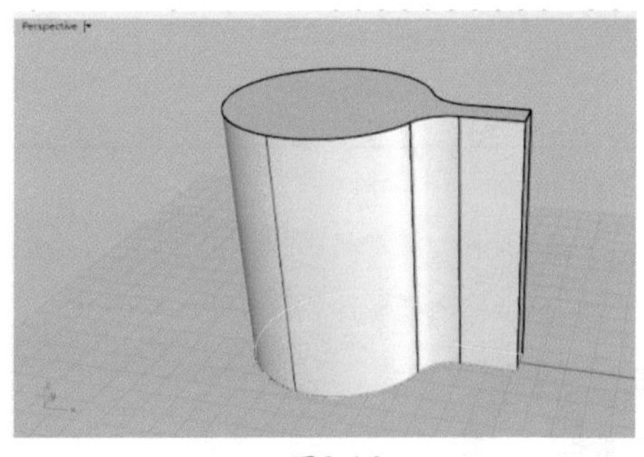
图3-16

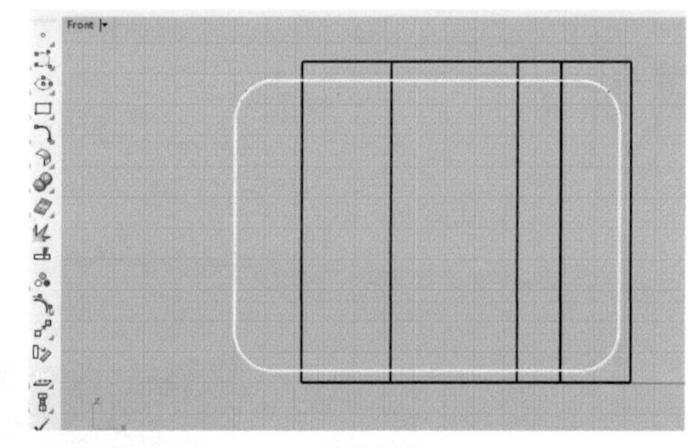
图3-17

04 单击“直线挤出”按钮，挤成一个曲面，如图3-18所示，再单击布尔运算中的“分割”按钮，分割后删除不需要的面，如图3-19所示。

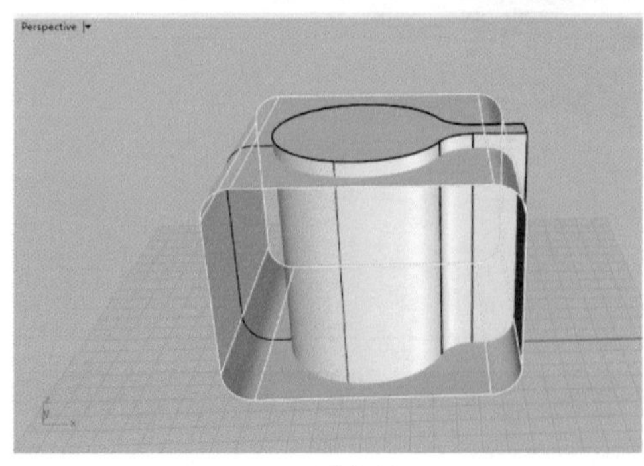
图3-18

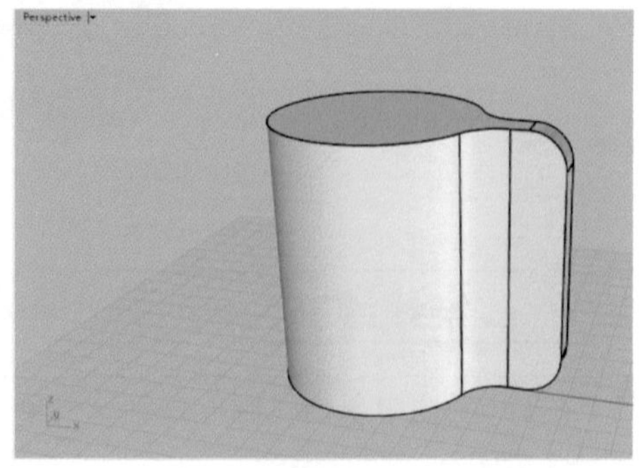
图3-19

3.3.2 布尔运算运用

01 单击“圆柱体”按钮，画一个圆柱体，如图3-20所示，再单击“布尔运算差集”按钮减去里面的部分，如图3-21所示。

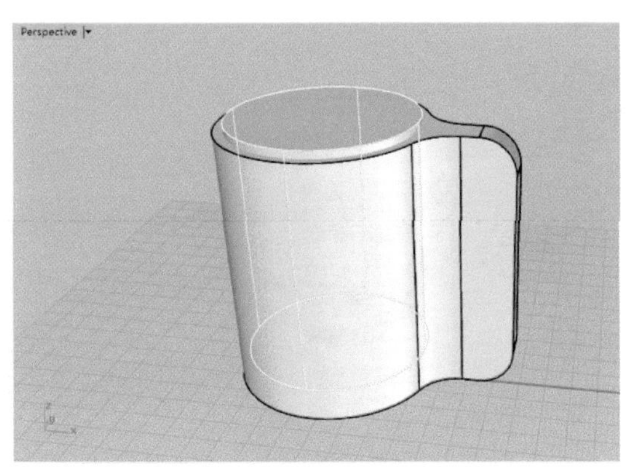

图3-20

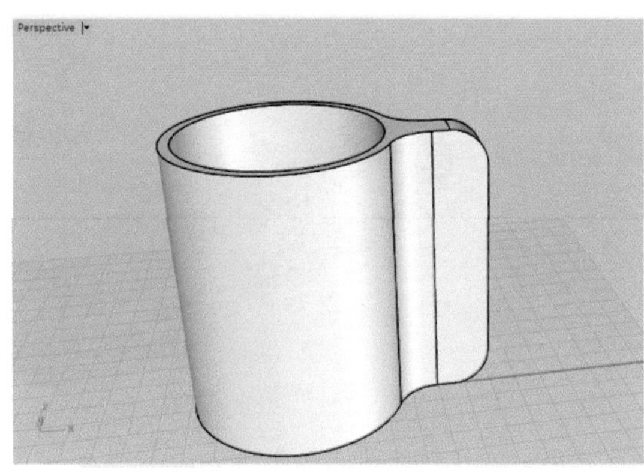

图3-21

02 单击按钮画一个圆角矩形，如图3-22所示，再单击“挤出封闭的平面曲线”按钮，挤成一个实体，如图3-23所示。

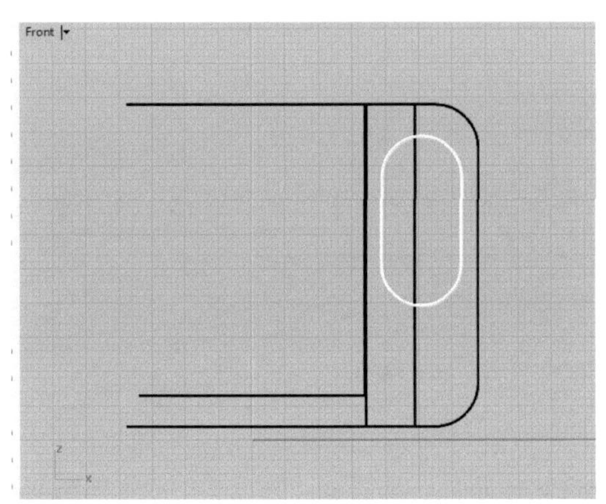

图3-22

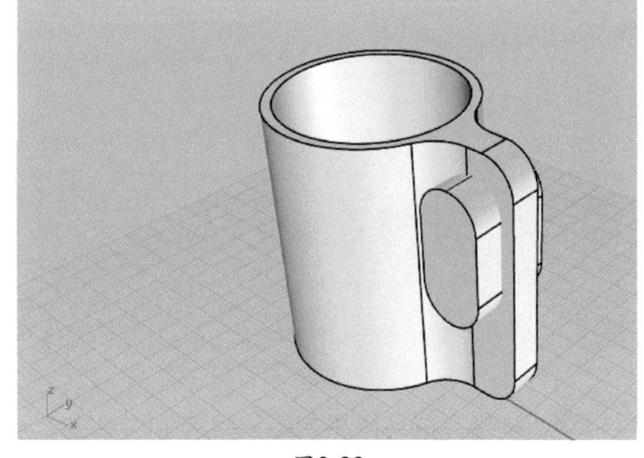

图3-23

03 单击“布尔运算差集”按钮，减去里面部分，如图3-24所示，再单击“不等距边缘圆角”按钮，框选整个实体，输入适当的数值进行全部的圆角操作，完成后效果如图3-25所示。

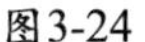
图3-24

图3-25

3.4 U盘

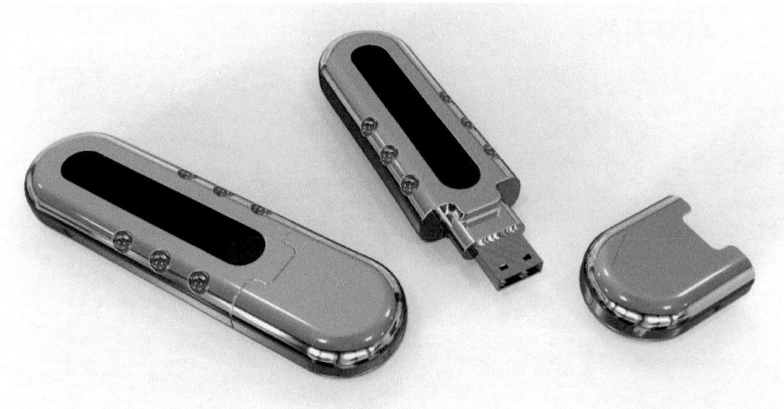

3.4.1 绘制U盘大形

01 在Top视图中单击“圆角矩形”按钮画一个矩形，如图3-26所示，单击“挤出封闭的平面曲线”按钮挤出成一个实体，如图3-27所示。

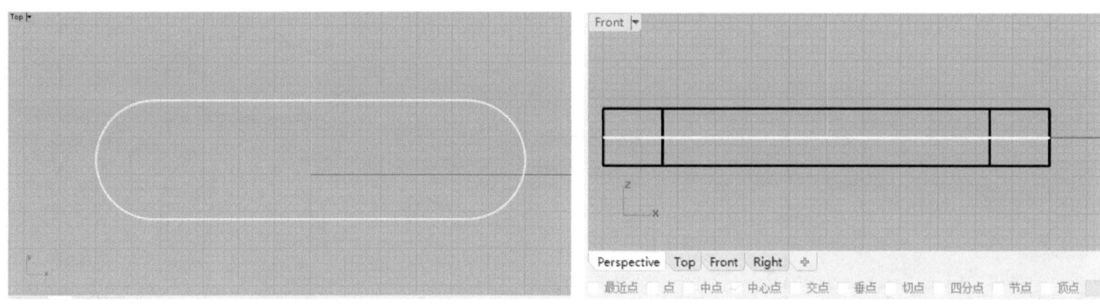

图3-26　　图3-27

02 挤出完成后效果如图3-28所示，单击“不等距边缘圆角”按钮，完成后的效果如图3-29所示。

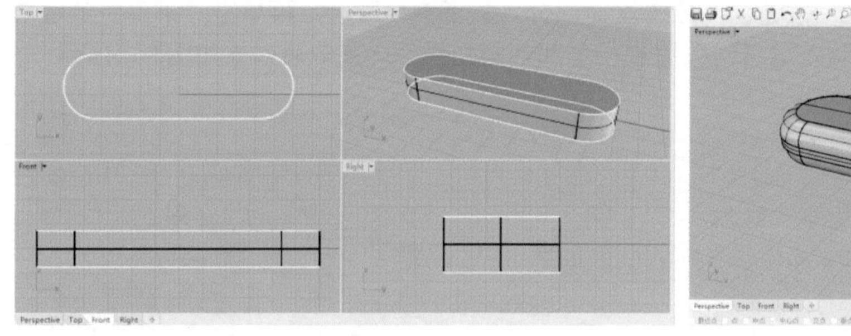

图3-28

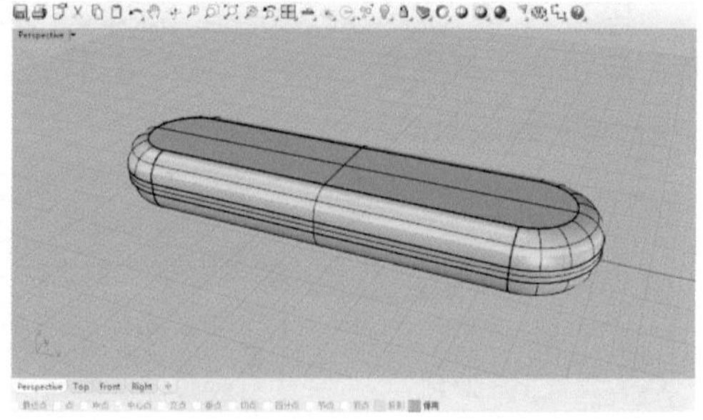

图3-29

3.4.2 盖体分离制作

01 在Top视图视图中画一条直线和一个矩形如图3-30所示，单击“修剪”按钮，如图3-31所示。

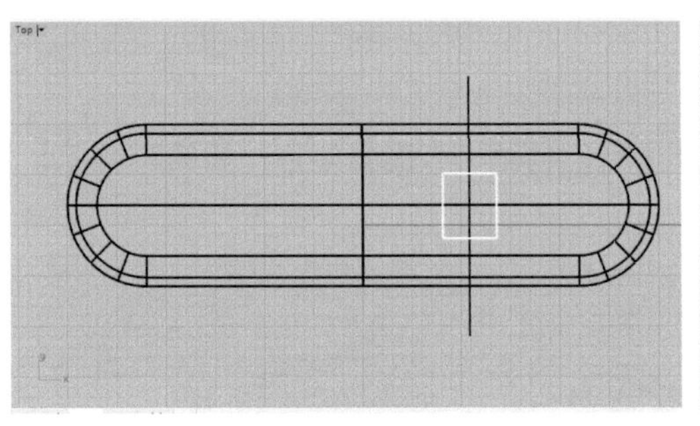
图3-30

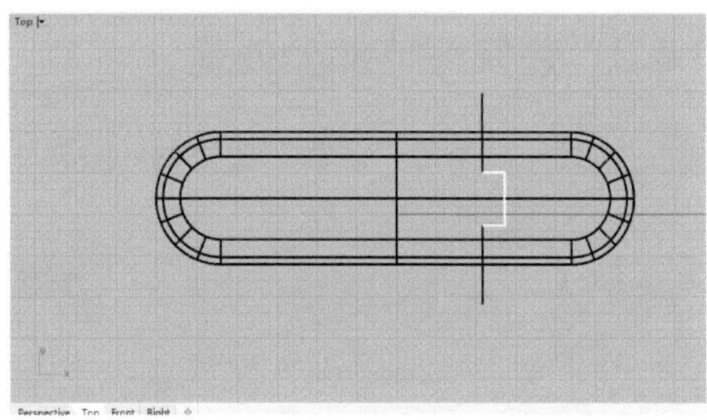
图3-31

02 单击“曲线圆角”按钮，完成后的效果如图3-32所示，再单击“直线挤出”按钮，如图3-33所示。

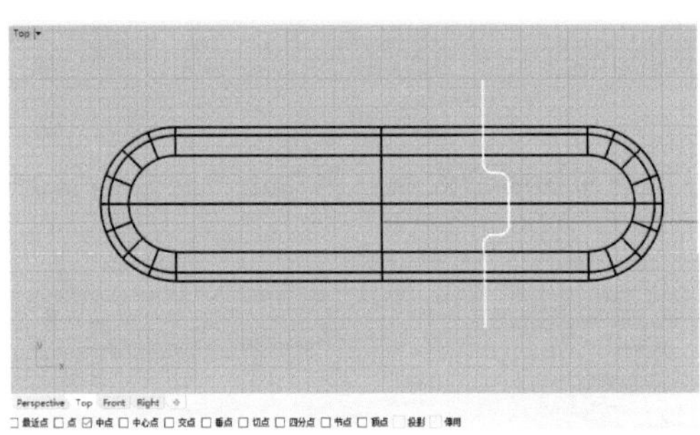
图3-32

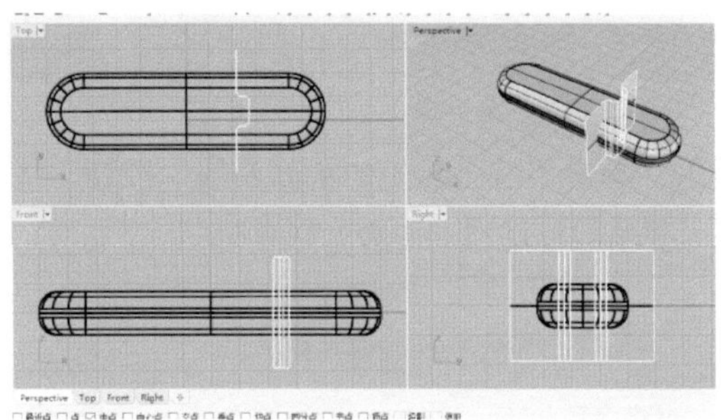
图3-33

03 单击“分割”按钮，完成后的效果如图3-34所示，再单击“偏移曲面”按钮，在指令栏单击，实体偏移如图3-35所示。

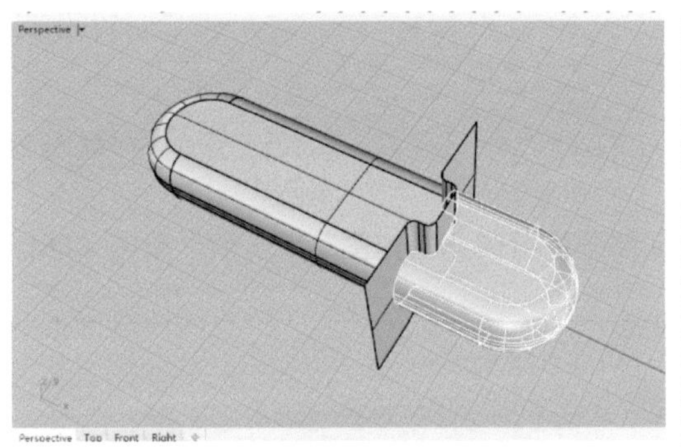
图3-34

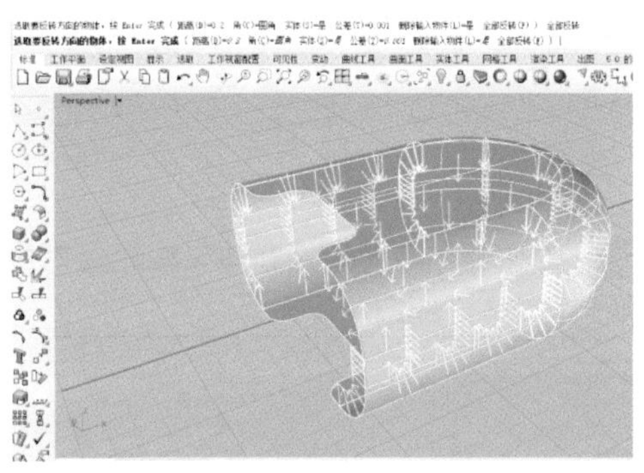
图3-35

04 偏移曲面后如图3-36所示，单击“修剪”按钮对机身部分进行互相修剪，如图3-37所示。选中盖子部分，单击“隐藏物件”按钮，将盖子先隐藏。

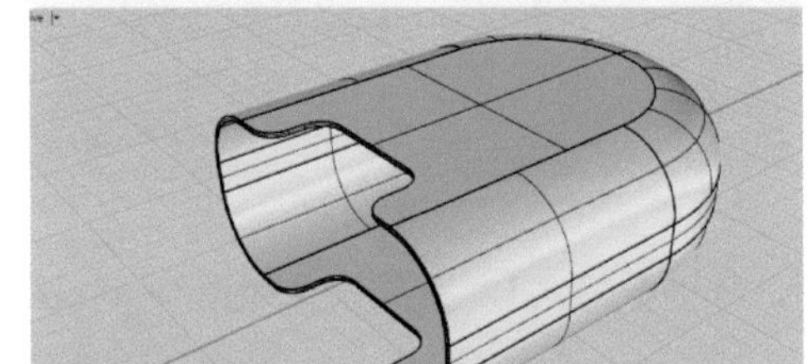
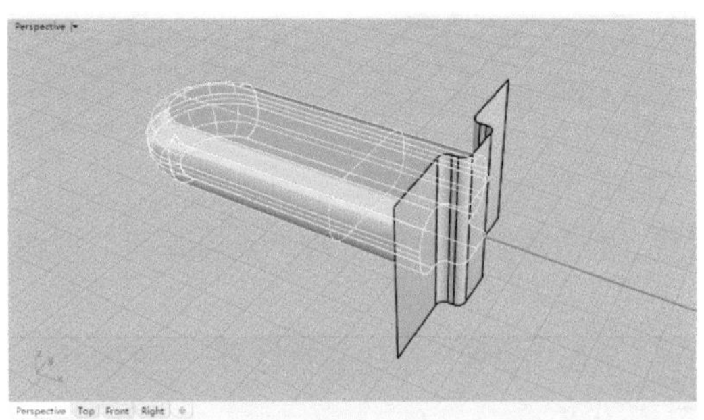
图3-36

图3-37

3.4.3 装修细节部分处理

01 修剪完后单击“组合”按钮，如图3-38所示，再画一个圆角矩形，如图3-39所示。

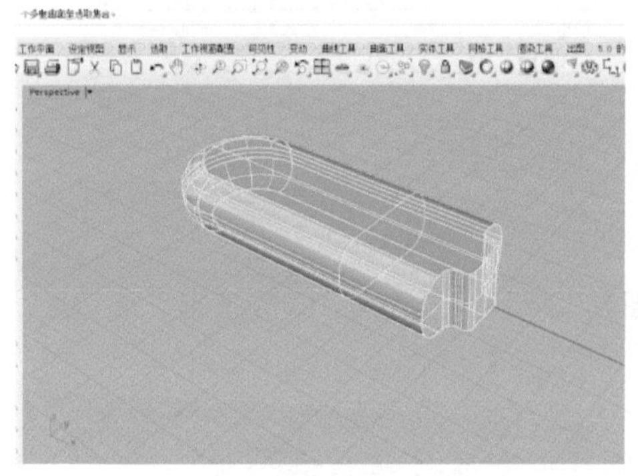

图3-38

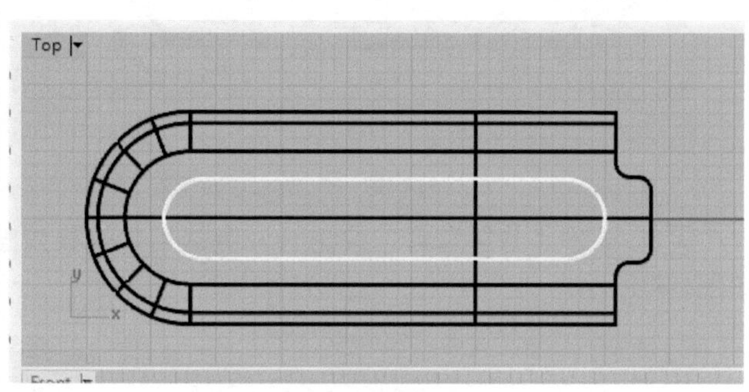

图3-39

02 单击“挤出封闭的平面曲线”按钮挤出如图3-40所示效果，再单击“布尔运算分割”按钮对其进行分割，如图3-41所示。

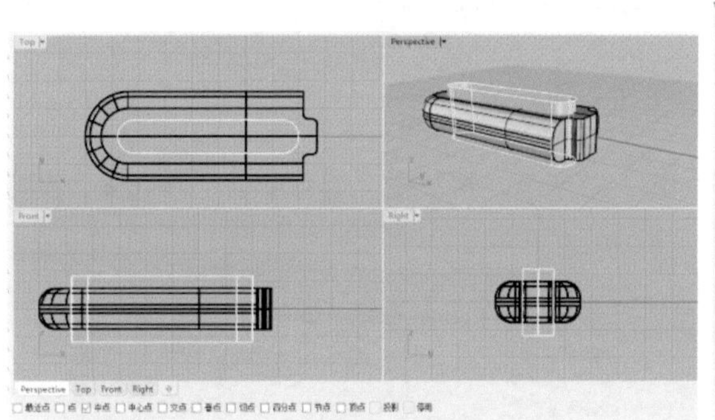

图3-40

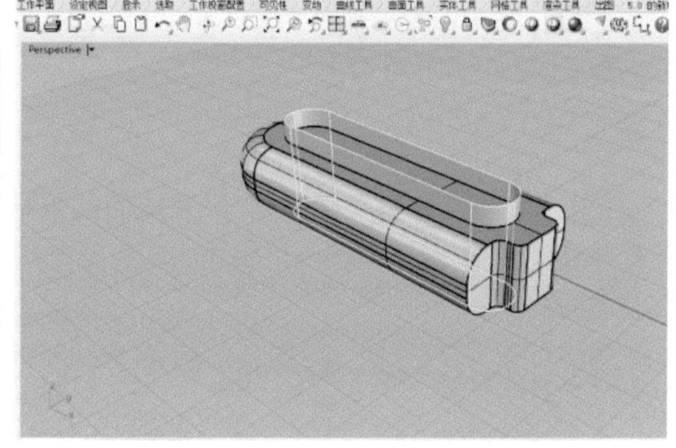

图3-41

03 单击“不等距边缘圆角”按钮对中间部分进行圆角，如图3-42所示，单击“球体”按钮画一个球体，如图3-43所示。

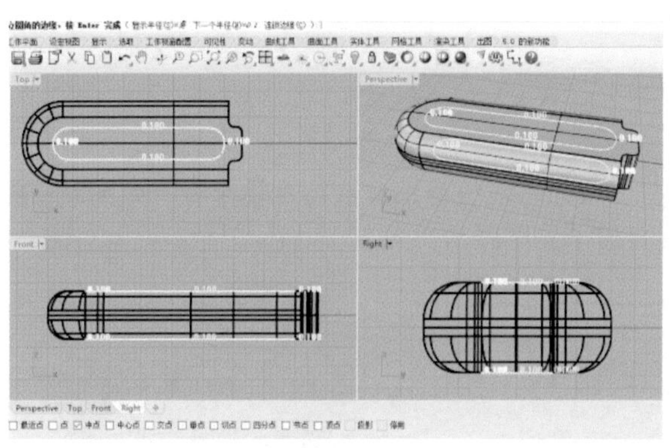

图3-42

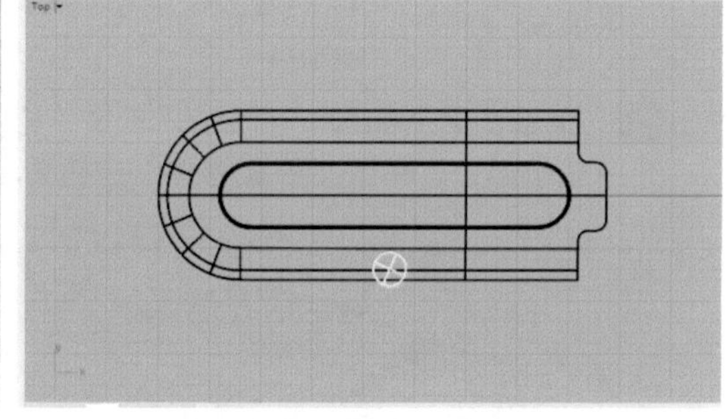

图3-43

04 单击阵列工具里面的“直线阵列”按钮，阵列数输入3，完成效果如图3-44、图3-45所示。

05 单击“镜像”按钮镜像另一边的三个，如图3-46所示，单击“布尔运算分割”按钮，如图3-47所示。

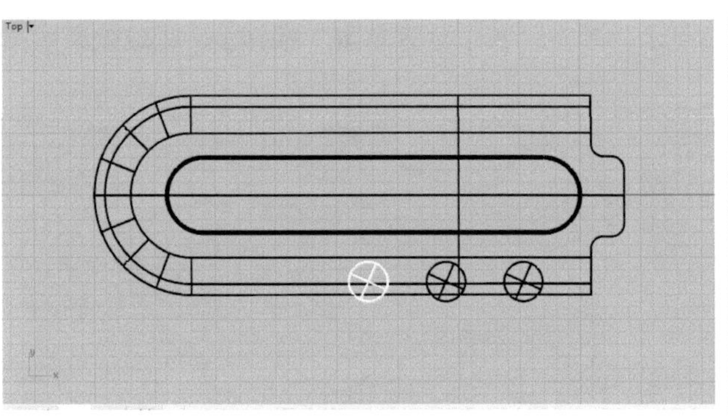

图3-44

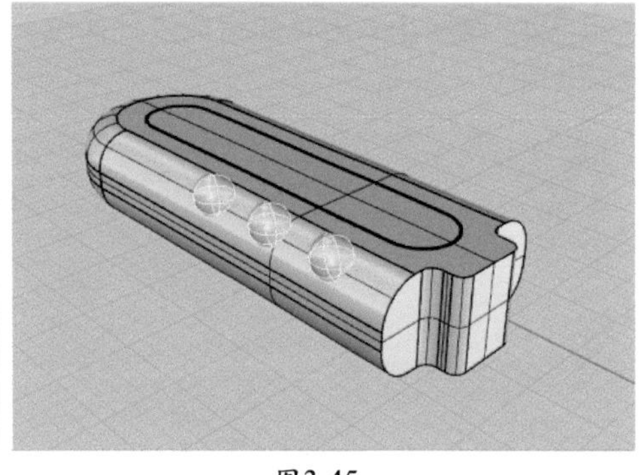

图3-45

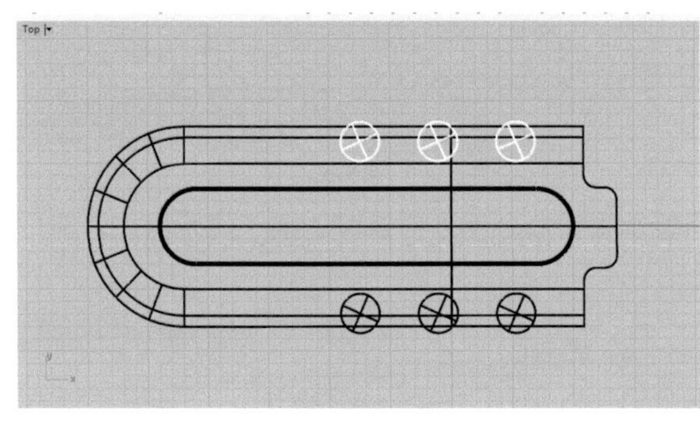

图3-46

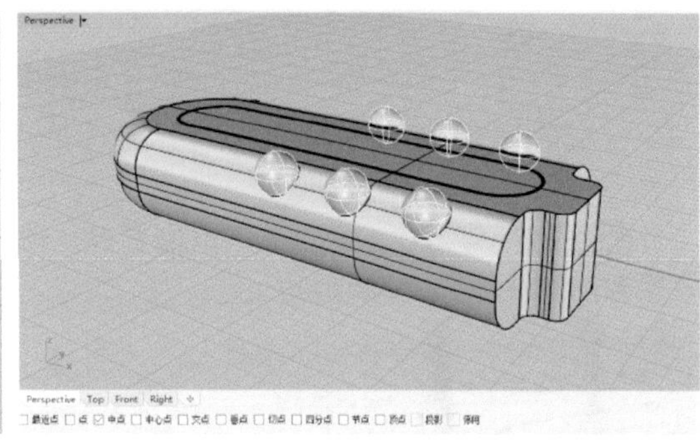

图3-47

06 布尔运算完成后删除外面球体，如图3-48所示，单击“不等距边缘圆角”按钮对球体和边缘进行圆角处理，如图3-49所示。

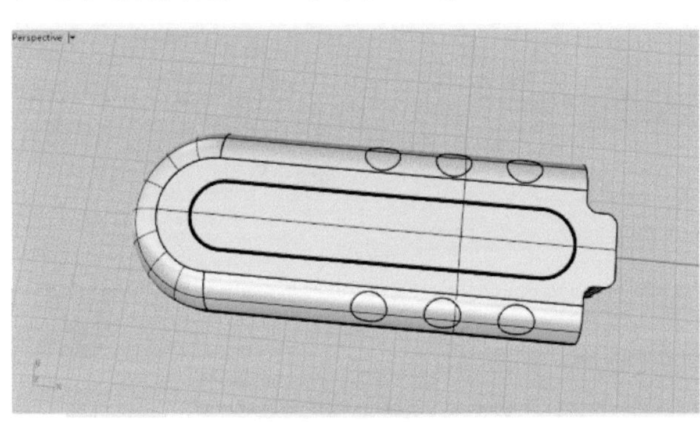

图3-48

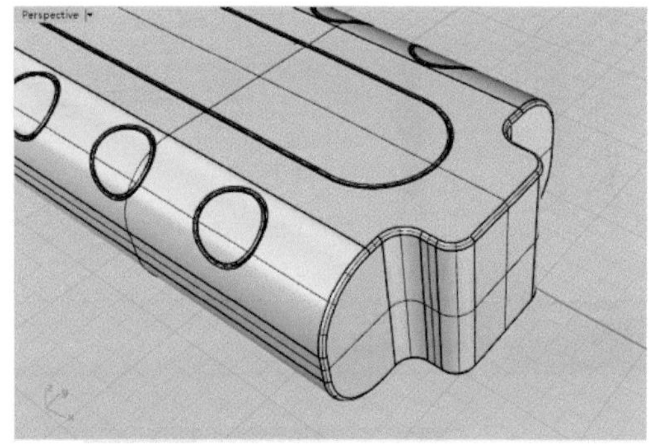

图3-49

07 画一个“圆角矩形”再单击“挤出封闭的平面曲线”按钮，挤出效果如图3-50所示，单击“立方体”按钮画两个立方体，如图3-51所示。

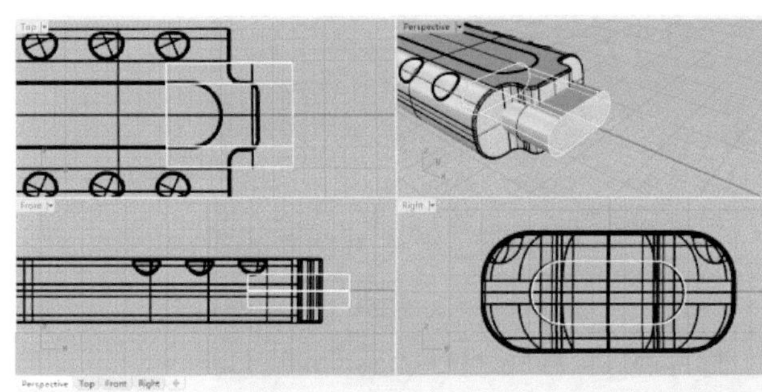

图3-50

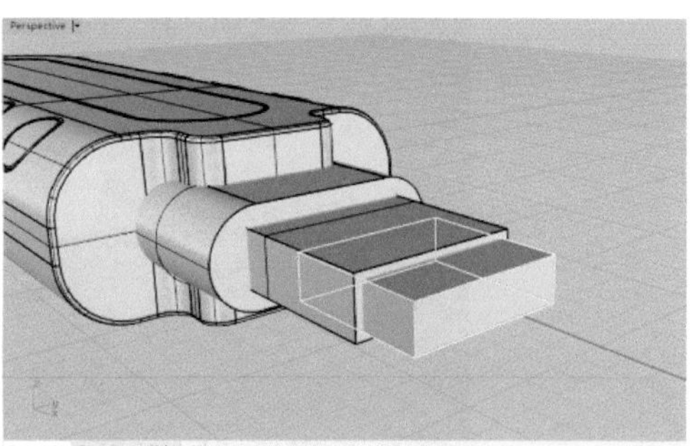

图3-51

08 画两个立方体的完成效果如图3-52所示，单击“布尔运算差集”按钮，完成效果如图3-53所示。

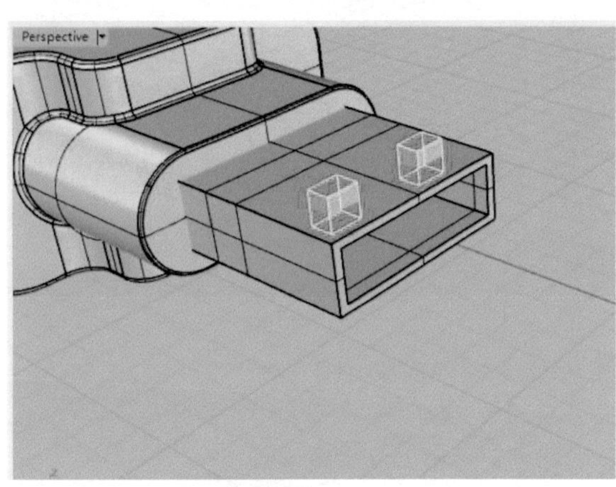

图3-52

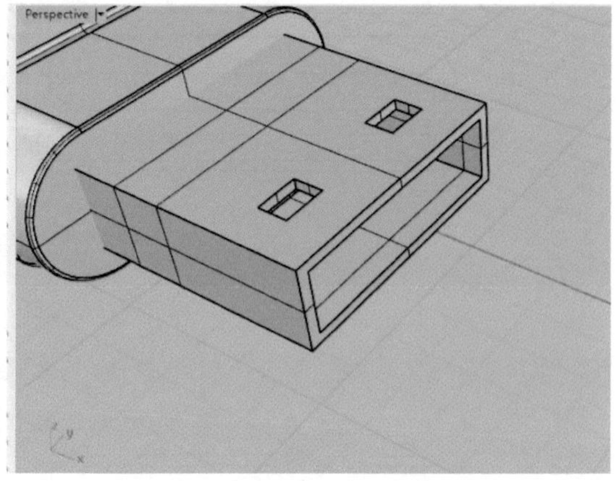

图3-53

09 鼠标停留在按钮上，单击右键，使用显示物件命令把之前隐藏的盖子显示出来，完成效果如图3-54、图3-55所示。

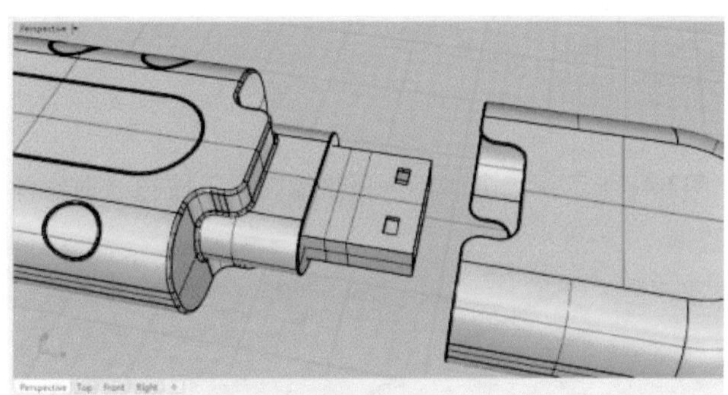

图3-54

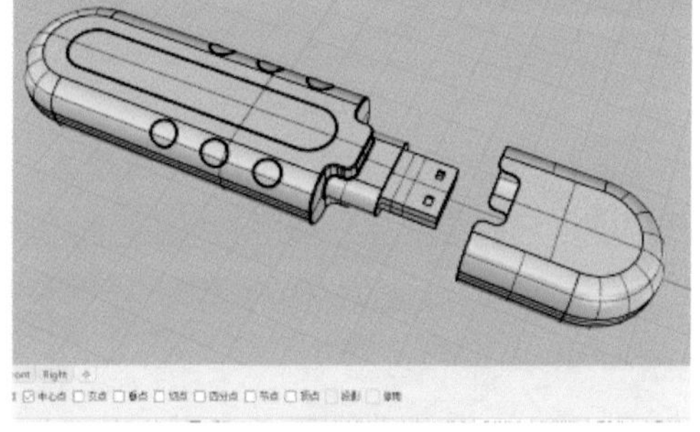

图3-55

3.5 欧式吊灯

3.5.1 单元体的绘制

01 在Front视图中以中轴线画一条垂直的直线用来作参考线，再单击“控制点曲线”按钮画一条曲线，如图3-56所示。再单击“旋转成形”按钮，以中心轴旋转360度生成曲面，如图3-57所示。

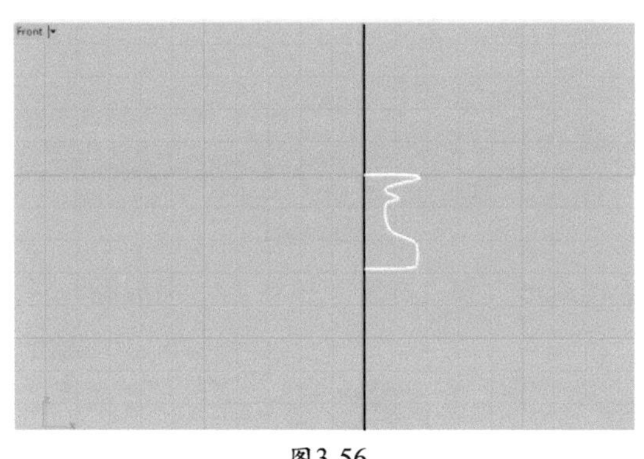

图3-56

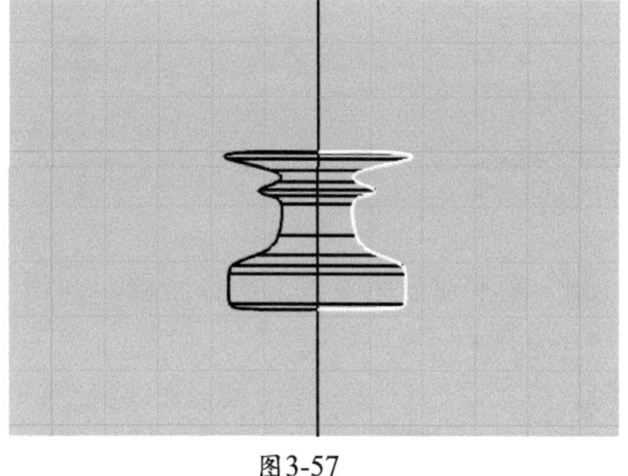

图3-57

02 单击“控制点曲线”按钮画一条曲线，如图3-58所示，点选曲线，单击“圆管”按钮，生成弯曲的圆管，如图3-59所示。

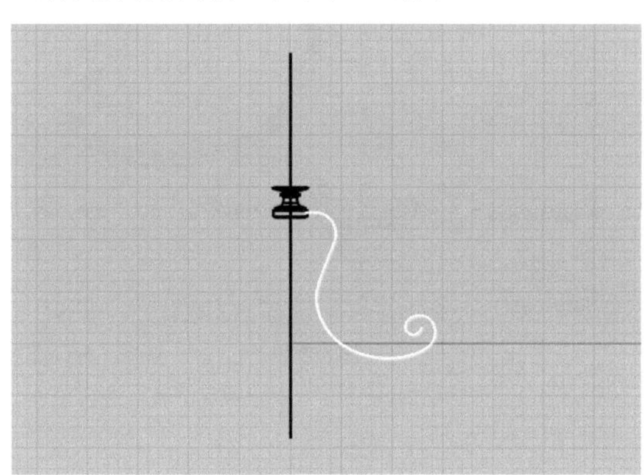

图3-58

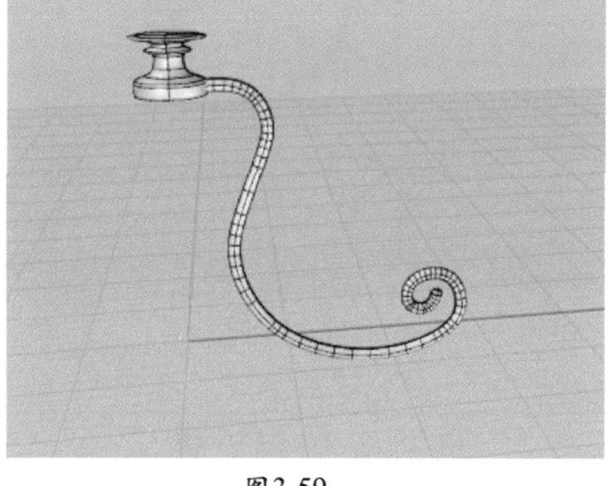

图3-59

03 单击“控制点曲线”按钮画一条曲线，再单击“旋转成形”按钮，以中心轴旋转360度生成曲面，如图3-60、图3-61所示。

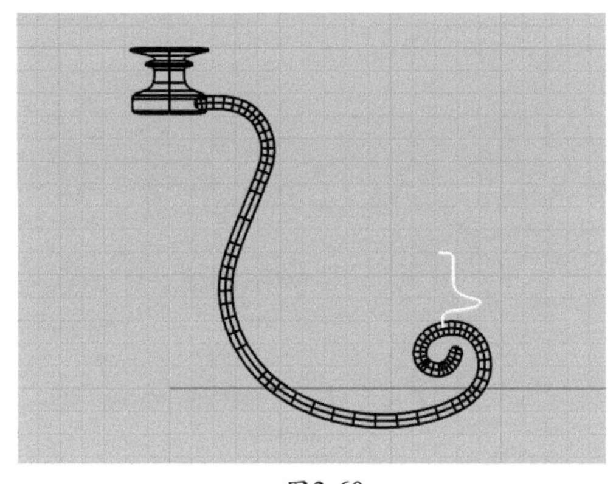

图3-60

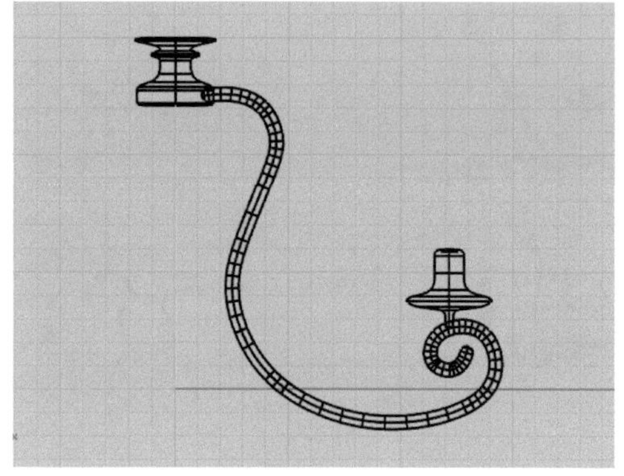

图3-61

04 灯泡部分用“控制点曲线”按钮画两条外轮廓线，单击“直径圆”按钮画3个圆与轮廓线相交，尾部加入一个点，如图3-62所示。再单击“双轨扫掠”按钮生成曲面，如图3-63所示。

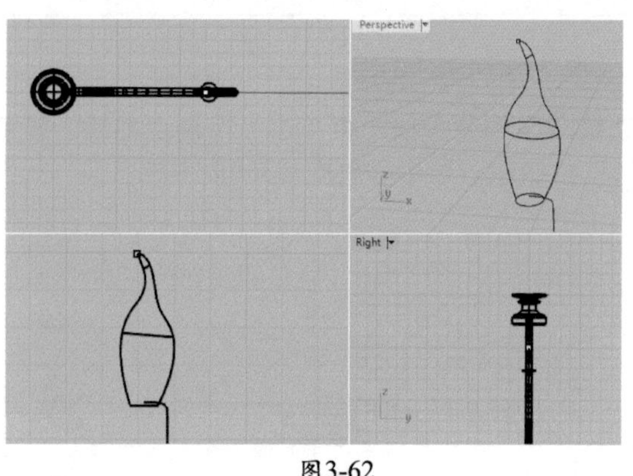

图3-62

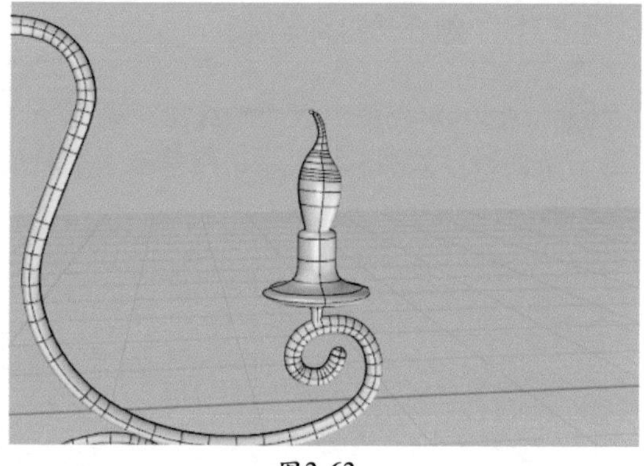
图3-63

05 底下部分重复以上操作步骤，利用“旋转成形”和“圆管”按钮，完成图3-64、图3-65所示效果。

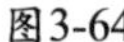
图3-64

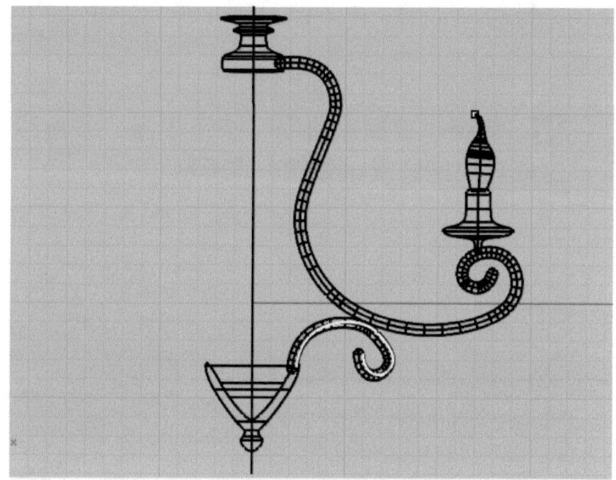
图3-65

3.5.2 阵列多个单元体

01 单击“环形阵列”按钮，阵列数为6个，如图3-66所示，单击“圆柱”按钮画一个圆柱，用实体圆角，效果如图3-67所示。

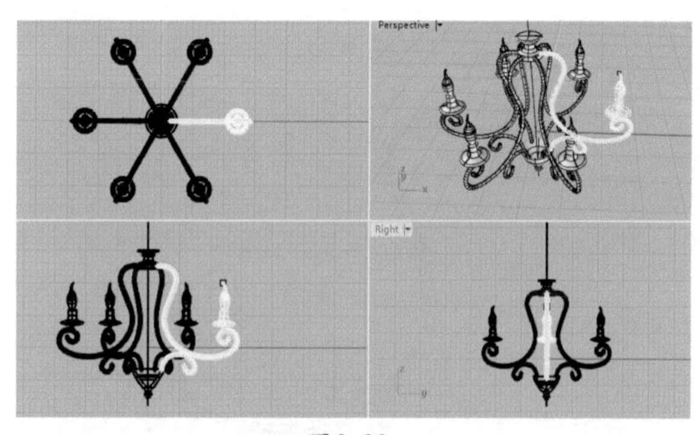

图3-66

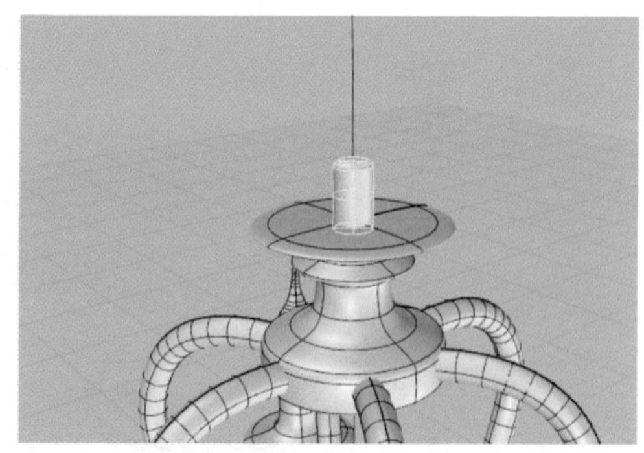
图3-67

02 画一个圆角矩形，选中矩形，单击“圆管”按钮，生成矩形圆管，如图3-68所示。选择圆管，复制一个，用“2D旋转”旋转90度，如图3-69所示。

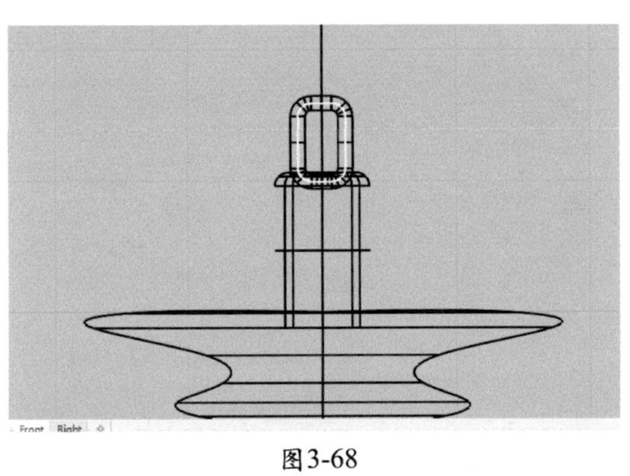

图3-68

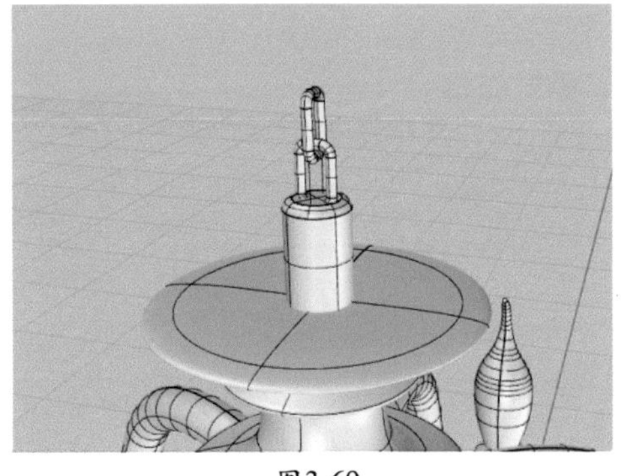

图3-69

03 选择两条链子，单击“群组”按钮群组，再单击“直线阵列”按钮阵列4个，如图3-70、图3-71所示。

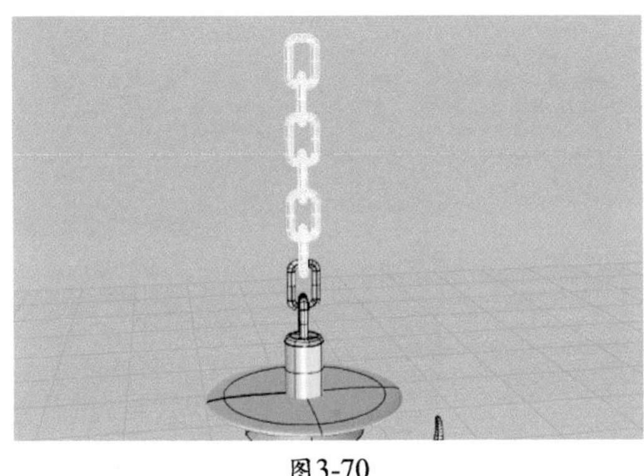

图3-70

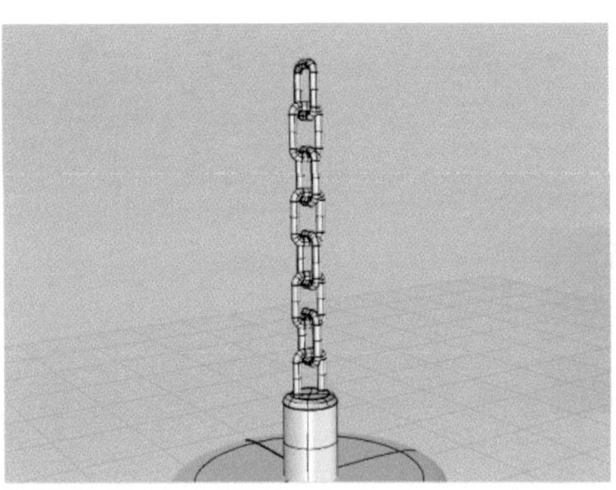

图3-71

04 全部完成后的效果如图3-72所示。

图3-72

第4章
中级建模——曲线面混接、曲线面流动等运用技巧

4.1 克拉尼椅

重点：曲线的连续性关系、混接曲线和混接曲面的运用。

难点：曲面的布线方式和混接曲线的G2连续性。

4.1.1 形体布线

01 在Front视图中以中轴线为起点单击“控制点曲线”按钮画一条曲线，用“镜像”按钮镜像另一边曲线，再单击“组合”按钮将之组合起来，如图4-1所示，最后单击“2D旋转”按钮，把曲线调整到如图4-2所示。

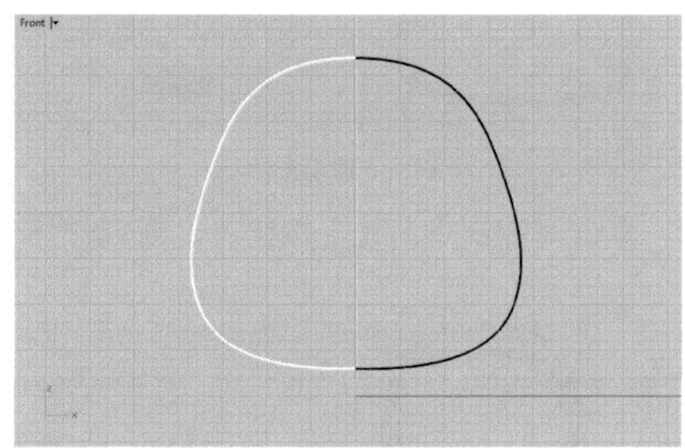

图4-1

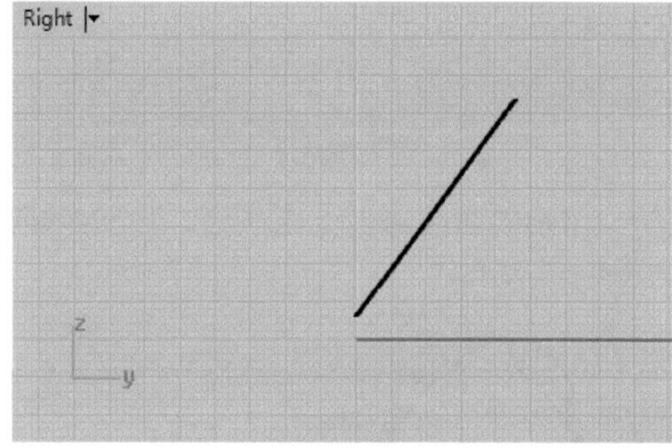

图4-2

02 把上图的曲线复制一条，调整至图4-3所示状态，再用“控制点曲线”按钮在两条曲线中间画一条相交的曲线，如图4-4所示。

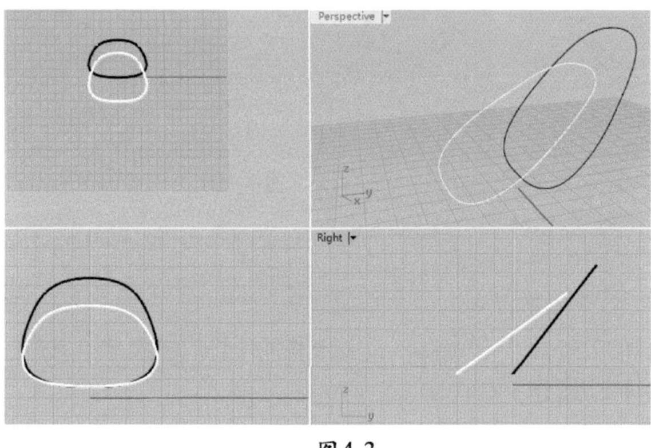

图4-3

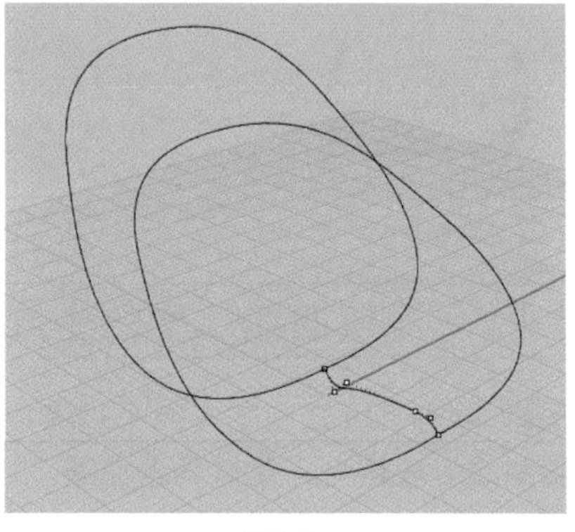

图4-4

03 用“控制点曲线”按钮 在两边画两条相交的曲线，如图4-5所示，顶上再画一条相交的曲线，如图4-6所示。

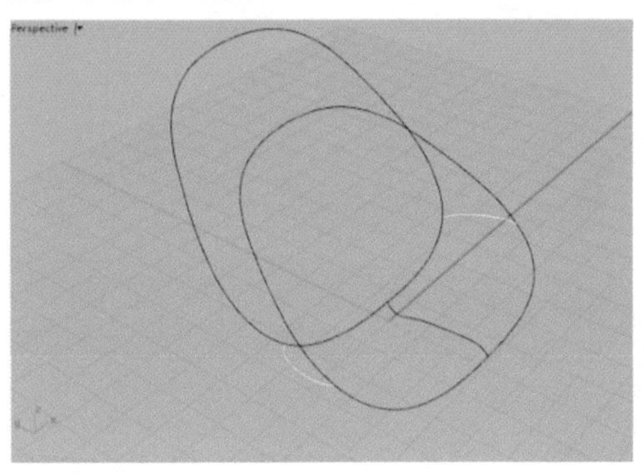
图4-5

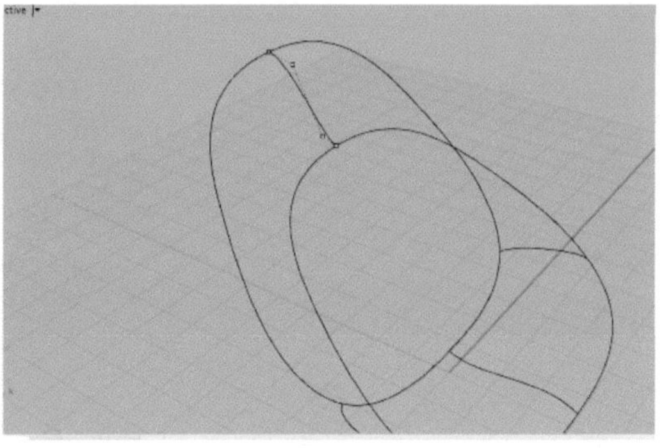
图4-6

04 单击“双轨扫掠”按钮 ，如图4-7所示，再画一条弧形的曲线与曲面相交，如图4-8所示。

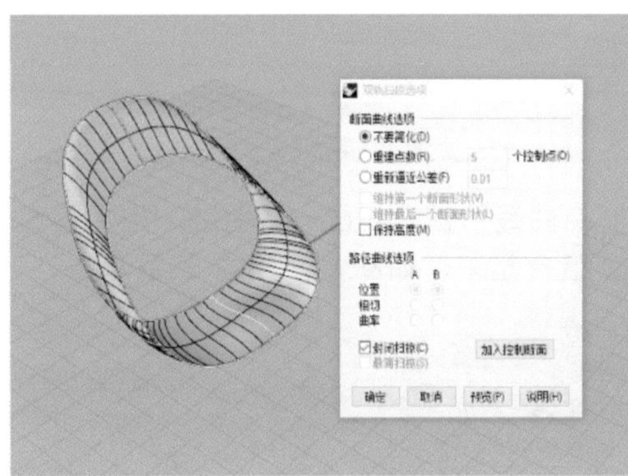
图4-7

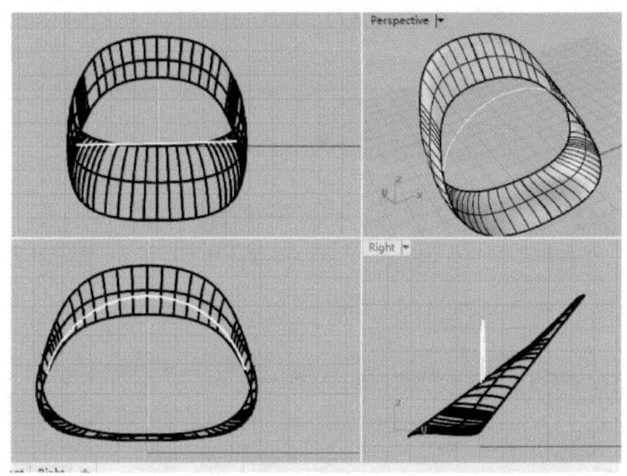
图4-8

05 用画的弧线修剪上面的面，如图4-9所示，单击“控制点曲线”按钮 ，画4条相交的曲线，如图4-10所示。

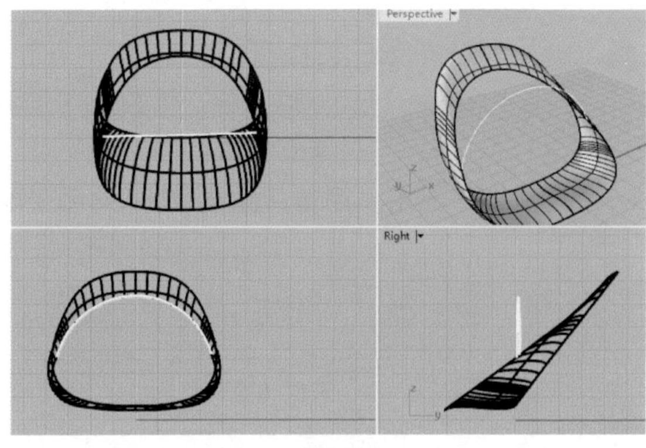
图4-9

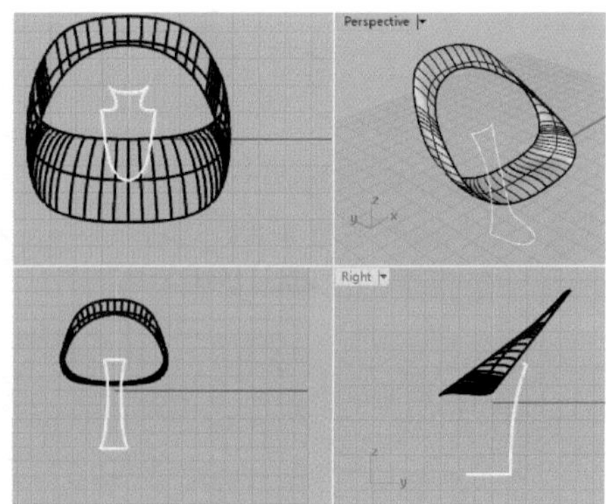
图4-10

4.1.2 混接曲线、面的生成

01 单击“以二、三或四个边缘曲线建立曲面”按钮 ，生成图4-11所示效果，右击选择“混接曲线”按钮 ，生成两条曲线，如图4-12所示。

02 单击“以二、三或四个边缘曲线建立曲面”按钮 ，生成图4-13所示效果，再画一个矩形和一条相交弧线，如图4-14所示。

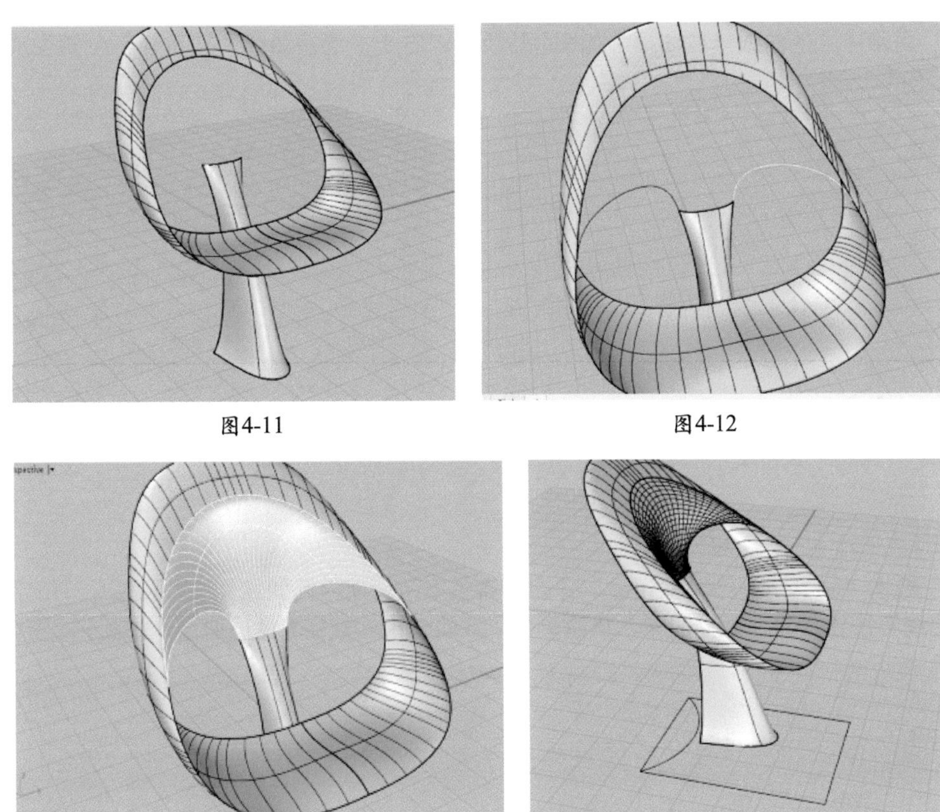

图4-11

图4-12

图4-13

图4-14

03　先用“修剪”按钮剪掉后面部分，再用“曲线圆角”按钮圆角处理，效果如图4-15所示，单击“椭圆体”按钮画一个椭圆，并用单轴缩放压缩后修剪下面的部分，如图4-16所示。

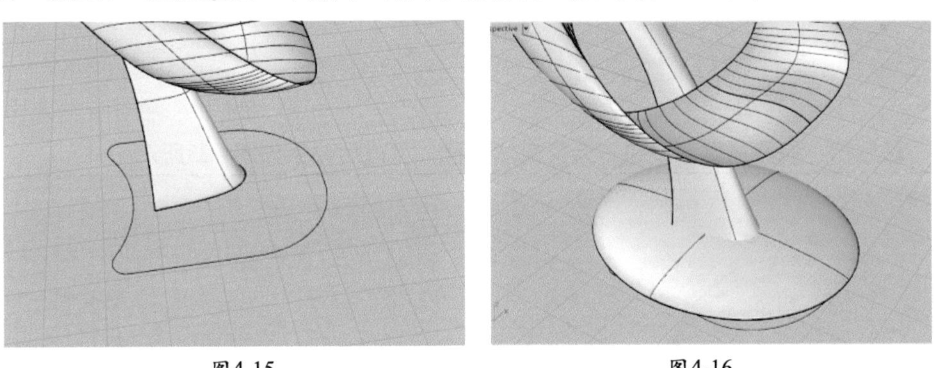

图4-15

图4-16

04　用下面画的曲线修剪上面的椭圆曲面，如图4-17所示，再画一条曲线，如图4-18所示。

图4-17

图4-18

05 用刚才画的曲线修剪曲面，如图4-19所示，右击“混接曲线”按钮，分别生成两条混接曲线，如图4-20所示。

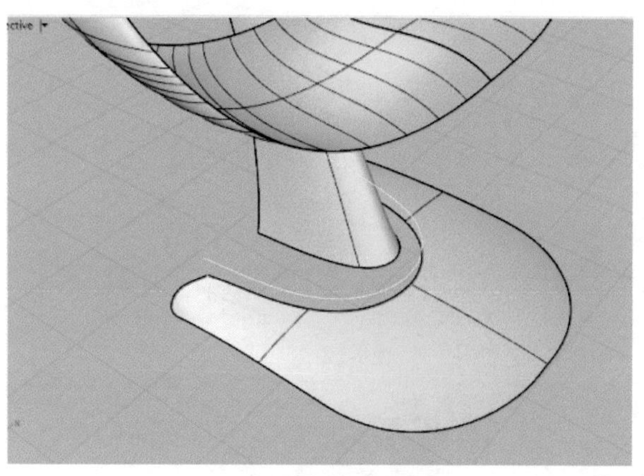

图4-19

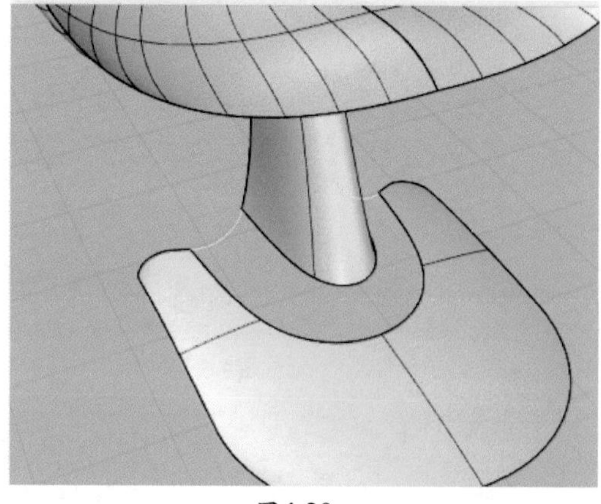

图4-20

06 单击“抽离结构线”按钮，分别抽离上下两个面中间的结构线，如图4-21所示。再用“混接曲线”按钮将其衔接起来，最后单击“双轨扫掠”按钮生成曲面，如图4-22所示。

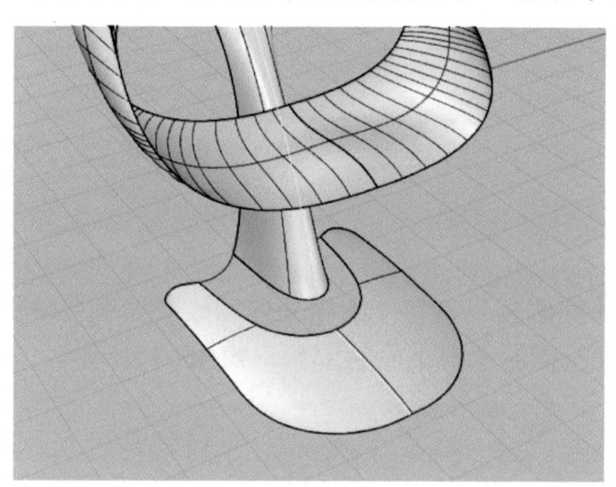

图4-21

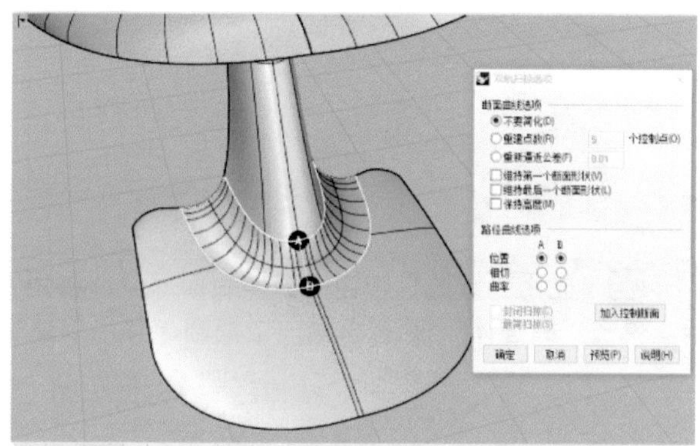

图4-22

07 最后用“偏移曲面”按钮选择实体偏移，完成后效果如图4-23所示。

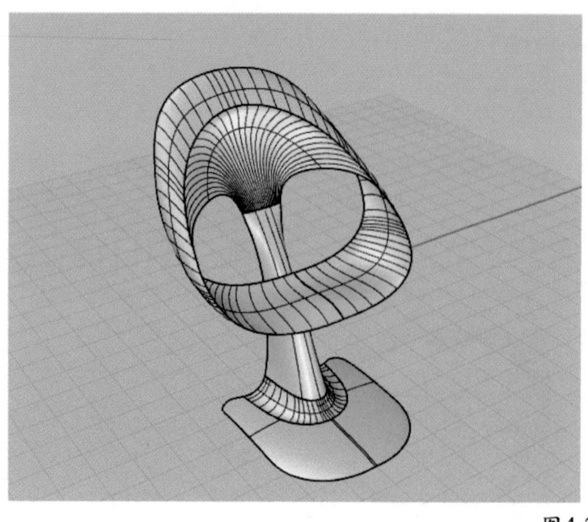

图4-23

4.2 碟子

4.2.1　单元形体布线

01　在Top视图中单击“圆”按钮，右击“画点”按钮组里面的“依线段数目分段曲线”按钮，分段数为3，如图4-24所示。在中心位置画一个点，用“画直线”按钮画3条相交的直线，如图4-25所示。

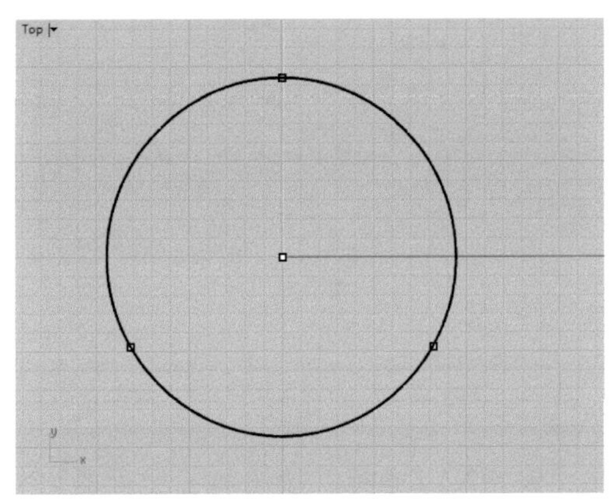

图4-24

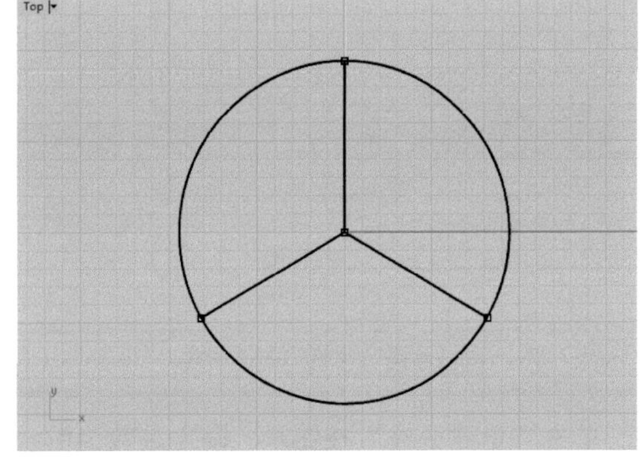

图4-25

02　画一条直线，再单击“弧形”按钮画一条弧线，如图4-26所示。单击“重建曲线”按钮，将点数改为6，把控制点显示出来，保持左边的3个控制点不动，右边的3个控制点往上移动一定距离，如图4-27所示。

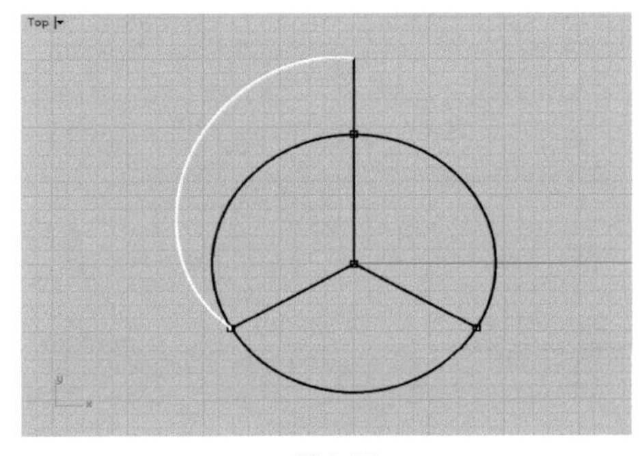

图4-26

图4-27

03 在圆里画一条相交弧线，再用前面画的直线旋转成形画一个圆形曲面，如图4-28所示。把控制点显示出来，并调整弧度的形态，如图4-29所示。

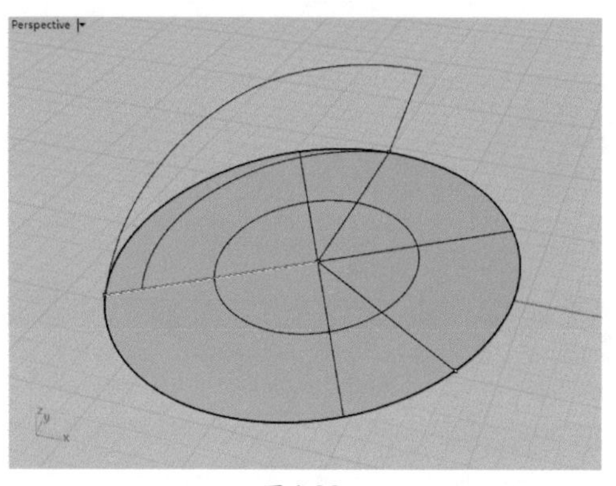

图4-28

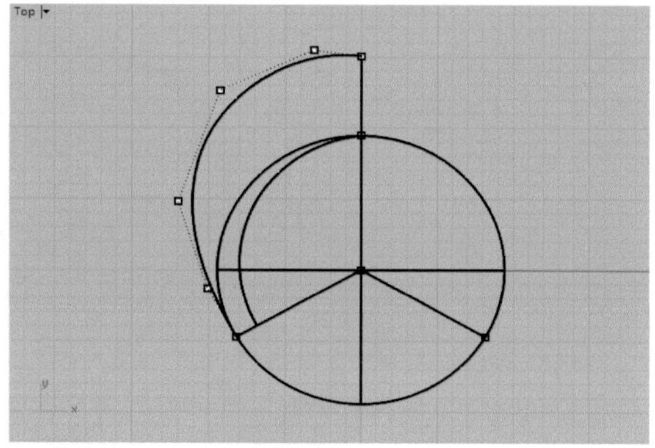

图4-29

04 右击“以结构线切割”按钮，切割效果如图4-30所示，再用“修剪”按钮把弧线外面部分剪掉，如图4-31所示。

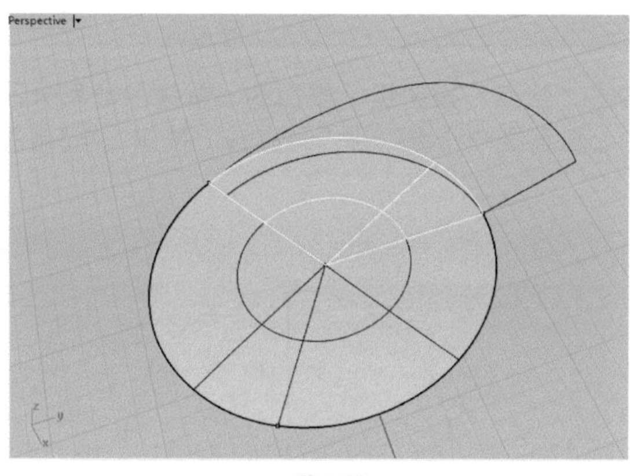

图4-30

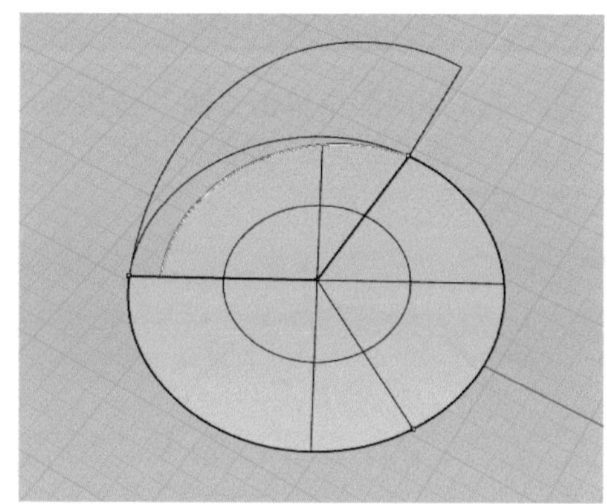

图4-31

4.2.2 曲线面混接单个体

单击“重建曲线”按钮，设定点数为6，单击“设定XYZ坐标”按钮把里面的3个控制点设置为Z，并对齐在同一平面上，如图4-32所示。单击“切割边缘”按钮，效果如图4-33所示。

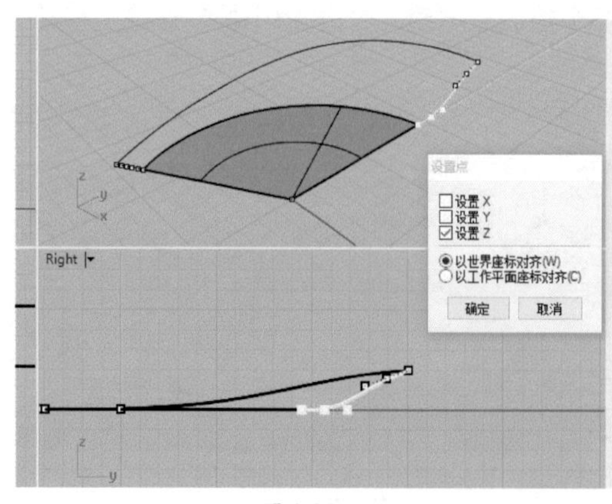

图4-32

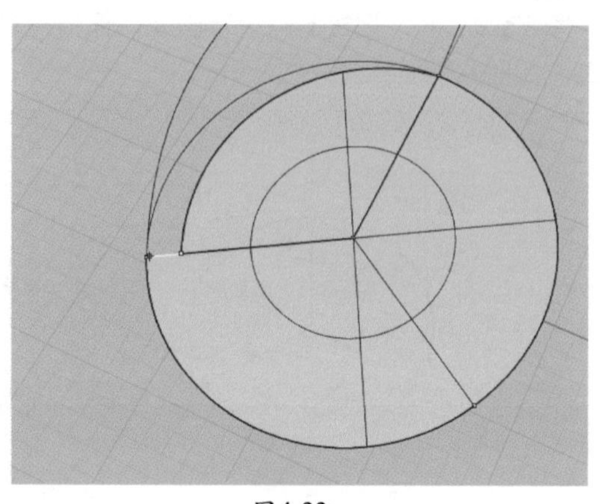

图4-33

4.2.3　环形阵列形体

01　单击“双轨扫掠”按钮，选中“曲率”选项，如图4-34所示，单击“环形阵列”按钮阵列3个，如图4-35所示。

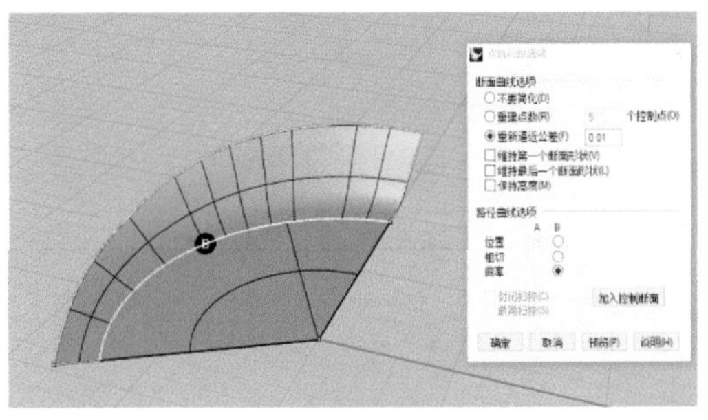

图4-34

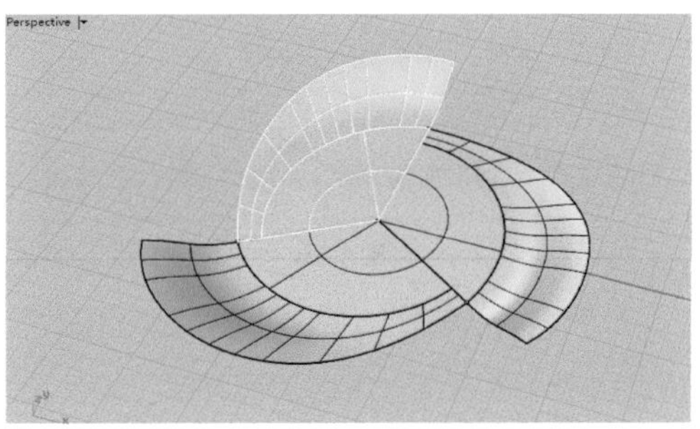

图4-35

02　单击“弧形”按钮画一条弧线，并设置“重建曲线”点数为6，如图4-36所示。单击“双轨扫掠”按钮，选中“曲率”选项，如图4-37所示。

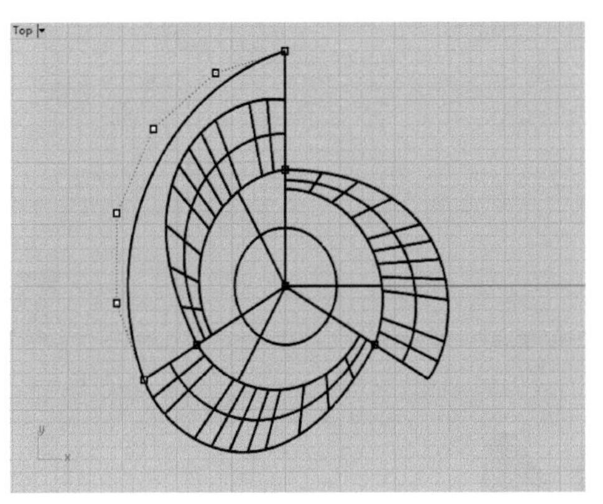

图4-36

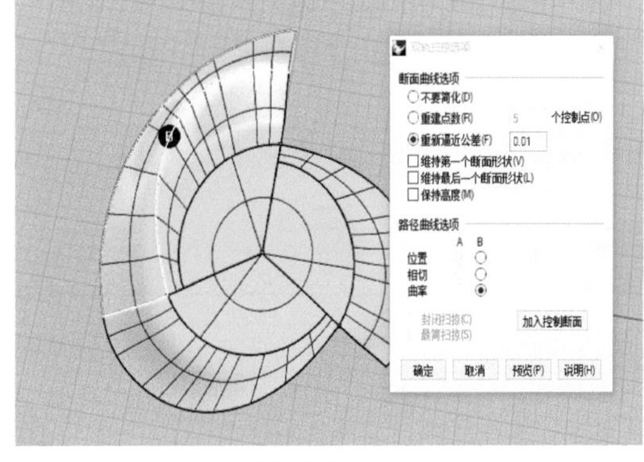

图4-37

03　用“控制点曲线”按钮画一条图4-38所示的曲线，用此曲线修剪外面的曲面，如图4-39所示。

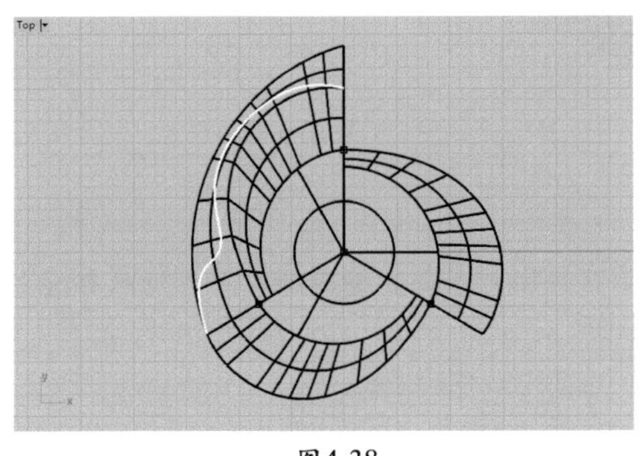

图4-38

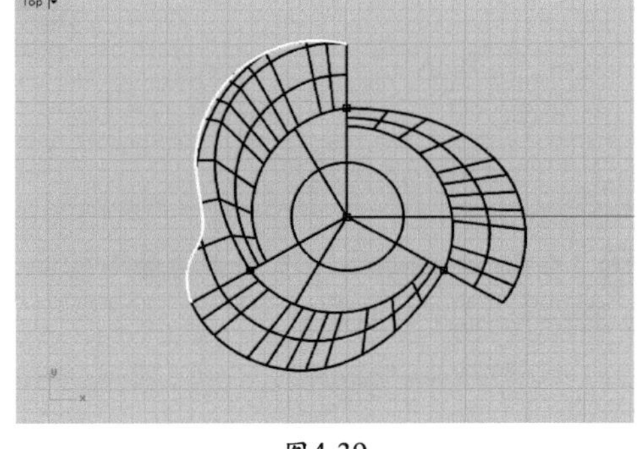

图4-39

04　单击修剪完的曲面，用“环形阵列”按钮阵列3个，如图4-40所示，再把曲面组合成整体，并复制粘贴一个，上下移动一定距离，再用“混接曲面”按钮把上下两个面混接起来，如图4-41所示。

05　全部完成后的效果如图4-42所示。

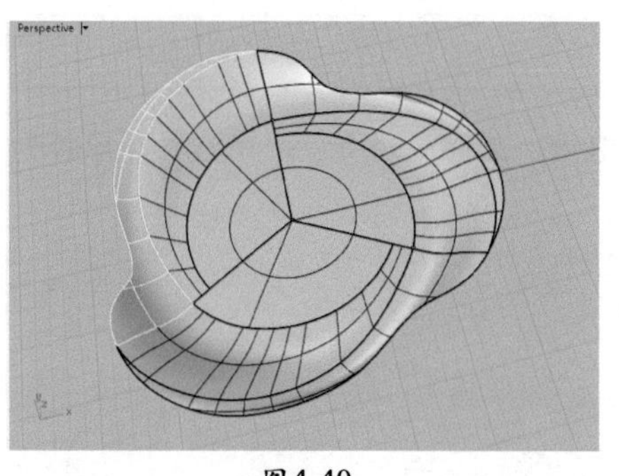
图4-40

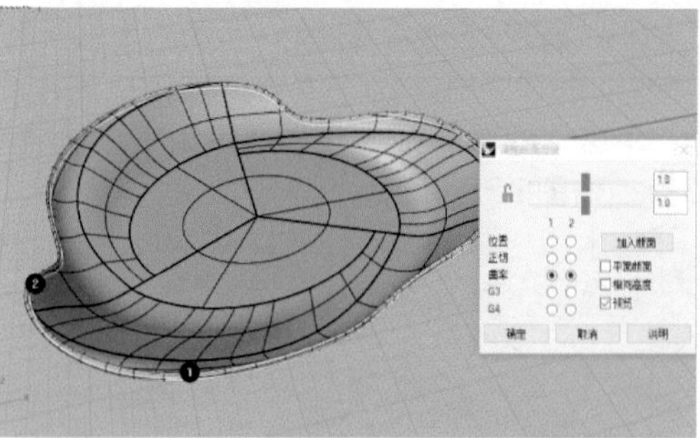
图4-41

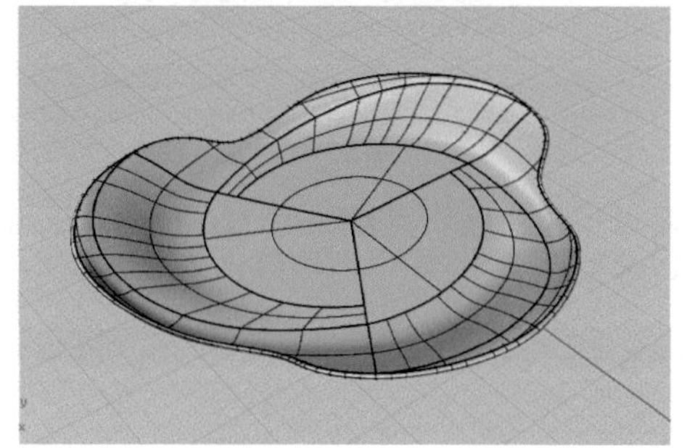

图4-42

4.3 高跟鞋

4.3.1 大形体绘制

01 在Top视图中用“控制点曲线”按钮依次画出两条封闭的曲线，并调整两者的上下关系，如图4-43、图4-44所示。

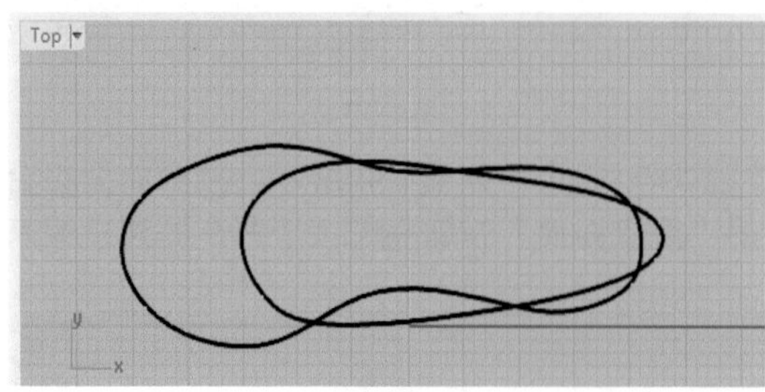

图4-43

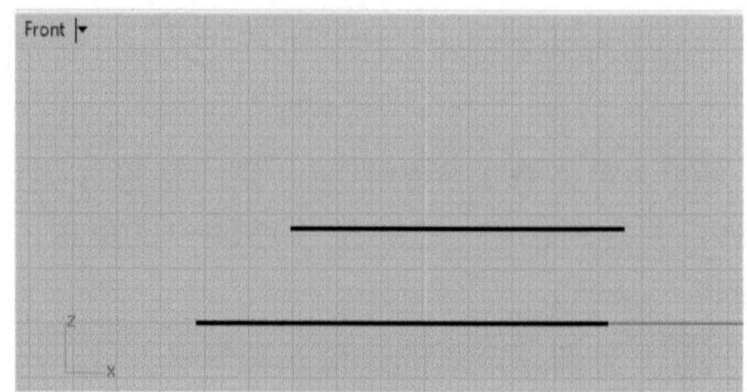

图4-44

02　在Front视图中单击“打开点”按钮，并进行调节，如图4-45所示，用“最近点”按钮在两条封闭的曲线中间和前后各画一条曲线，调节效果如图4-46所示。

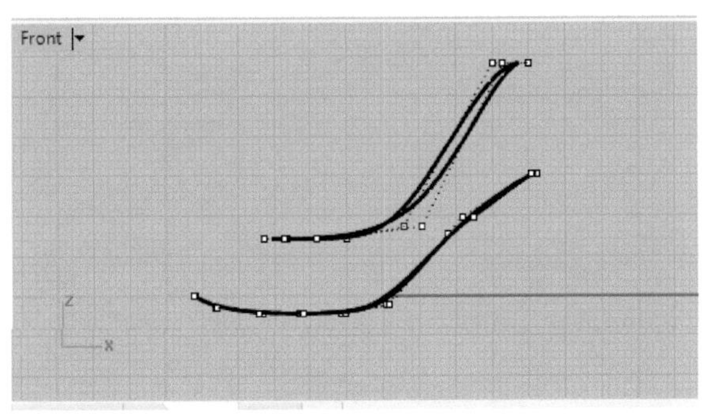

图4-45

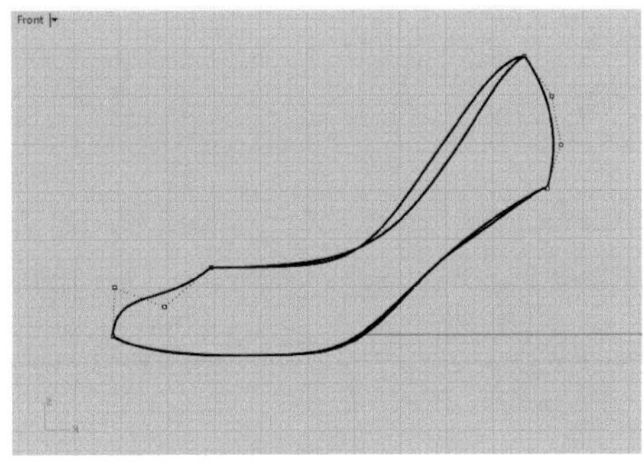

图4-46

03　单击“双轨扫掠”按钮，选取上下两条路径，再选取前后两条断面曲线，最后生成曲面，如图4-47、图4-48所示。

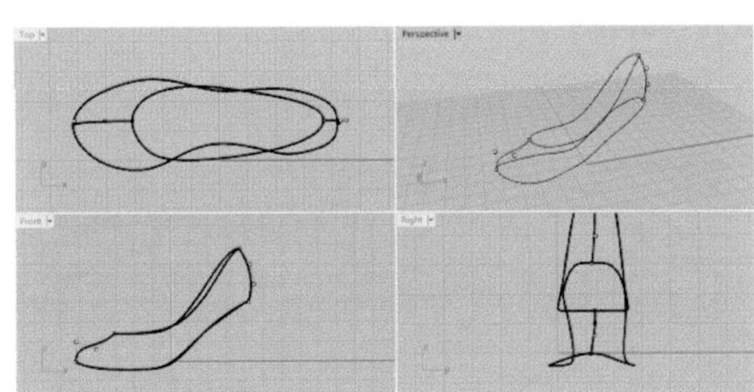

图4-47

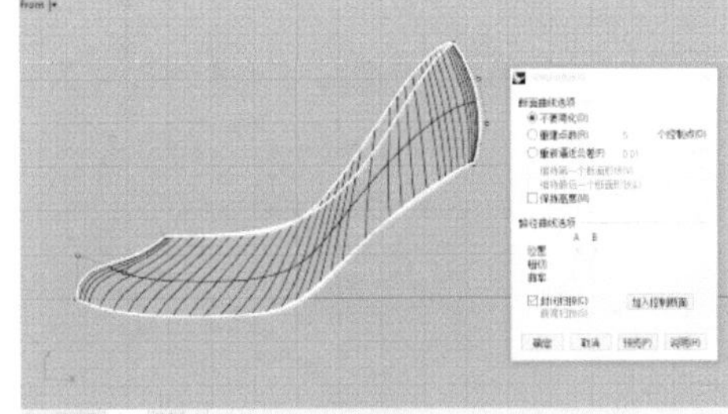

图4-48

04　单击“控制点曲线”按钮，画出图4-49所示曲线，再单击“直线挤出”按钮生成面，如图4-50所示。

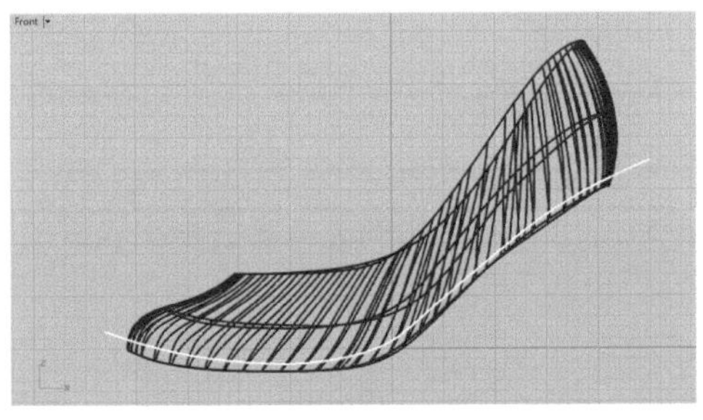

图4-49

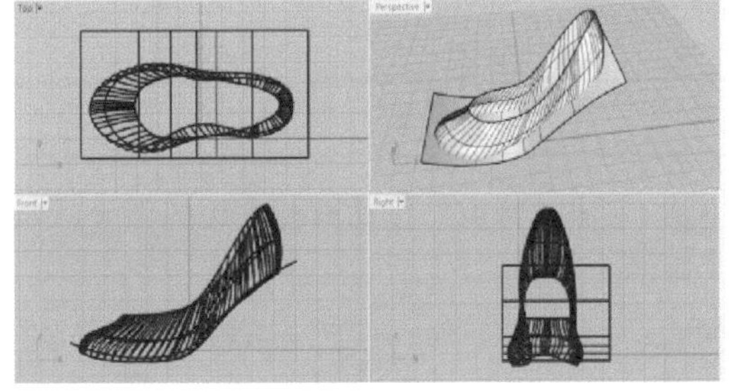

图4-50

05　单击曲面修剪鞋子下面部分，如图4-51所示，再选择鞋子部分修剪掉曲面外部多余的部分，如图4-52所示。

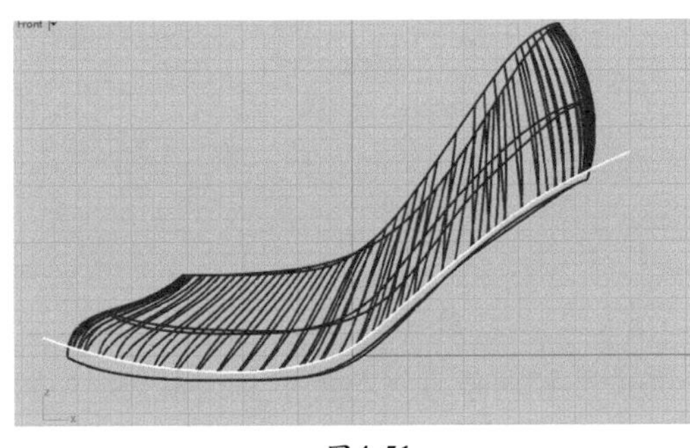

图4-51

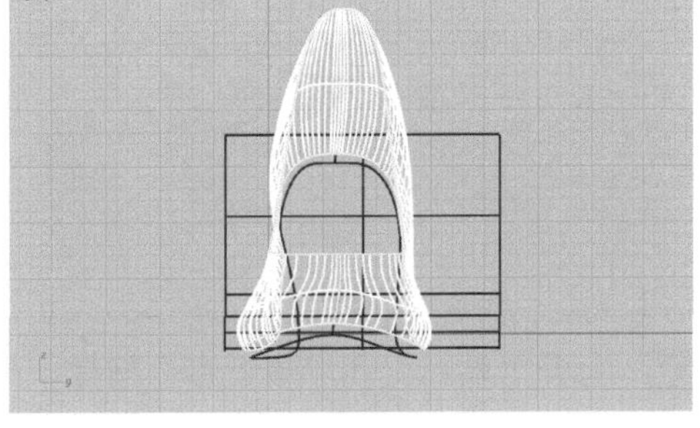

图4-52

06 鞋面与鞋底互相修剪后的效果如图4-53所示，并用“曲面圆角”按钮进行圆角处理，如图4-54所示。

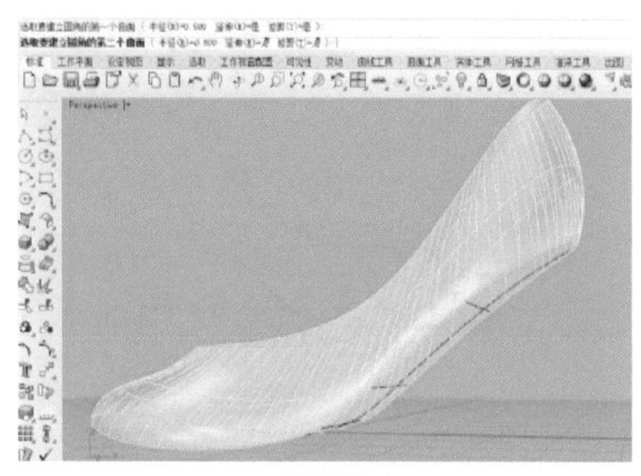
图4-53

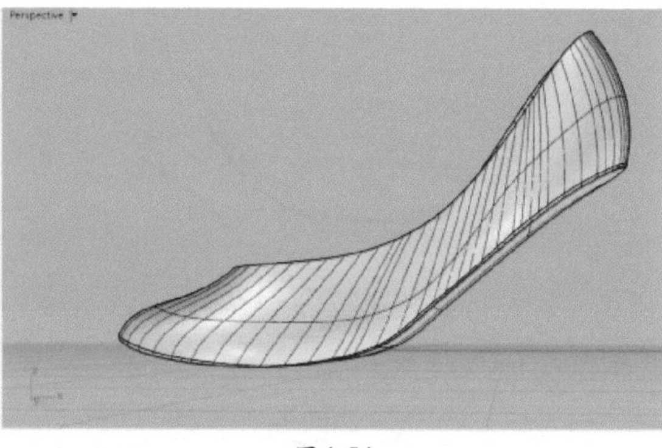
图4-54

07 单击“投影曲线”按钮组里面的“复制边缘”按钮，选择鞋底曲面复制鞋底边缘线，如图4-55所示，再用“直线”按钮画一条直线，如图4-56所示。

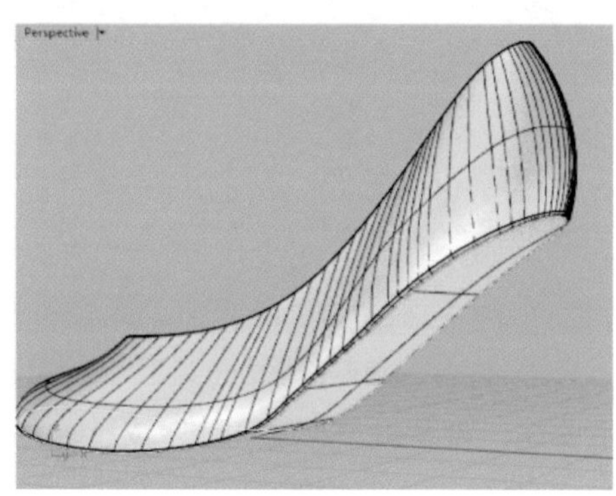
图4-55

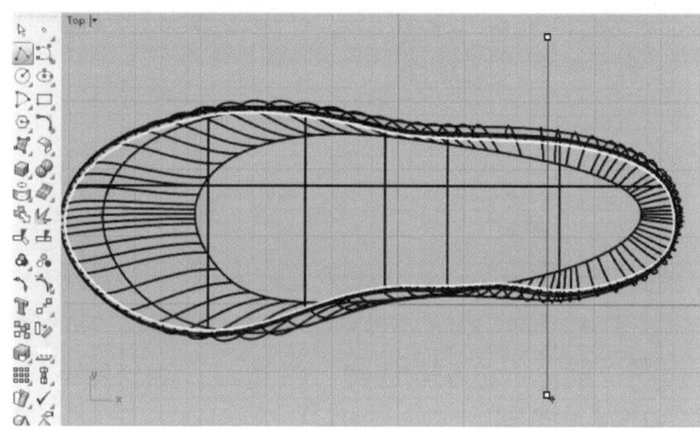
图4-56

4.3.2 鞋跟建模

01 单击“修剪”按钮剪掉左边的部分，如图4-57所示，再运用椭圆与直线画出鞋跟的跟部曲线，如图4-58所示。

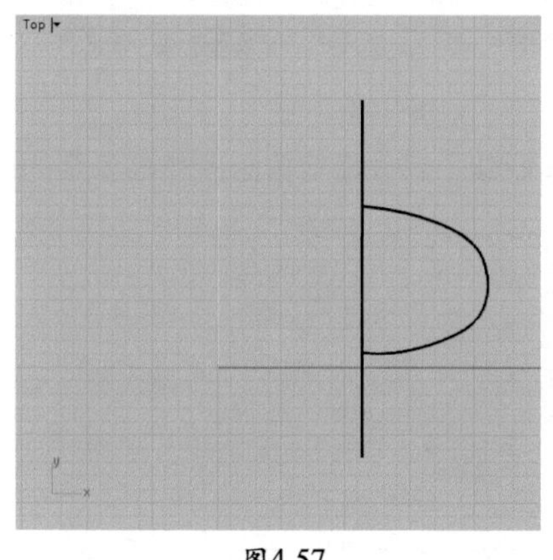
图4-57

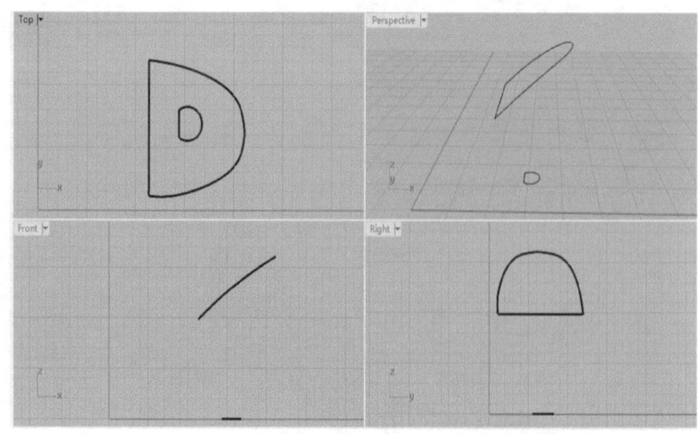
图4-58

02 打开“端点”和“最近点”捕捉，画一条曲线和两条直线与上下曲线相交，如图4-59所示。

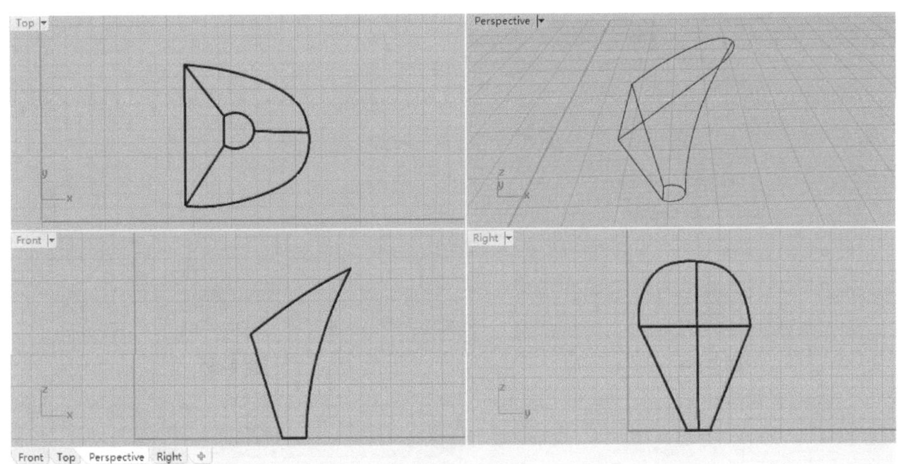

图4-59

03 单击“双轨扫掠”按钮，选取上下两条路径，再选取3条断面曲线，最后生成曲面，如图4-60、图4-61所示。

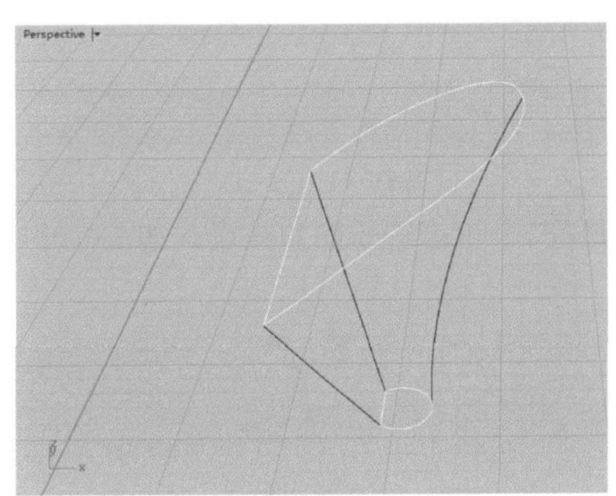

图4-60

图4-61

04 单击“以平面曲线建立曲面”按钮，把鞋跟部分的面封上，如图4-62所示，再单击“控制点曲线”按钮画出如图4-63所示的形态。

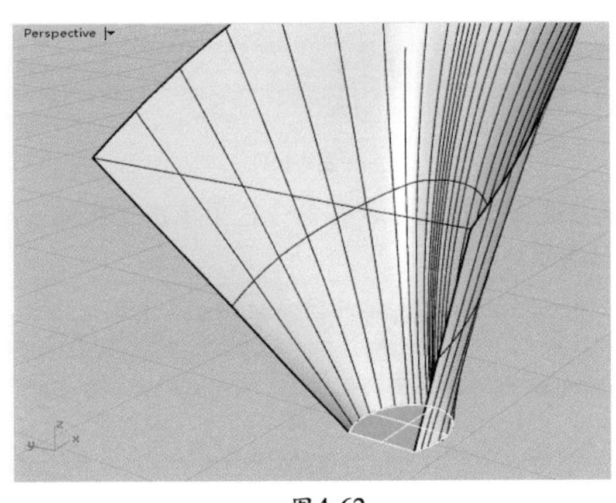

图4-62

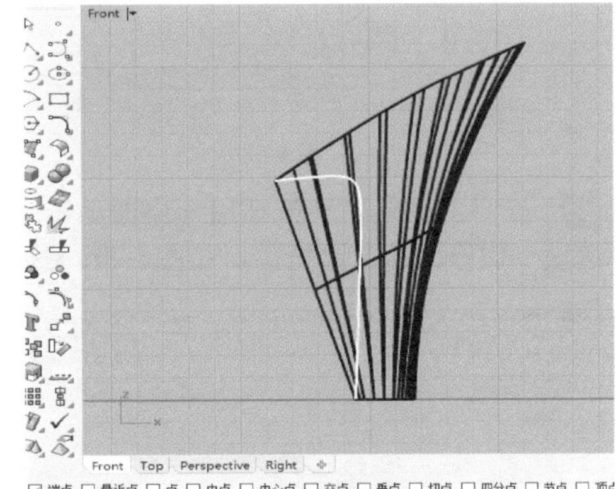

图4-63

05 单击“修剪”按钮剪掉左边的曲面部分，如图4-64、图4-65所示。

06 单击“双轨扫掠”按钮，先单击上下两条路径，再单击左右断面生成曲面，再单击“组合”按钮把鞋跟组合成整体，如图4-66、图4-67所示。

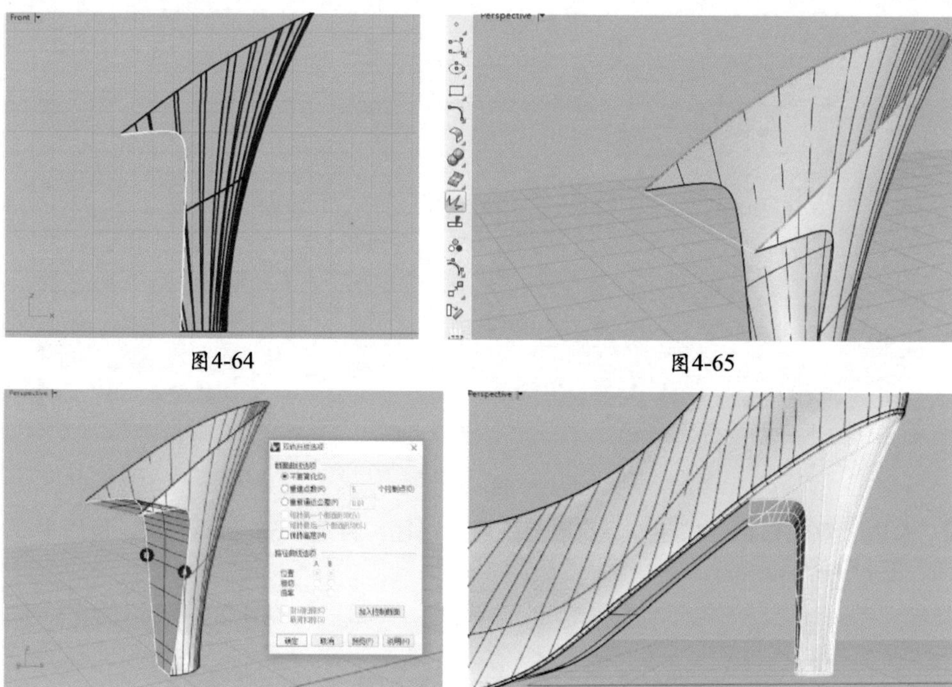

图4-64

图4-65

图4-66

图4-67

07 单击“不等距边缘圆角”按钮，选择鞋跟的3个边缘进行圆角处理，如图4-68、图4-69所示。

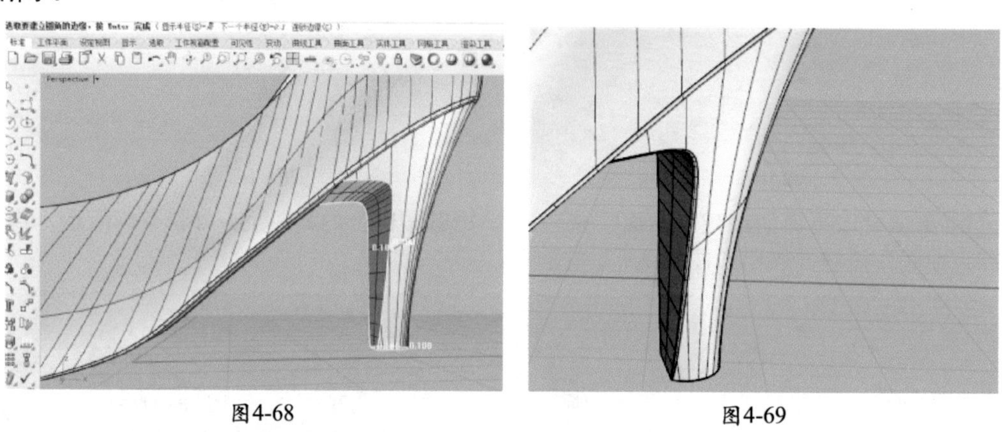

图4-68

图4-69

08 在“曲面编辑”按钮组里面单击“偏移曲面”按钮，在命令栏里单击“实体（S）=是”选项，偏移距离自己把握，如图4-70、图4-71所示。

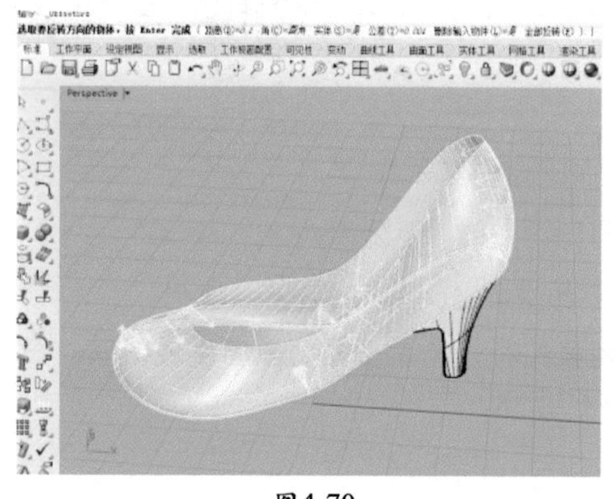

图4-70

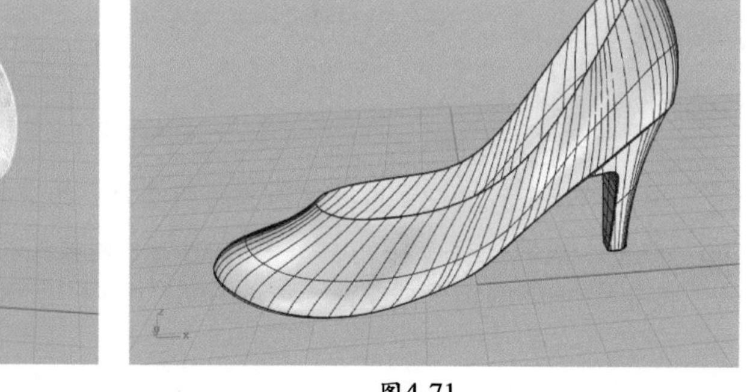

图4-71

4.3.3　鞋面细节制作

01　单击“圆角矩形”按钮画一个圆角矩形，如图4-72所示，用“修剪”按钮修剪曲面，如图4-73所示。

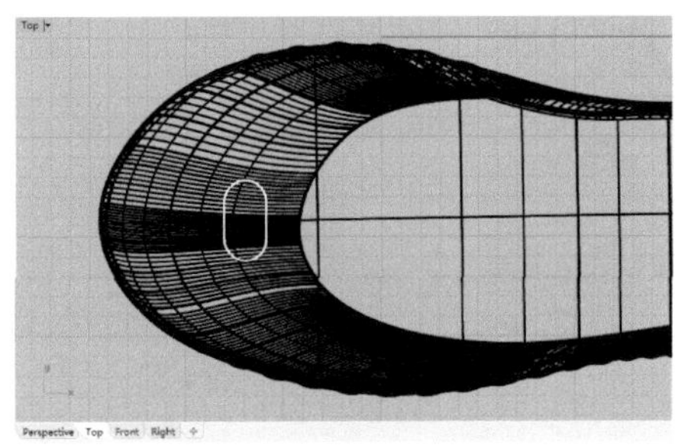
图4-72

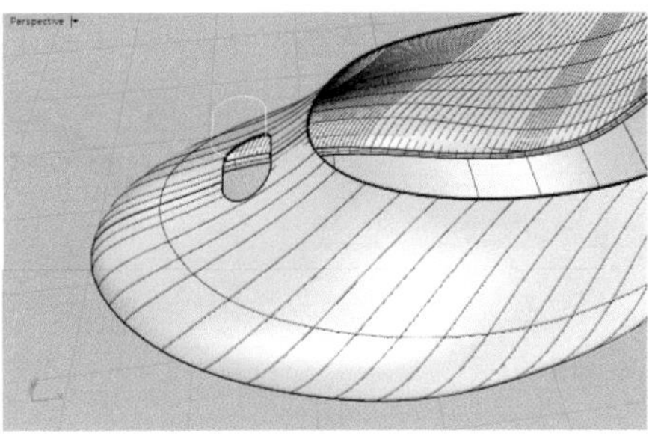
图4-73

02　单击“混接曲面”按钮，混接两个曲面，如图4-74所示。单击“控制点曲线”按钮画一条曲线，再用“镜像”工具镜像出另一条，用来做鞋子上的装饰，如图4-75所示。

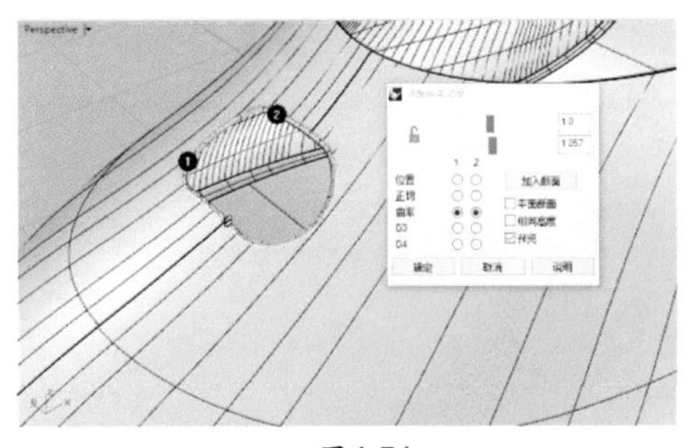
图4-74

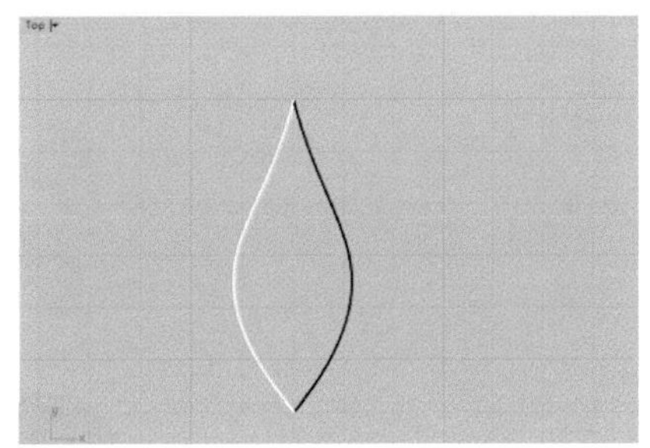
图4-75

03　单击两条曲线的“在两条曲线之间建立均分曲线”按钮，画出中间的曲线，如图4-76所示。再单击“打开点”按钮，调节曲线点，如图4-77所示。

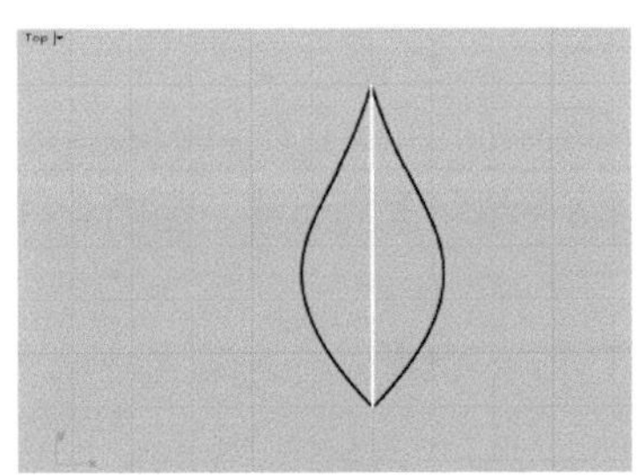
图4-76

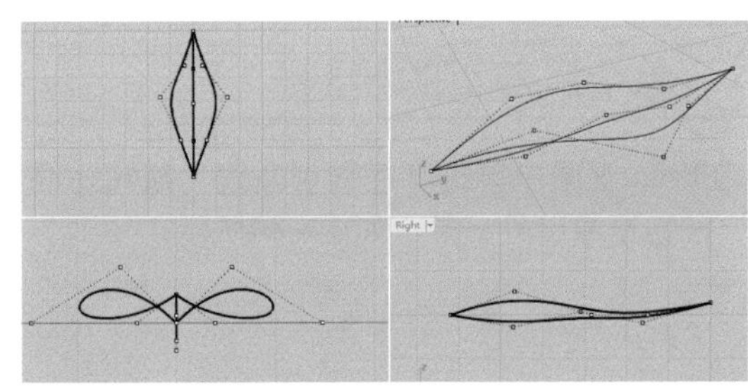
图4-77

04　单击“放样”按钮依次点选三条曲线生成曲面，如图4-78所示，再用“镜像”按钮生成另一个曲面，如图4-79所示。

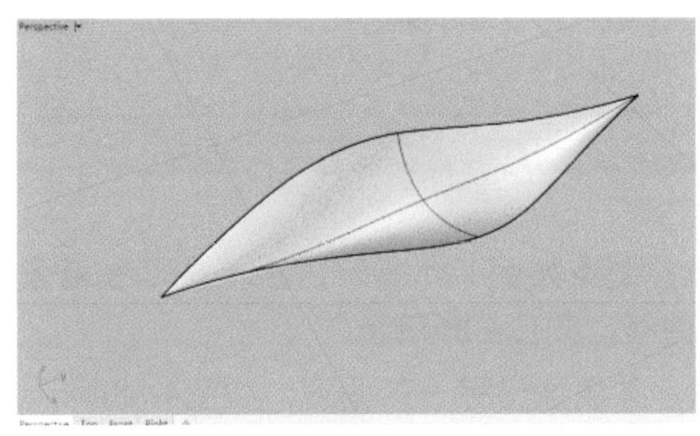
图4-78

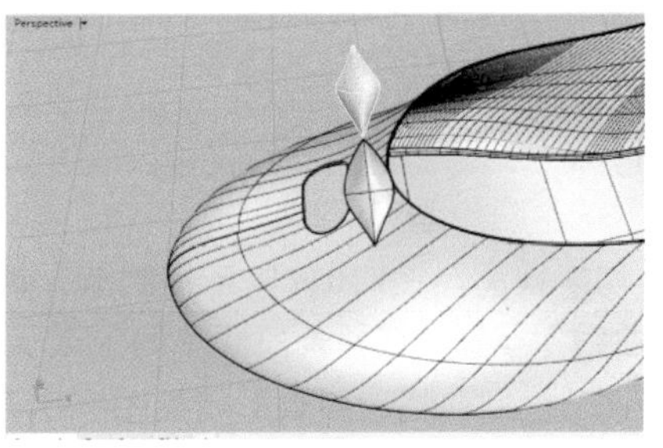
图4-79

05 单击“圆管”按钮画一个圆管，放到两个曲面中间的合适位置，如图4-80、图4-81所示。

06 单击“镜像”按钮复制另一只鞋子，着色模式显示最终效果如图4-82所示。

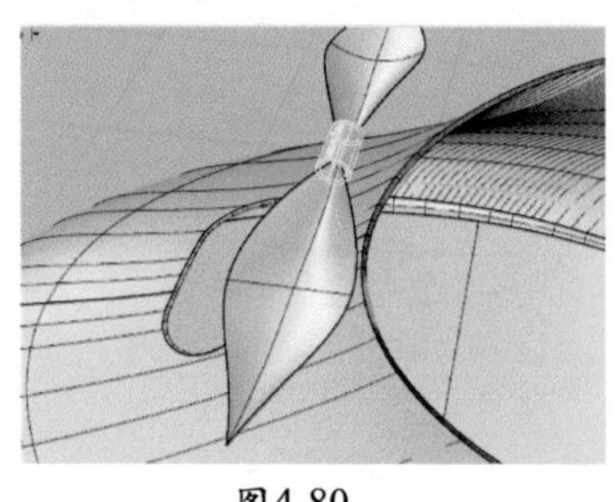

图4-80

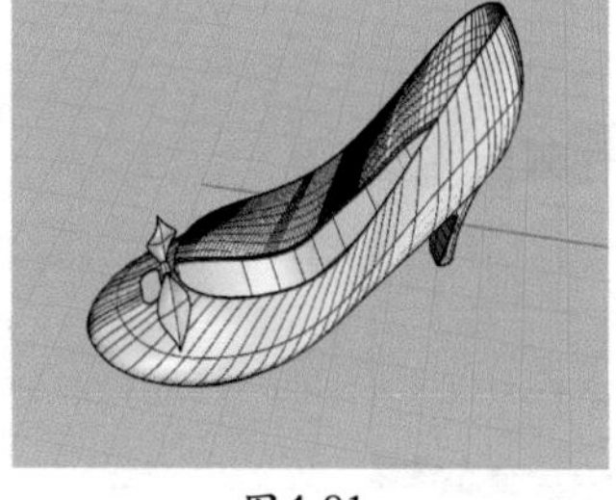

图4-81

图4-82

4.4 迷你小风扇

4.4.1 单个风扇页的绘制

01 在Front视图中单击“控制点曲线”按钮画一条6个控制点的曲线，如图4-83所示，再用“镜像”按钮镜像出另一条，如图4-84所示。

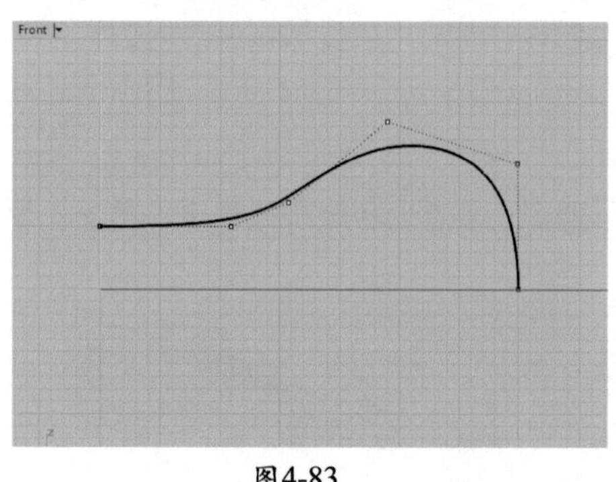

图4-83

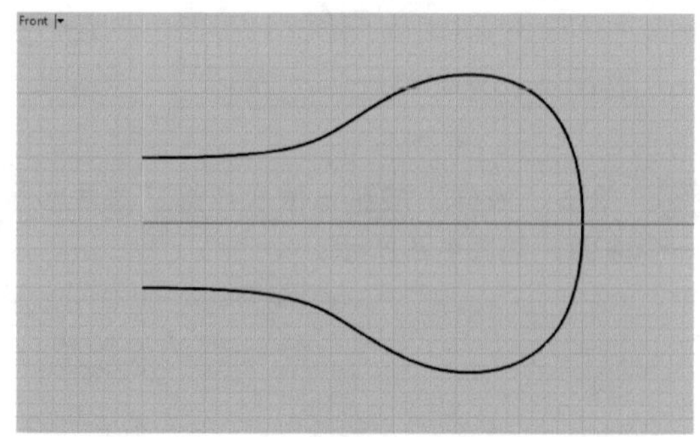

图4-84

02 切换视图，按F10键显示控制点，调节控制点如图4-85所示，再单击“在两条曲线之间建立均分曲线”按钮在两条曲线中间生成一条曲线，如图4-86所示。

03 调节中间曲线控制点形状如图4-87所示，并镜像出另一条曲线，如图4-88所示。

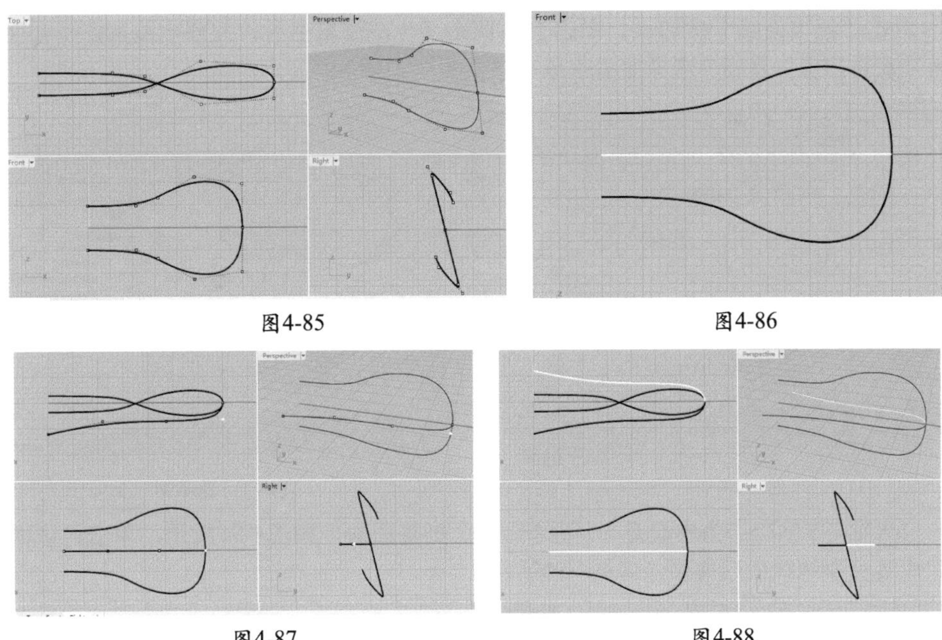

图4-85

图4-86

图4-87

图4-88

4.4.2 整体风扇页制作

01 单击“放样”按钮依次点选4条曲线，勾选“封闭放样”选项，如图4-89所示，单击“环形阵列”按钮，在命令栏输入5，完成后的效果如图4-90所示。

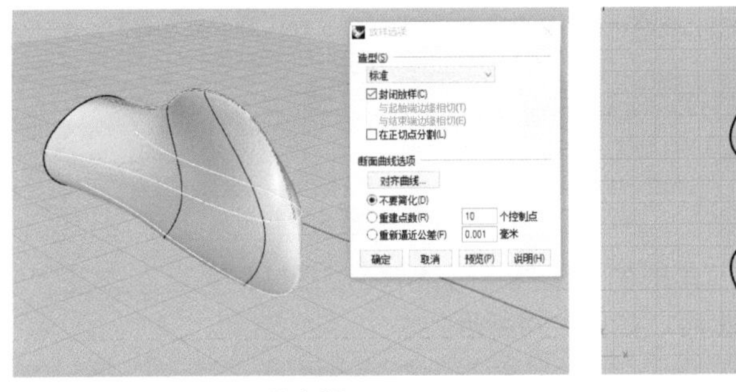

图4-89

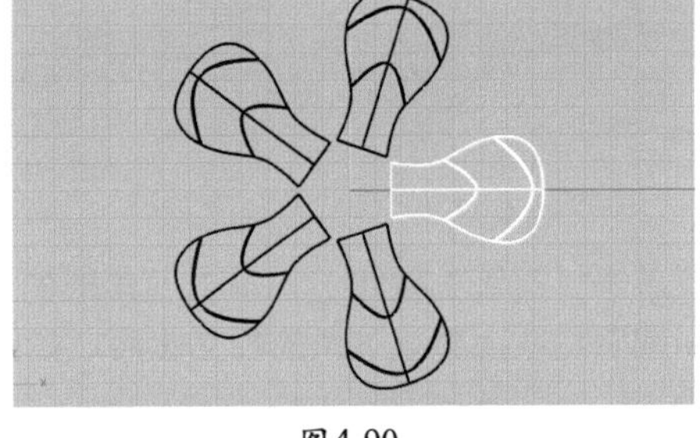

图4-90

02 在Right视图中画两条直线，如图4-91所示，用“修剪”按钮修剪左右部分，如图4-92所示。

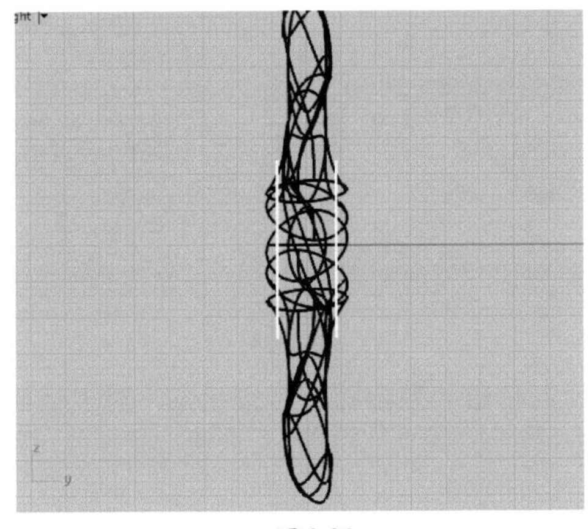

图4-91

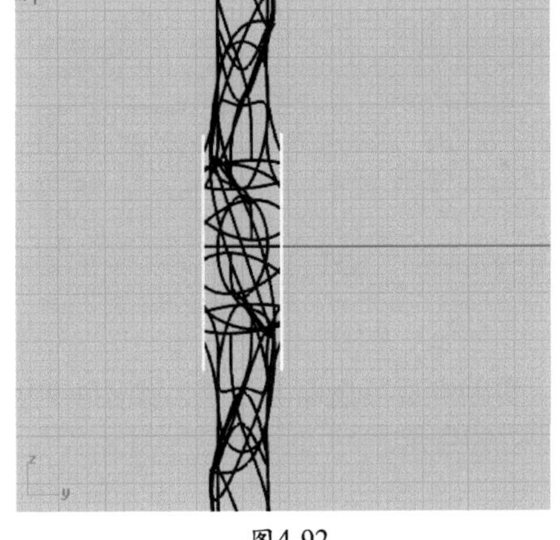

图4-92

03 右击“混接曲线”按钮，单击左右两个面生成混接曲线，底部也是如此，如图4-93所示，再用“双轨扫掠”按钮选择曲率生成衔接曲面，如图4-94所示。

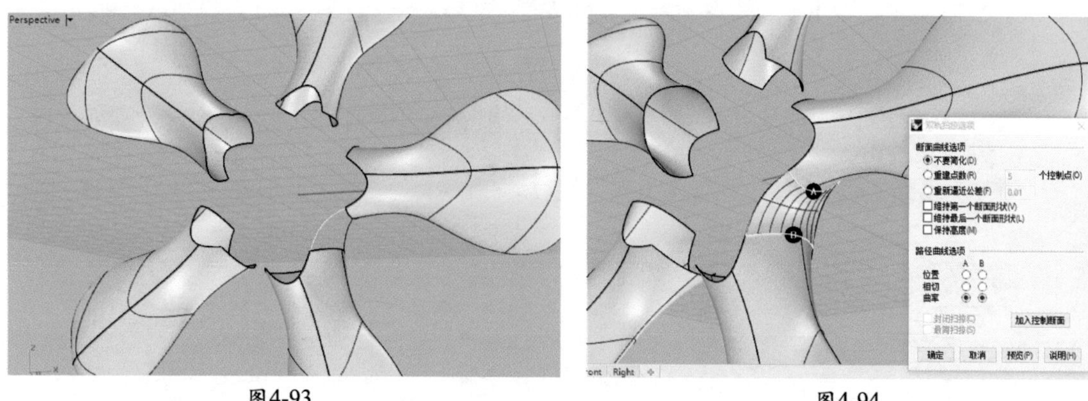

图4-93 图4-94

04 以X轴与Y轴交点为中心点，环形阵列5个衔接曲面，如图4-95所示，单击“嵌面”按钮，依次点选曲面边缘生成曲面，如图4-96所示。

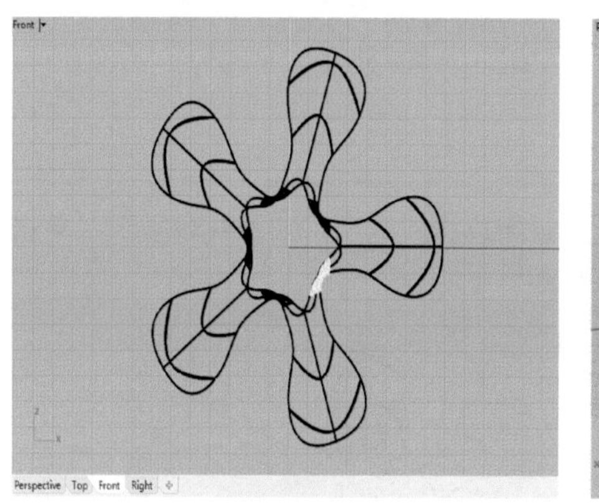

图4-95

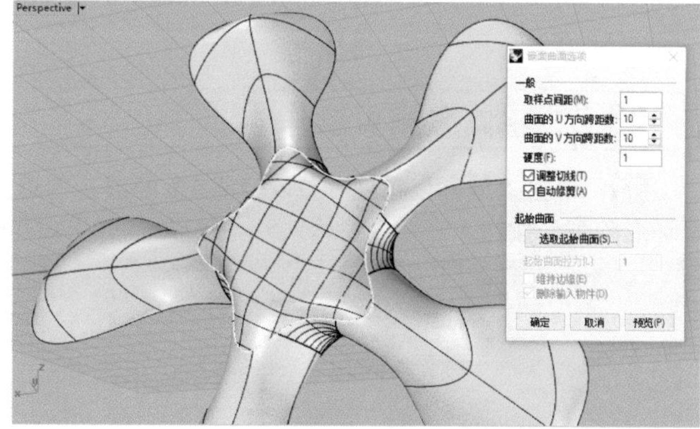

图4-96

05 单击“圆管”按钮，单击五角形的边缘线生成圆管，如图4-97所示，单击“切割”按钮，用圆管切割上面与下面的相交曲面，如图4-98所示。

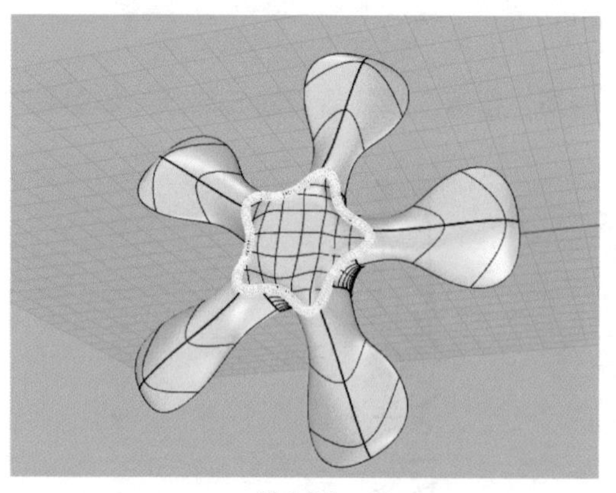

图4-97

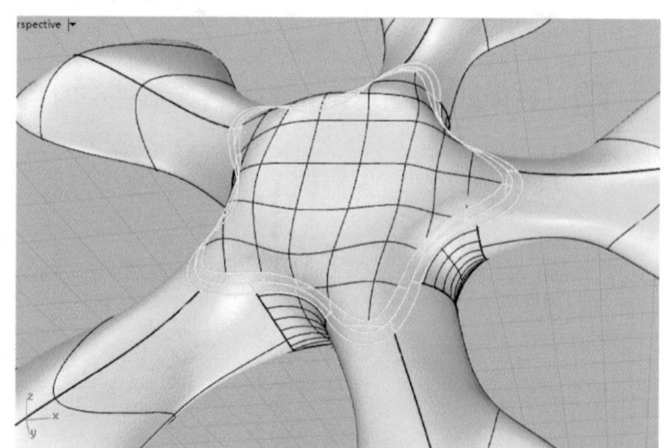

图4-98

06 切割完成后删除上下面，如图4-99所示，单击“混接曲面”按钮，对上下面进行混接，如图4-100所示。

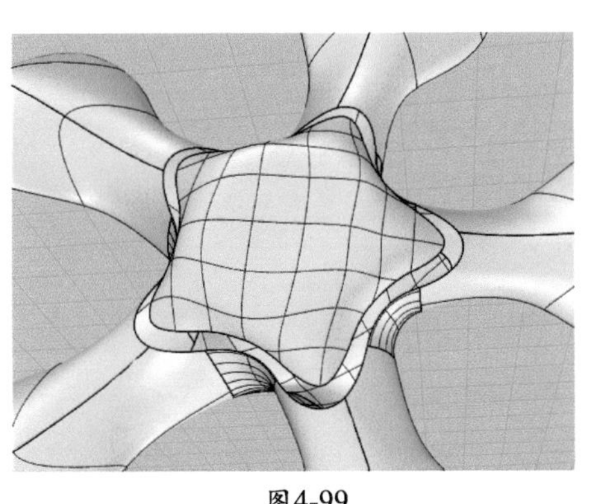

图4-99

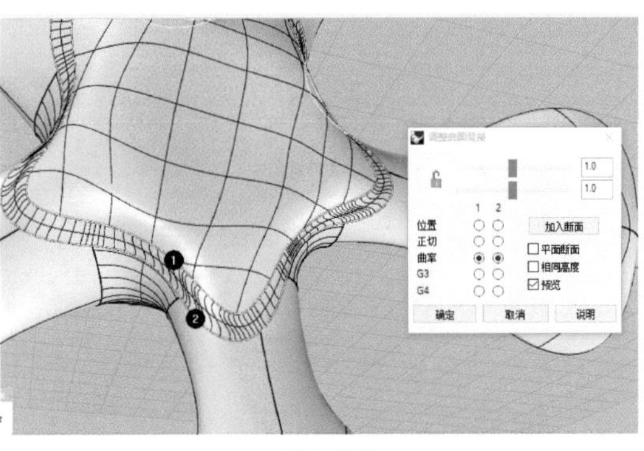

图4-100

07　单击“椭圆”按钮绘制一个椭圆体，用直线修剪一半，如图4-101所示，再用平面曲线建立曲面并圆角处理，再绘制一个圆柱体，如图4-102所示。

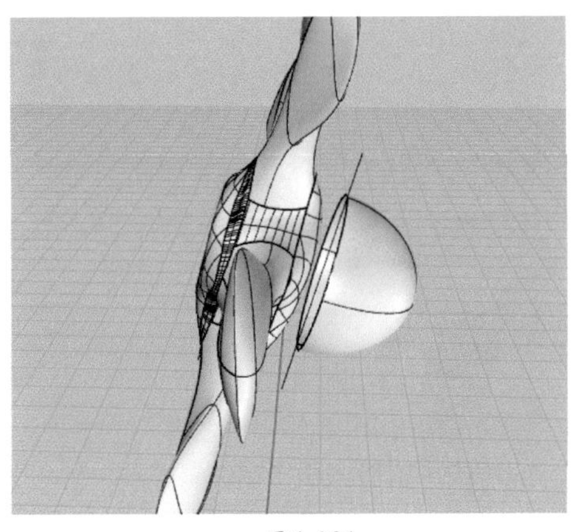

图4-101

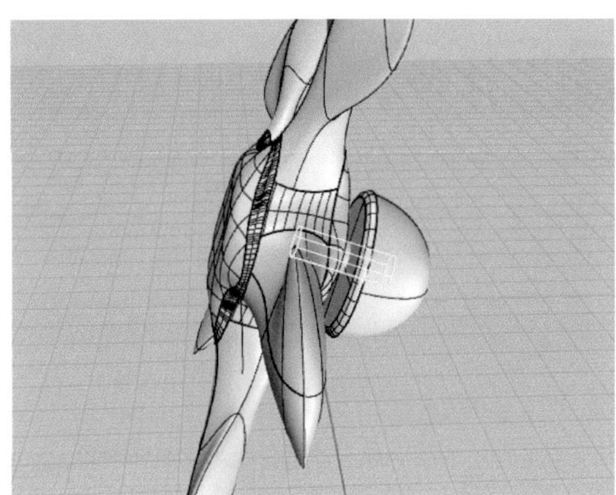

图4-102

4.4.3　底部制作

01　单击“控制点曲线”按钮画一条曲线，并单击“圆管”按钮生成管状，如图4-103所示，再用“直线”按钮绘制花瓶，如图4-104所示。

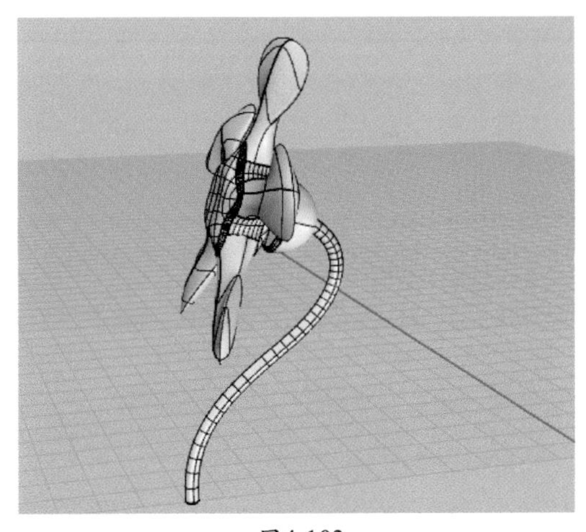

图4-103

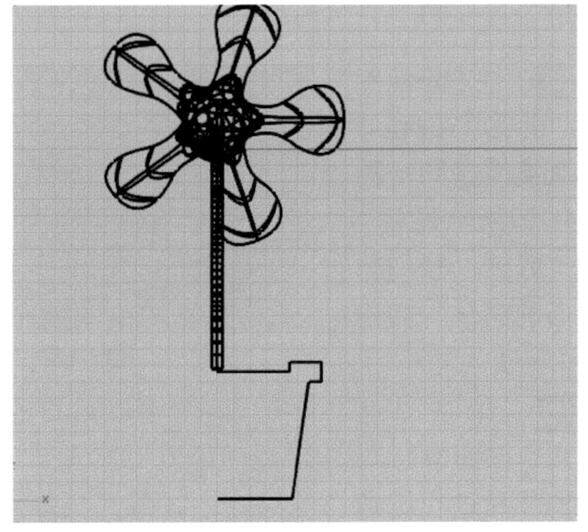

图4-104

02　单击花瓶外形，用“旋转成形”按钮旋转360度，如图4-105所示，并圆角处理后如图4-106所示。

图4-105

图4-106

4.5 丘比特箭首饰

4.5.1 基本形绘制

01 在Top视图中用“矩形”按钮和“直线”按钮画出图4-107所示效果，再用“修剪”按钮剪去里面的部分，如图4-108所示。

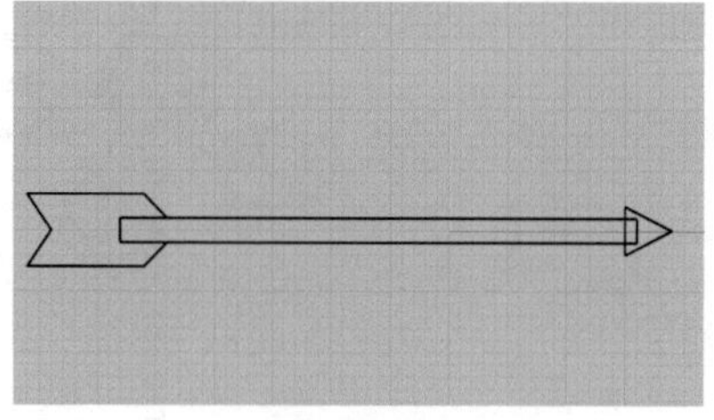
图4-107

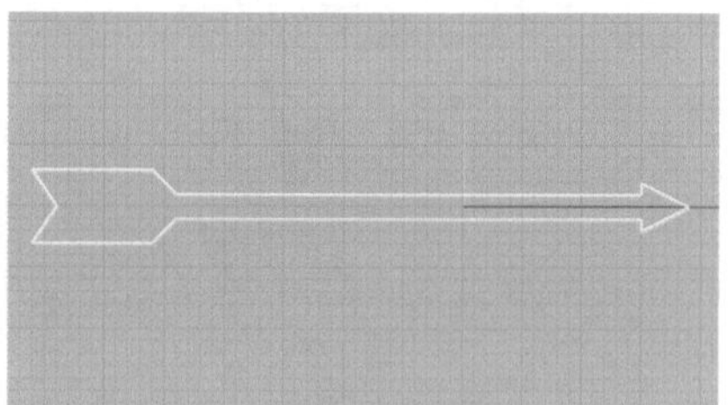
图4-108

02 单击“曲线圆角”按钮，对画出的外形进行圆角处理，如图4-109和图4-110所示。

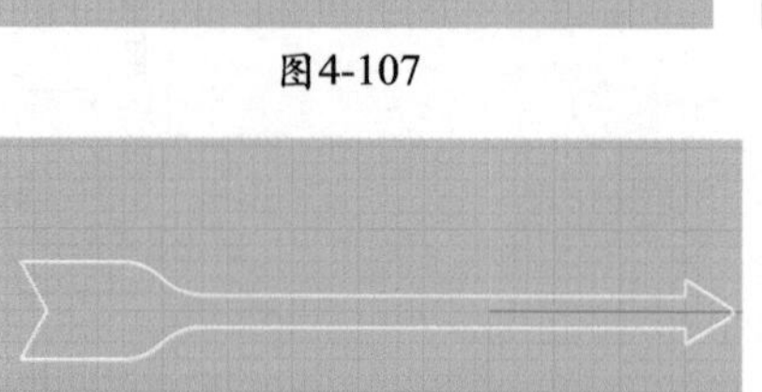
图4-109

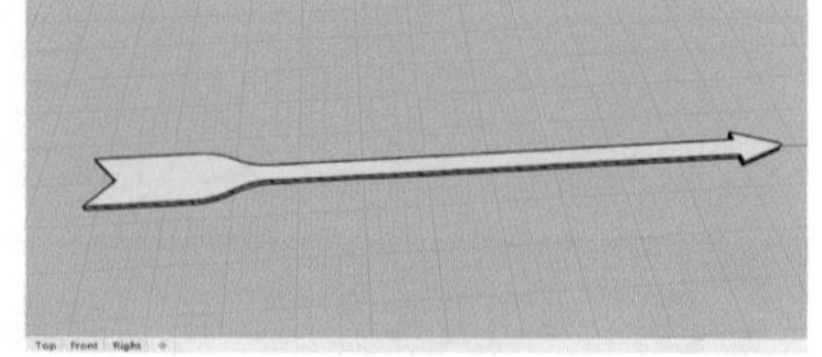
图4-110

03 用“圆角矩形”按钮画出矩形，再用“挤出封闭的平面曲线”按钮挤出实体，如图4-111所示，单击“布尔运算差集”按钮，减去后的效果如图4-112所示。

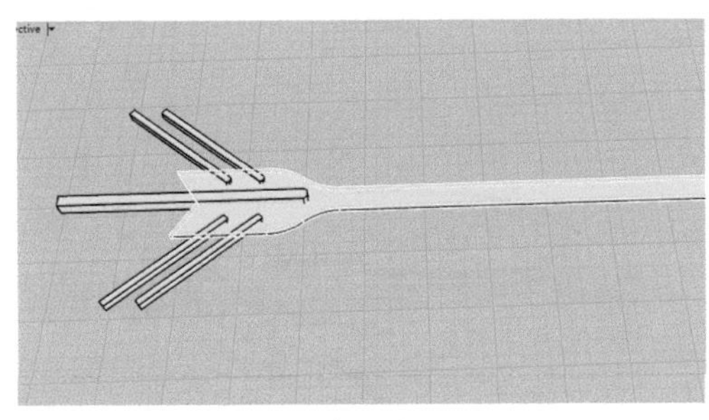

图4-111

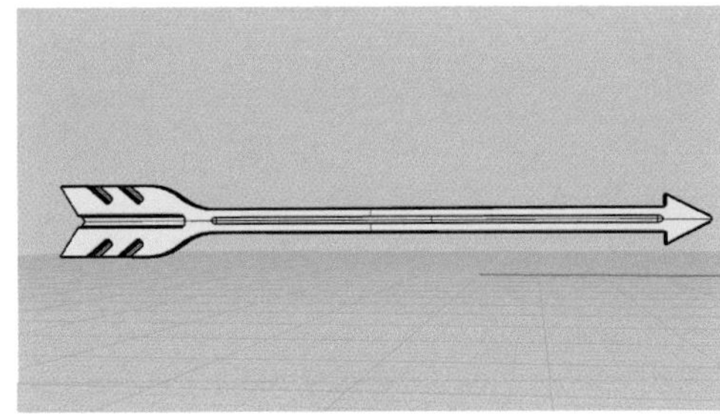

图4-112

4.5.2　曲线流动

01 绘制弹簧线，设置圈数为2，并用“截断曲线”按钮把曲线截断，效果如图4-113所示，再绘制一条直线（基准曲线）与丘比特箭长度一致，如图4-114所示。

图4-113

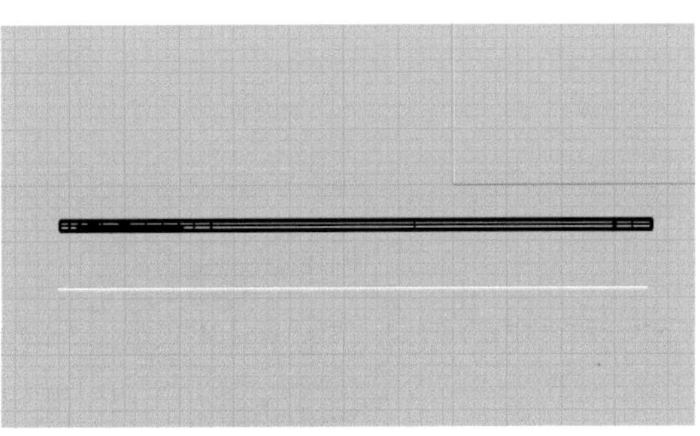

图4-114

02 单击“移动”按钮组里面的“沿着曲线流动”按钮，先单击沿着曲线流动的物件“箭（被流动物件）”，如图4-115所示，然后选择基准曲线里面的“延展（是）”，再单击“直线（基准曲线）”，最后单击“弹簧线（目标曲线）”，完成后的效果如图4-116所示。

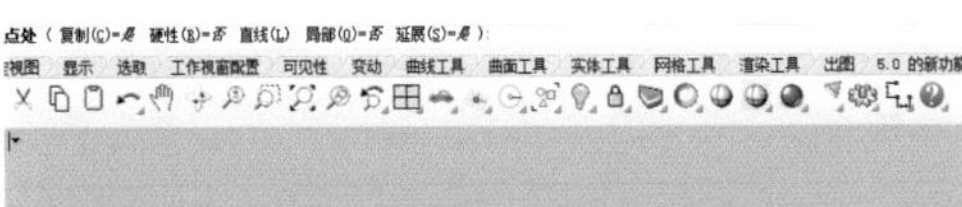

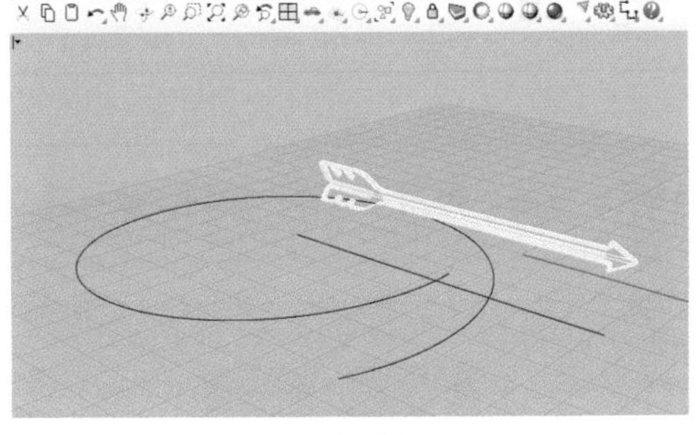

图4-115

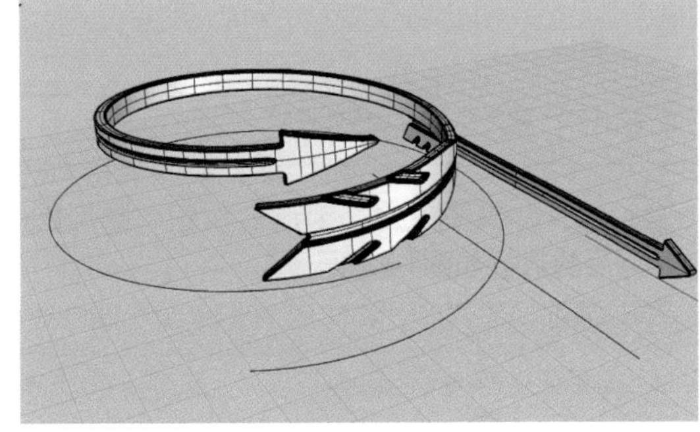

图4-116

注意要点：

基准曲线都是画直线，基准曲线长度一般与被流动物件一致，基准线与被流动物件的距离决定流动后物件形态的大小。

03 完成后复制粘贴一个，调整角度后效果如图4-117所示。

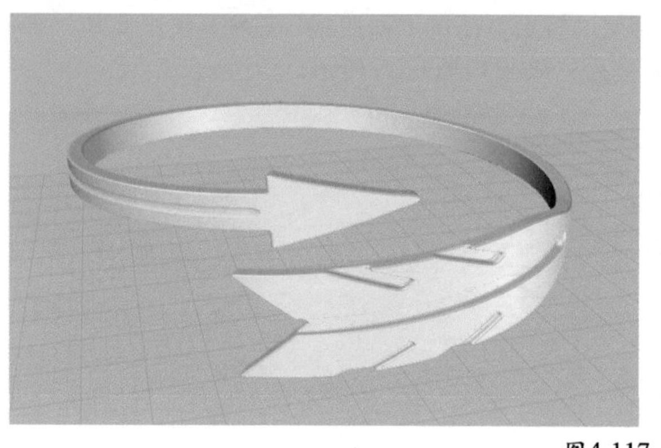
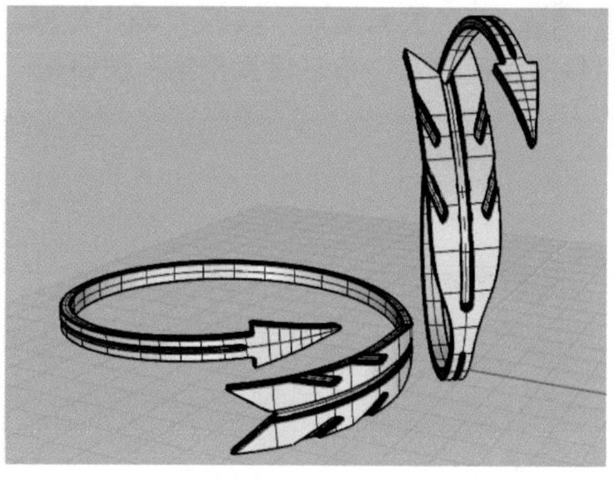

图4-117

4.6 咖啡杯

4.6.1 基本形体绘制

01 在Top视图中用“圆形”按钮画出图4-118所示效果，再用“放样”按钮放样建立曲面，建好后的效果如图4-119所示。

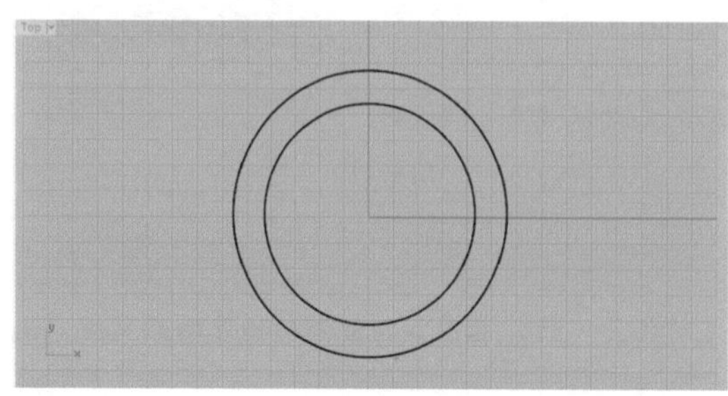

图4-118

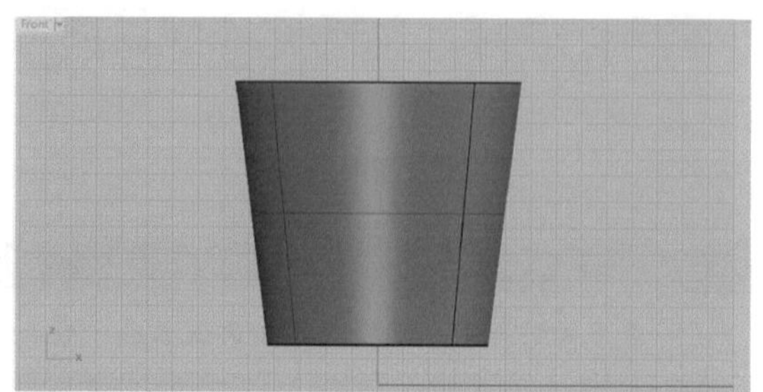

图4-119

02 单击“曲面圆角”按钮里面的“摊平可展开曲面”按钮展开杯身，如图4-120所示。

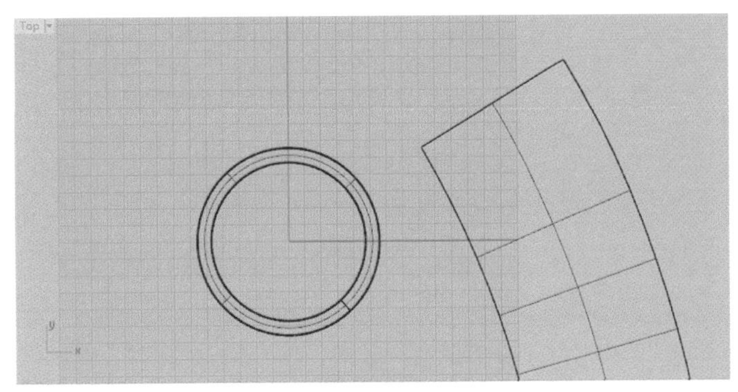

图4-120

03 用“锥形”按钮画出图4-121所示效果，用“不等距边缘圆角”按钮对锥体进行圆角处理，如图4-122所示，再用“矩形阵列”按钮阵列出图4-123、图4-124所示效果，一定要阵列满展开的曲面。

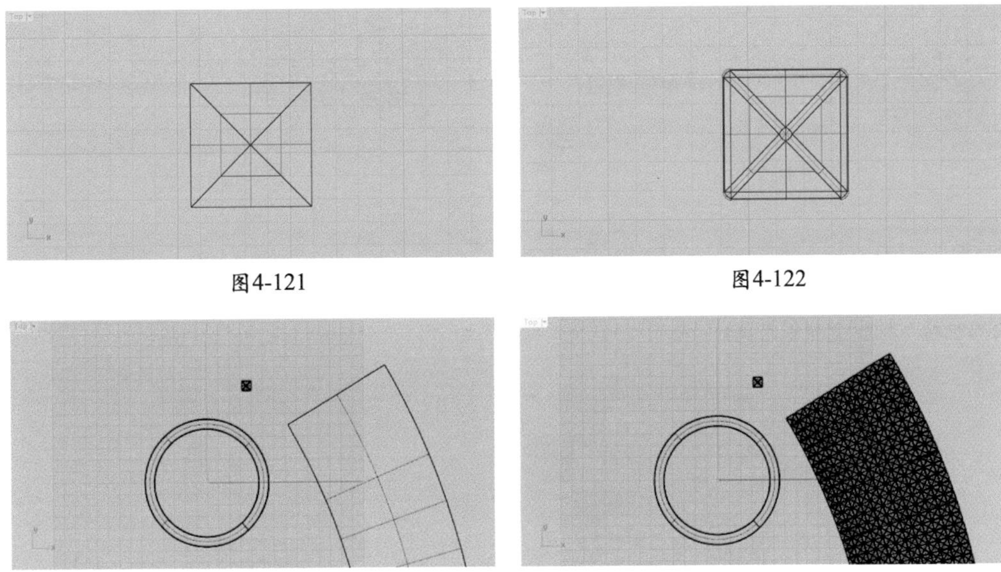

图4-121

图4-122

图4-123

图4-124

4.6.2 曲面流动

01 单击“曲面流动”按钮，首先选取要沿着曲面流动的物件，如图4-125所示，右击确定，再单击基准曲面（即展开的杯身曲面）的靠近角落处，如图4-126所示，再单击杯身，如图4-127所示，即可完成图4-128所示效果。再把上下两排删掉，如图4-129所示，最后建好杯子的表面纹理。

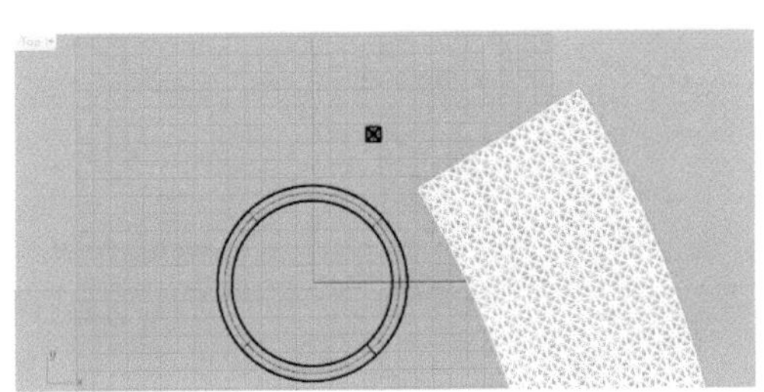

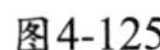

图4-125

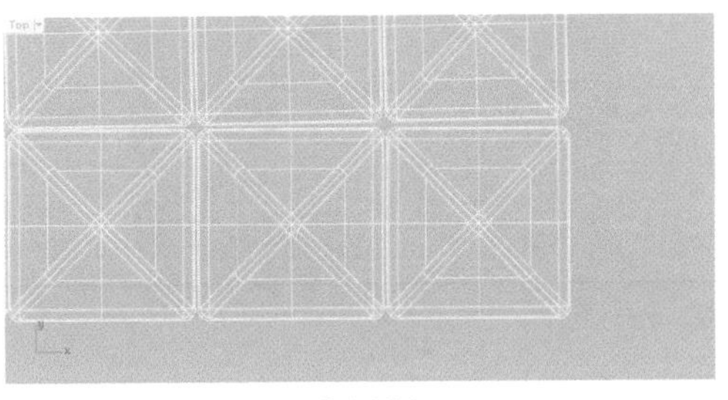

图4-126

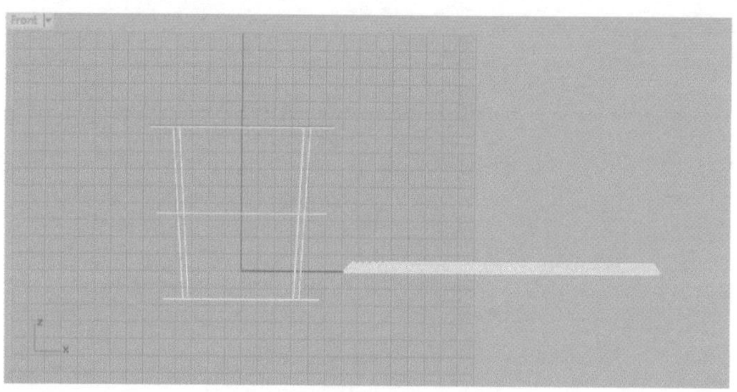

图4-127

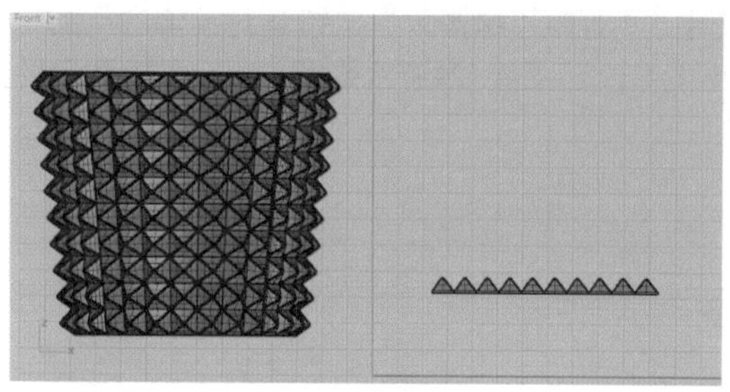

图4-128

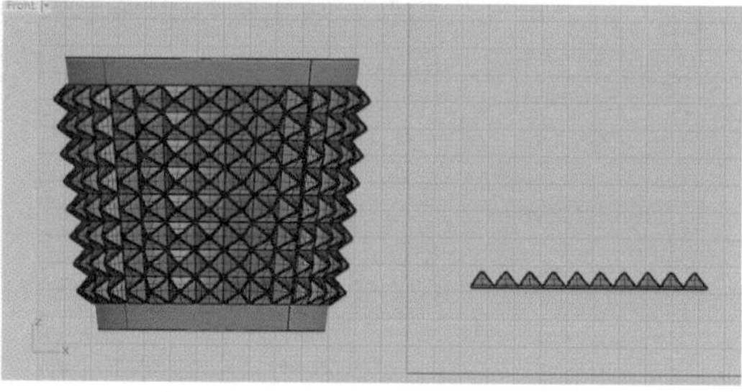

图4-129

注意要点：

如果出现图4-130所示的情况，用“分析方向”按钮进行反向，把杯身法线进行方向反转，再用“曲面流动”按钮即可完成。

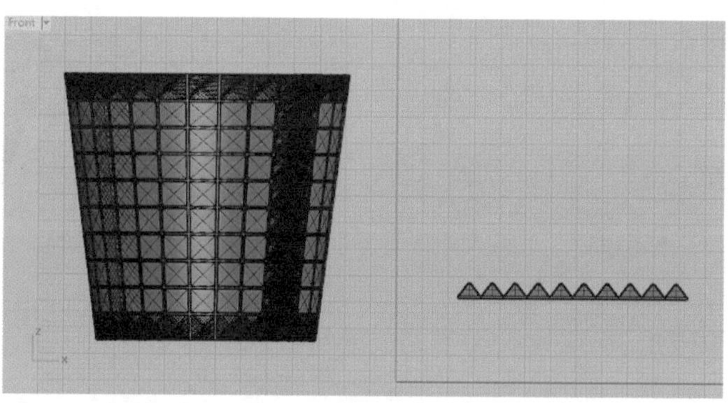

图4-130

02 用“椭圆”按钮和“直线”按钮画出图4-131所示的线，再用“修剪”按钮进行修剪，制作杯子底部的凹槽，如图4-132所示。

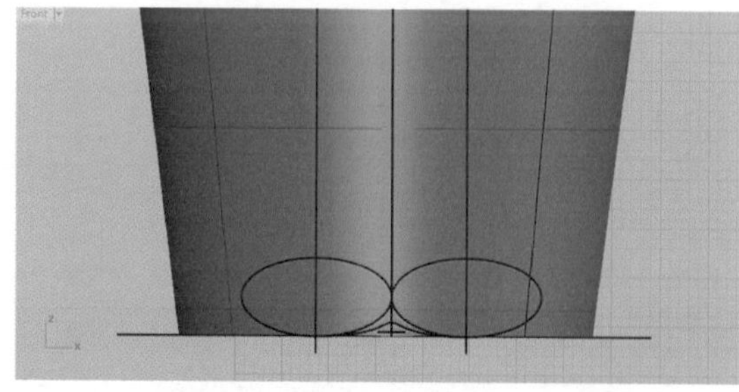

图4-131

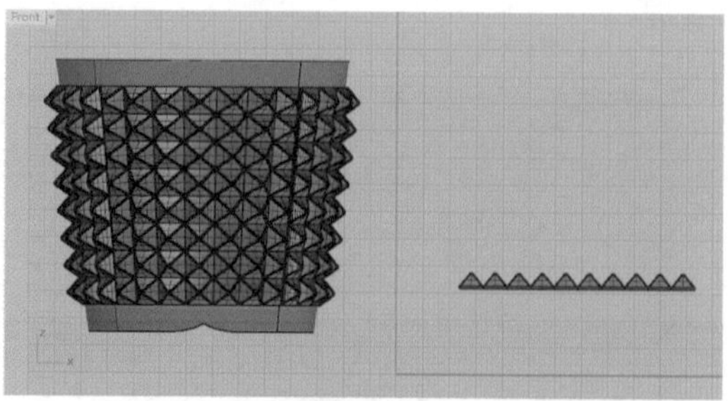

图4-132

03 用“偏移曲面”按钮对杯身进行实体偏移，如图4-133所示，再用“不等距边缘圆角”按钮进行圆角处理，做好杯口的转折面，圆角完效果如图4-134所示。

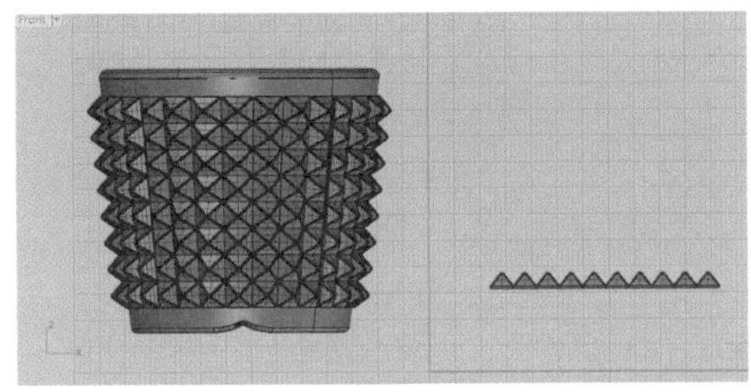
图4-133

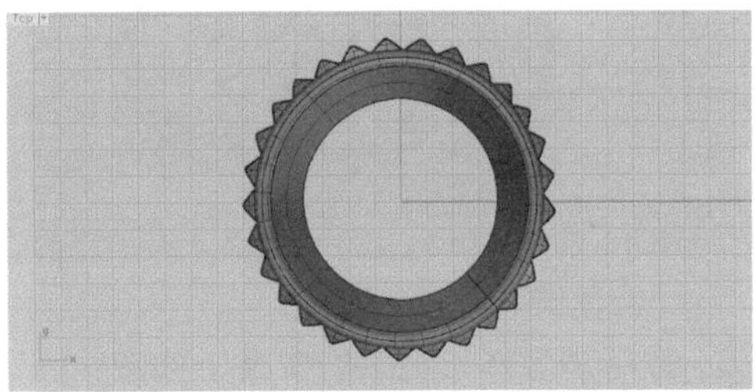
图4-134

04 用“炸开”按钮将杯身实体炸开，用“直线”按钮画出直线，切割杯身内壁创建杯子底面，切割完，用“复制边缘”按钮提取边线，然后缩小移动，如图4-135所示，用“平面曲线建立曲面”按钮创建平面，如图4-136所示。

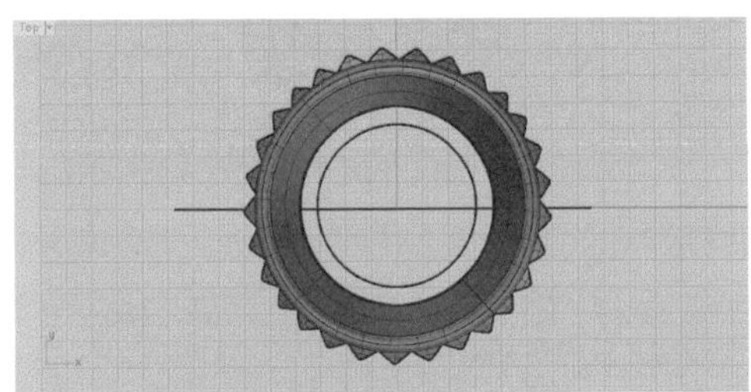
图4-135

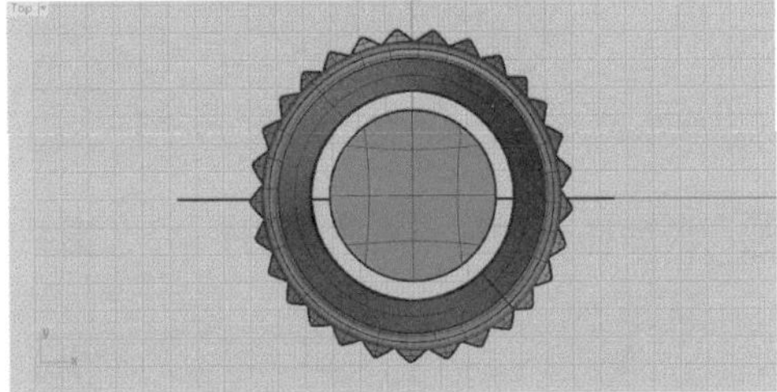
图4-136

05 用“混接曲面”按钮连接曲面，如图4-137、图4-138所示。

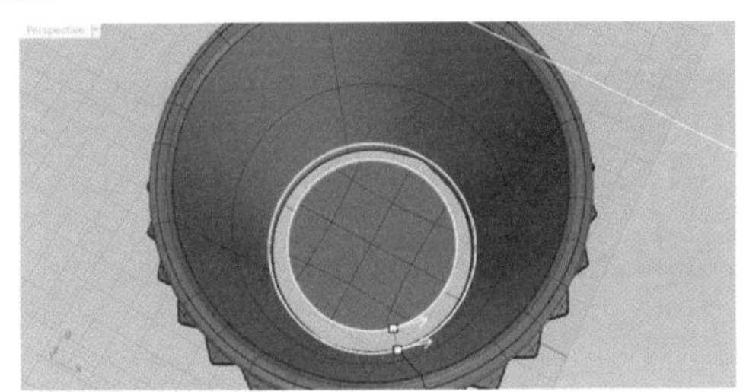
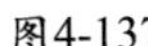
图4-137

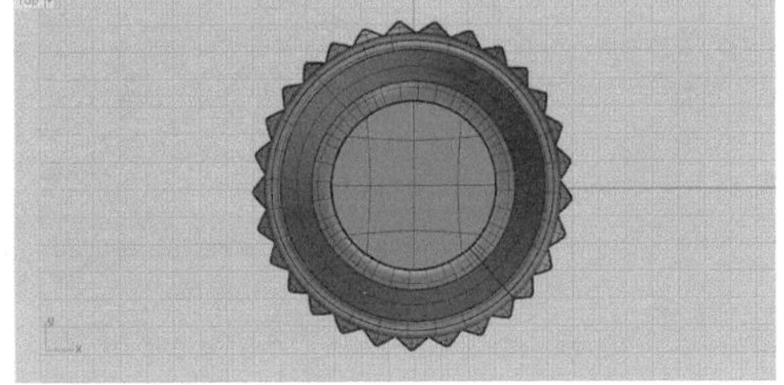
图4-138

4.6.3　把手细节制作

01 用“控制点曲线”按钮画出曲线、调整图4-139、图4-140所示的曲线，再用“双轨扫掠”按钮建立曲面，建立好杯子的把手，如图4-141、图4-142所示。

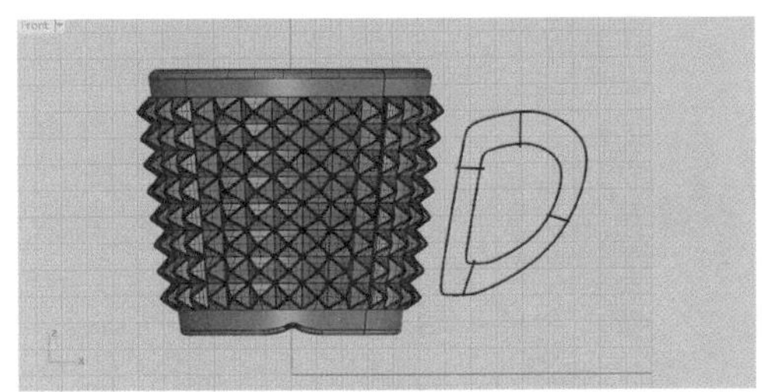
图4-139

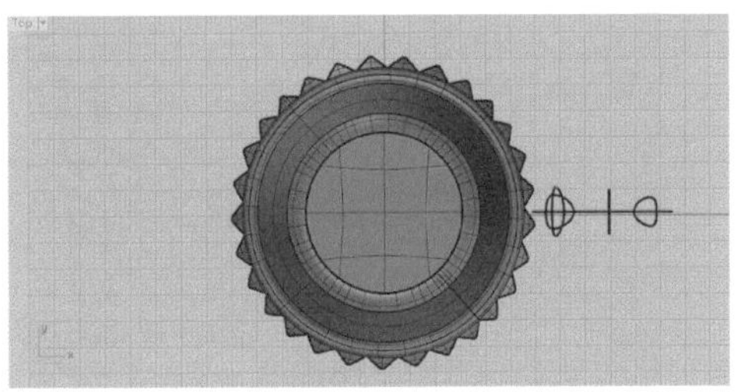
图4-140

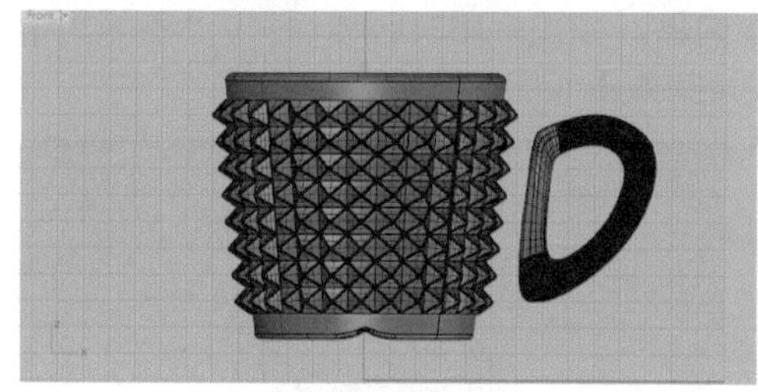
图4-141

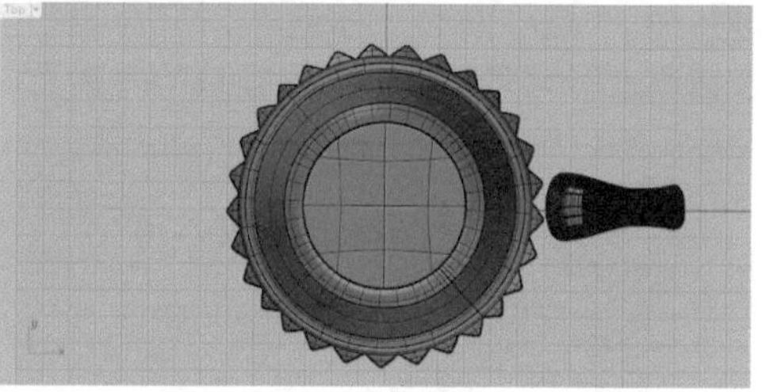
图4-142

02 最后调整杯子把手的位置，如图4-143、图4-144所示。

图4-143

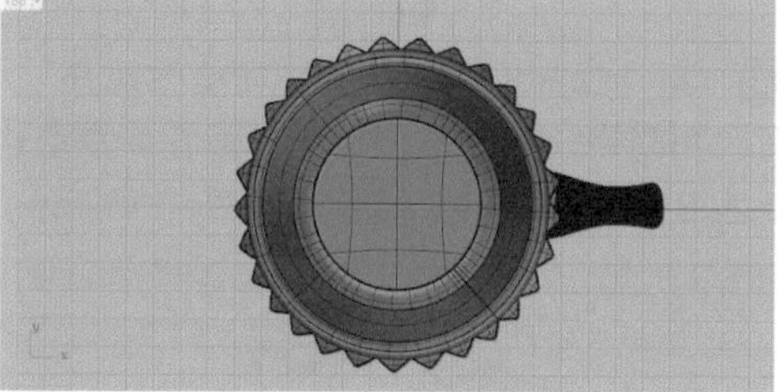
图4-144

03 最后杯子制作完成，如图4-145、图4-146所示。

图4-145

图4-146

第5章
高级建模——
分面方式、减消面制
作、细节处理等技巧

5.1 电热水壶

5.1.1 热水壶大形绘制

01 在Front视图中用“控制点曲线”按钮画4条相交曲线，如图5-1所示，单击“以二、三或四个边缘曲线建立曲面”按钮依次点选4条曲线生成曲面，如图5-2所示。

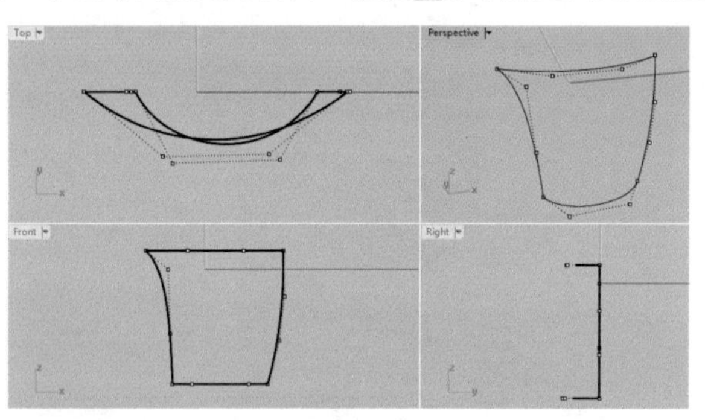

图5-1 图5-2

02 单击“打开点”按钮，在控制点显示的情况下单击“插入节点”按钮加入一条垂直的控制线，如图5-3所示，再单击“镜像”按钮，镜像另一边的曲面，如图5-4所示。

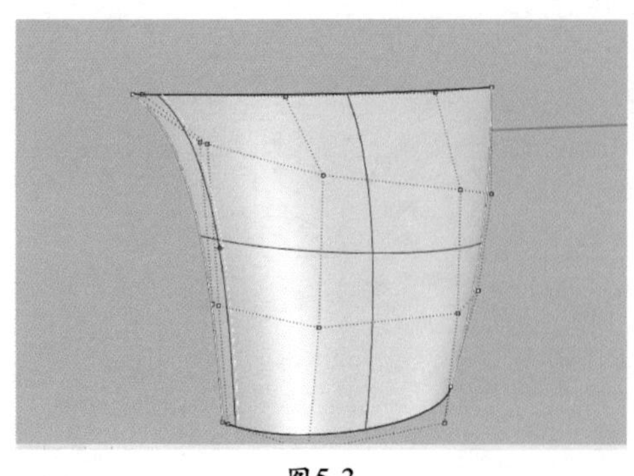

图5-3

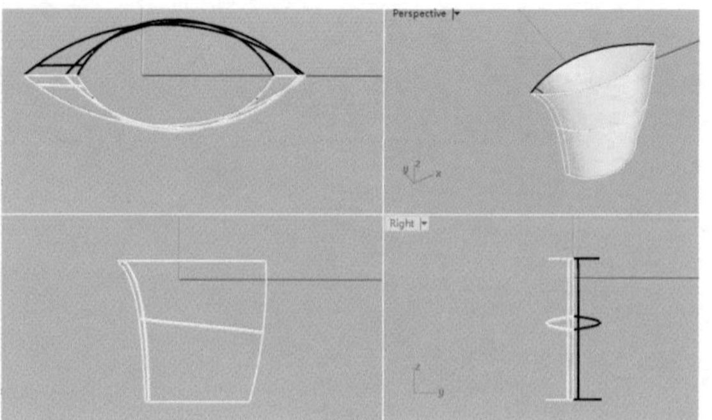

图5-4

03 单击“衔接曲面”按钮，选择曲率相互衔接，如图5-5所示，再单击“打开点”按钮调节壶嘴控制点，用“单轴缩放”按钮把控制点往中间缩一定的距离，如图5-6所示。

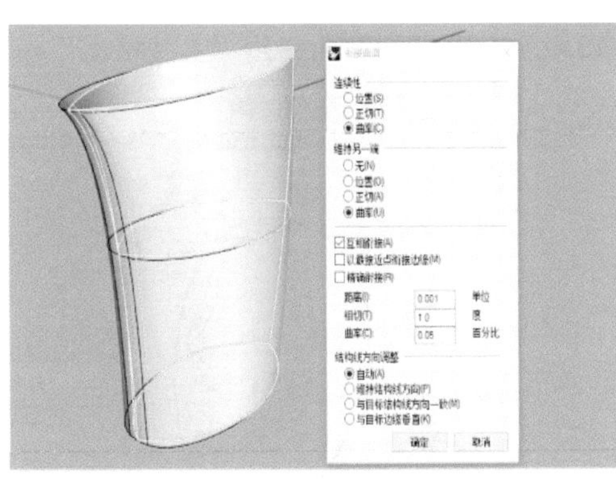

图5-5

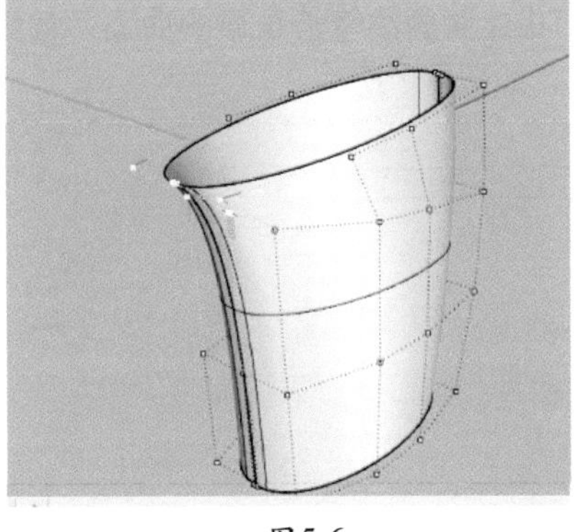

图5-6

04 再用同样的方法，把手控制点往中间部位缩放一定距离，如图5-7、图5-8所示。

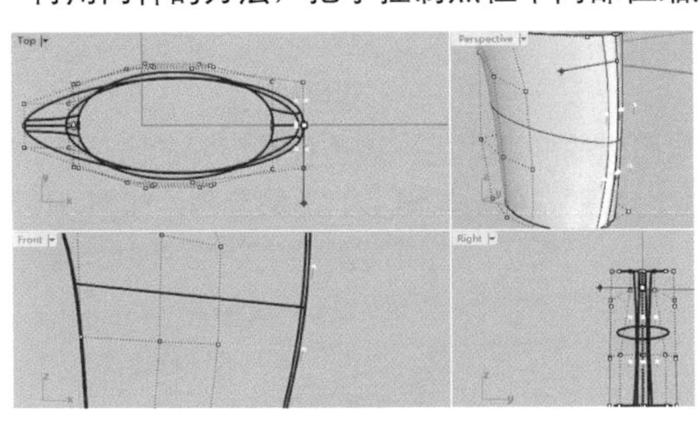

图5-7

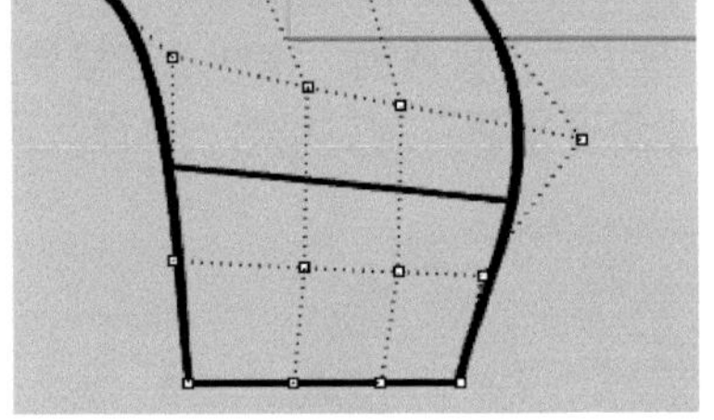

图5-8

05 单击“控制点曲线”按钮画一条中间的相交曲线，如图5-9所示。再用“放样”按钮分别点选壶上的两条线边缘和中间曲线，生成一个曲面，再画一个矩形修剪，如图5-10所示。

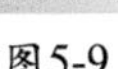

图5-9

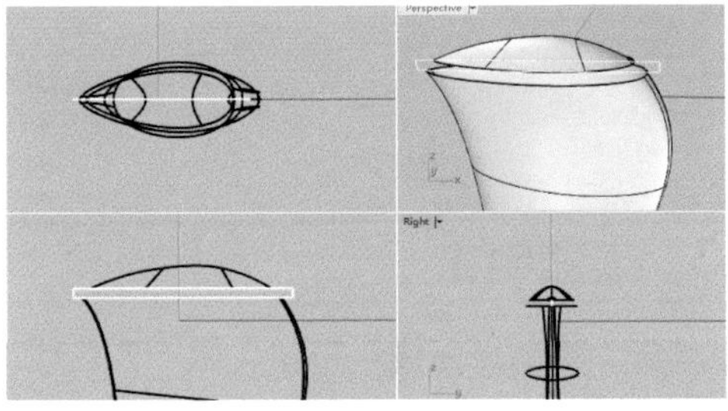

图5-10

5.1.2 壶身把手挖空处理

01 单击“混接曲面”按钮连接上下曲面，如图5-11所示，再用“控制点曲线”按钮画两条曲线，如图5-12所示。

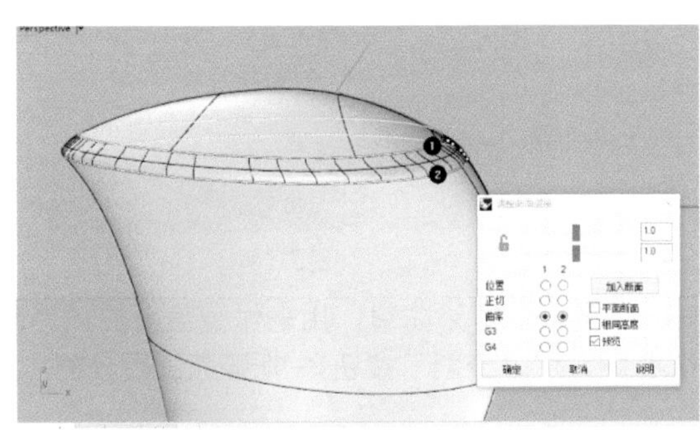

图5-11

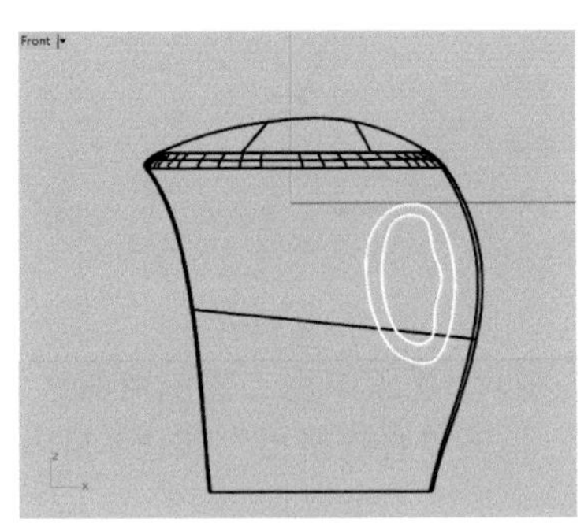

图5-12

02 用外面曲线修剪里面的曲面，如图5-13所示，再把里面曲线用“直线挤出”按钮挤出一定距离，如图5-14所示。

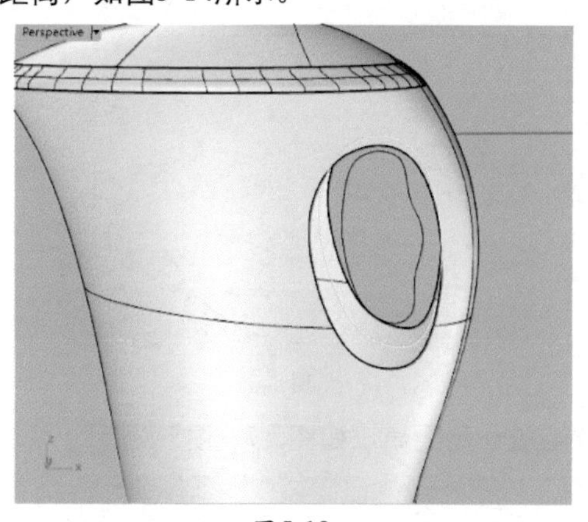
图5-13

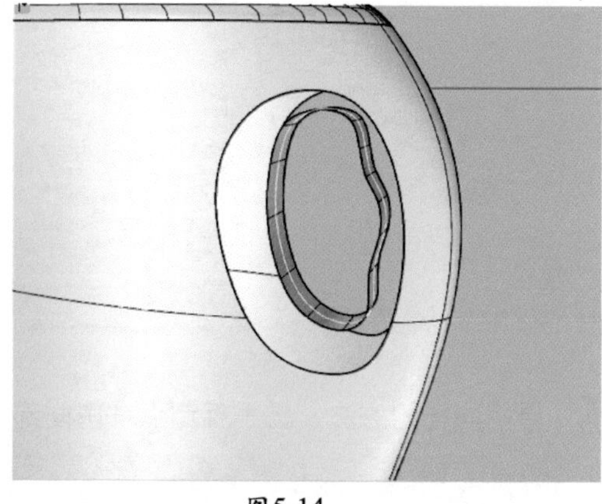
图5-14

03 单击“混接曲面”按钮连接外面与里面的曲面，另一边也使用同样的方法，如图5-15所示，单击“矩形平面”按钮画一平面，再用“分割”按钮做上、下的分割，如图5-16所示。

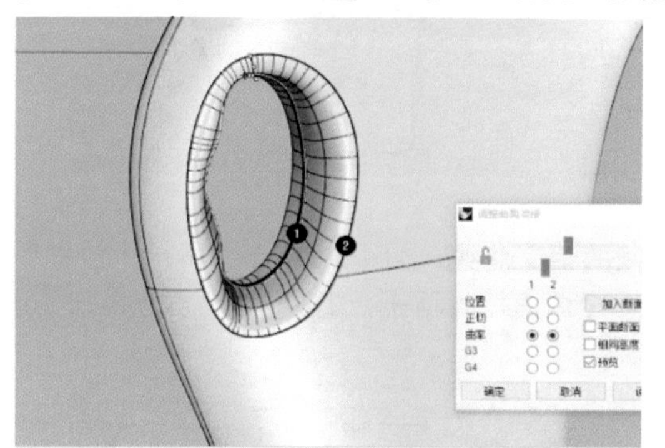
图5-15

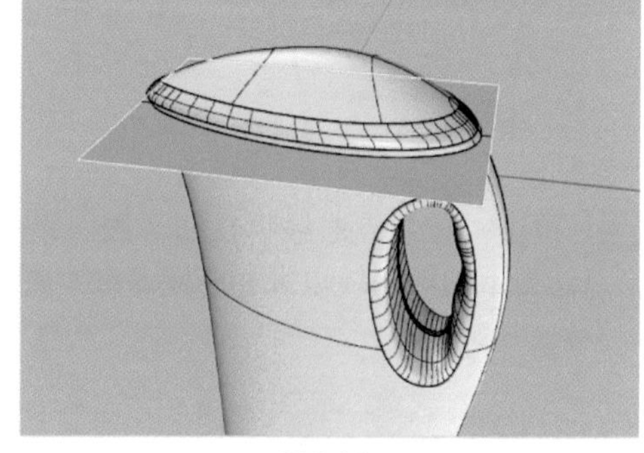
图5-16

5.1.3 壶盖制作

01 单击“控制点曲线”按钮画一条曲线，如图5-17所示，再用“修剪”按钮修剪前面部分，如图5-18所示。

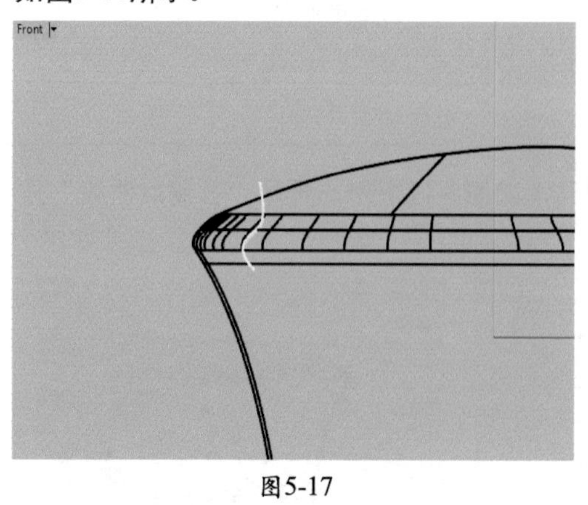
图5-17

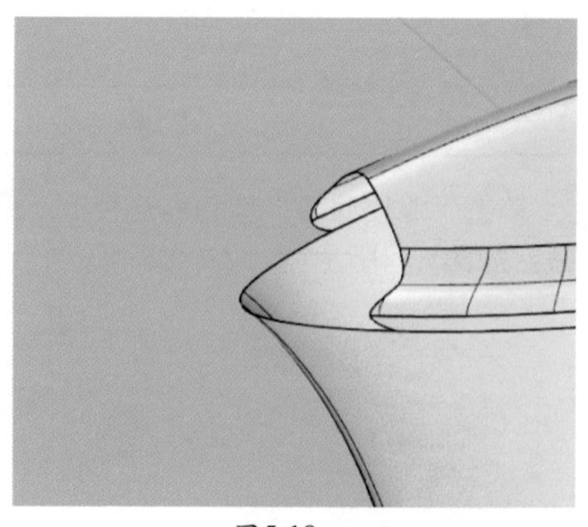
图5-18

02 在Top视图中用“控制点曲线”按钮画一个封闭曲线，用来作壶盖上的减消面，如图5-19所示。单击“直线挤出”按钮挤出一个曲面，用“分割”按钮把壶盖进行分割，如图5-20所示。

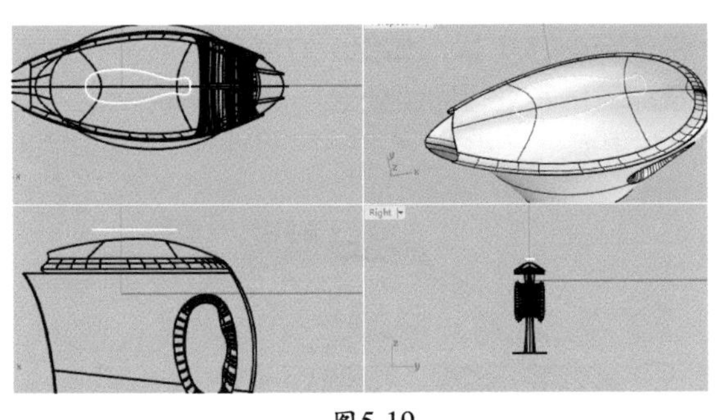

图5-19

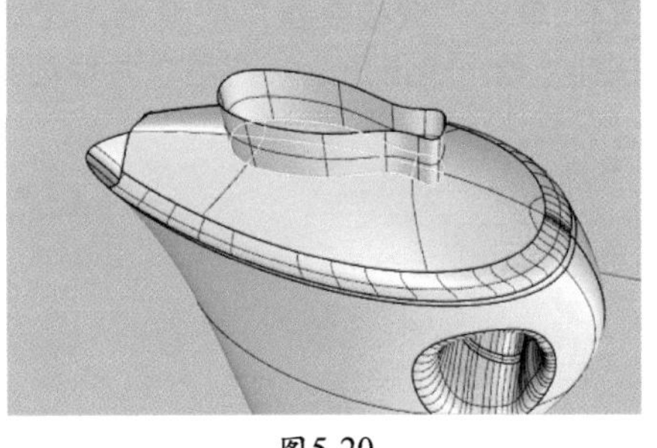

图5-20

03 把上一步画的曲线用“偏移曲线”按钮往里偏移一条曲线，如图5-21所示，并单击“修剪”按钮修剪分割的面，如图5-22所示。

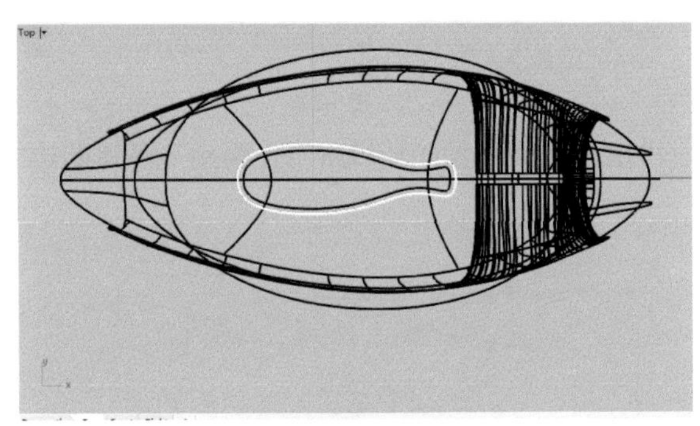

图5-21

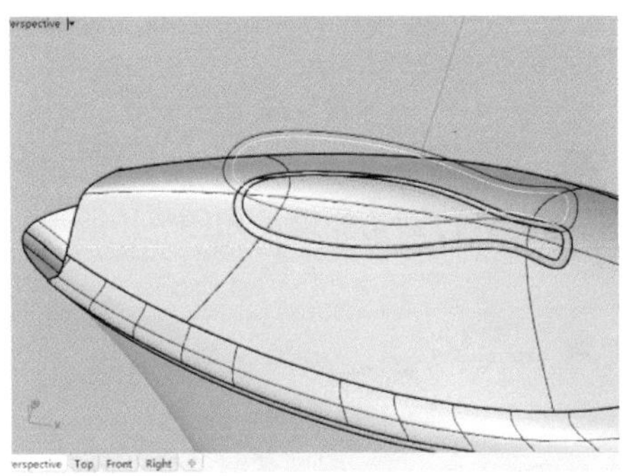

图5-22

04 单击“缩回以修剪曲面”按钮，单击“打开点”按钮，如图5-23所示，选择控制点，往上移动一定距离，保持最后3排控制点不动，如图5-24所示。

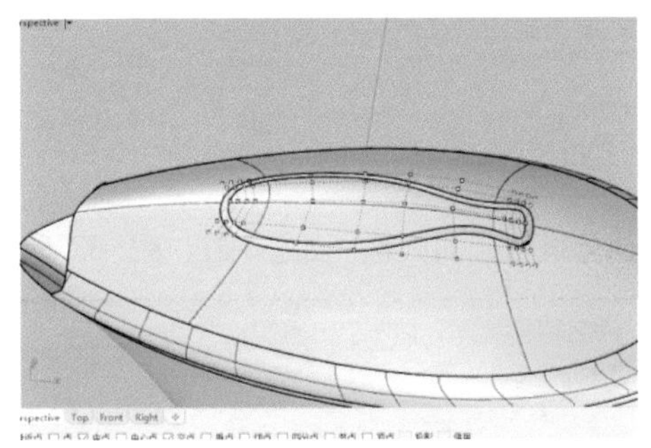

图5-23

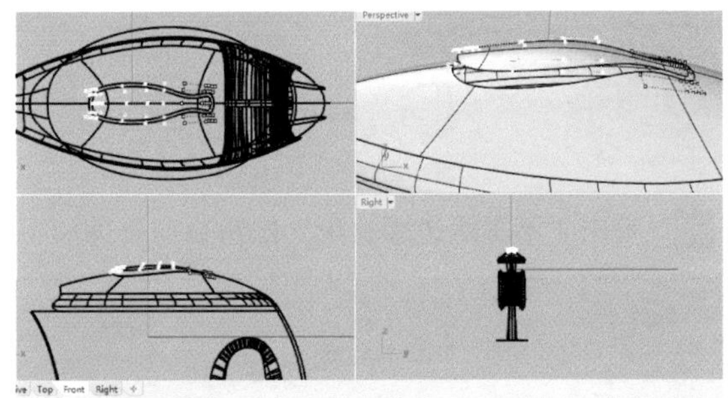

图5-24

05 单击“混接曲面”按钮，混接上下的面，如图5-25所示。单击“以平面曲线建立曲面”按钮把底面封面，用“组合”按钮把曲面组合成整体，如图5-26所示。

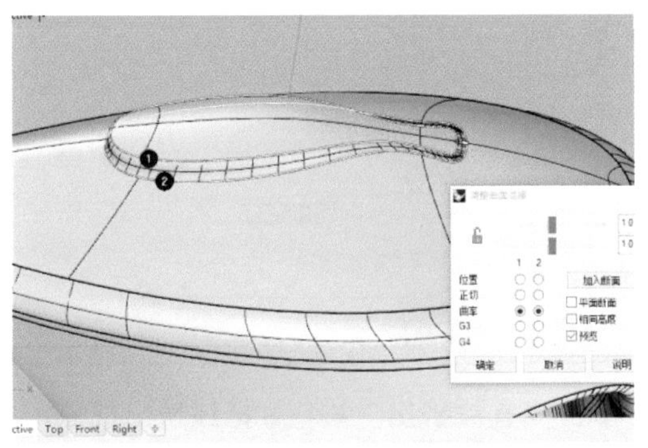

图5-25

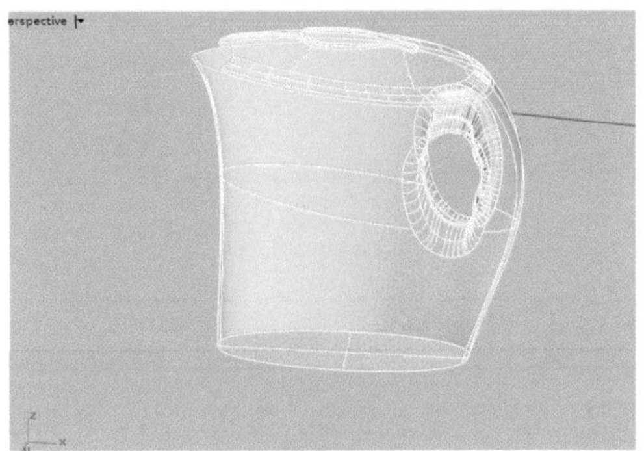

图5-26

06 单击“偏移曲面”按钮，在命令栏选择偏移实体，如图5-27所示，单击“多边形星形”按钮画一个五角星，再用“曲线圆角”按钮对其进行圆角处理，如图5-28所示。

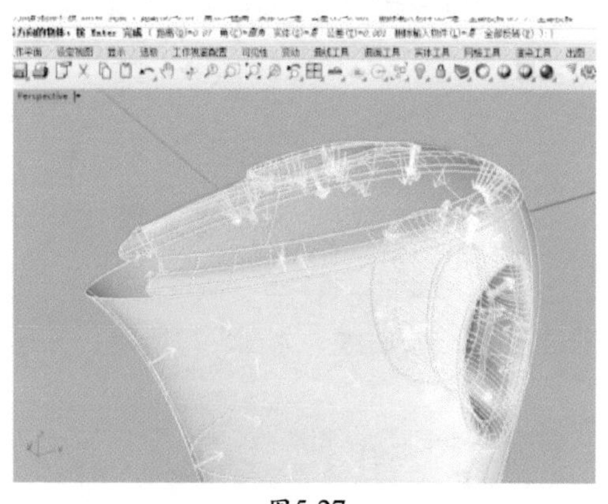

图5-27

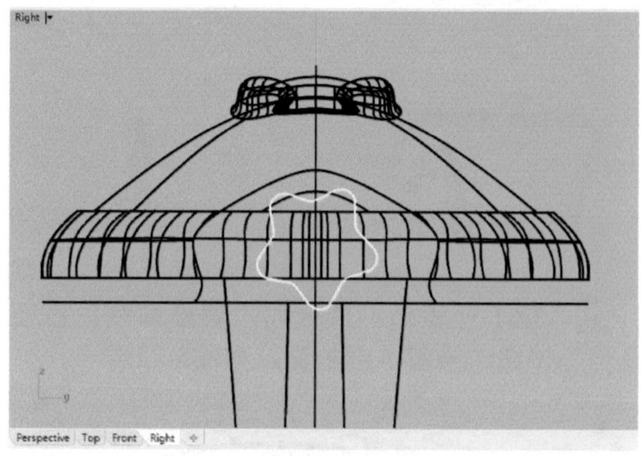

图5-28

07 单击“挤出封闭的平面曲线”按钮挤出成实体，如图5-29所示，再用“不等距边缘圆角”按钮进行圆角处理，如图5-30所示。

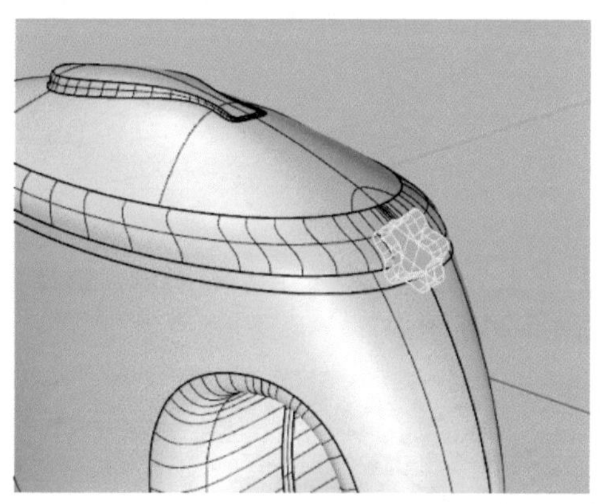

图5-29

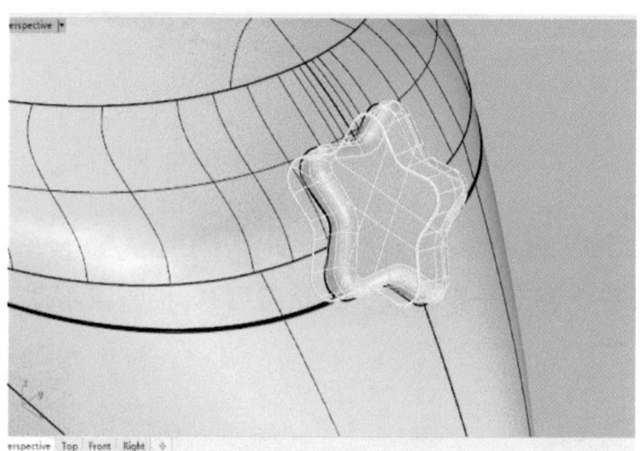

图5-30

08 单击“不等距边缘圆角”按钮对壶盖和下面部分进行圆角处理，如图5-31、图5-32所示。

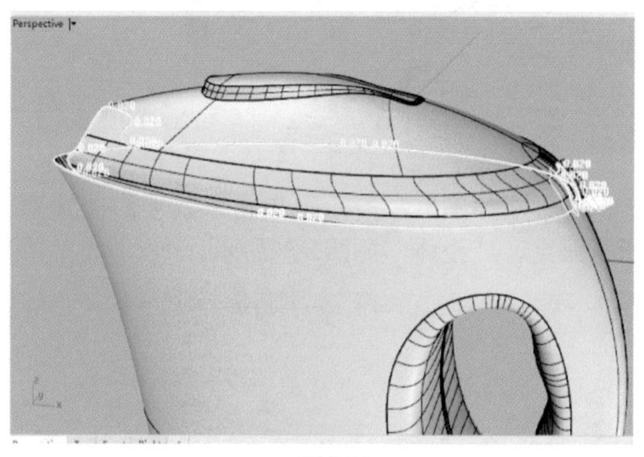

图5-31

图5-32

5.1.4 壶身细节制作

01 用“控制点曲线”按钮画一条曲线，单击“直线挤出”按钮把线挤出成面，如图5-33所示。再单击“布尔运算分割”按钮，把水壶体分成两部分，如图5-34所示。

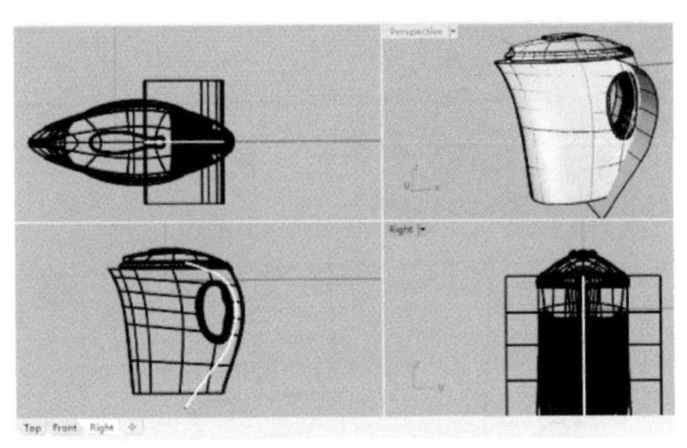

图5-33

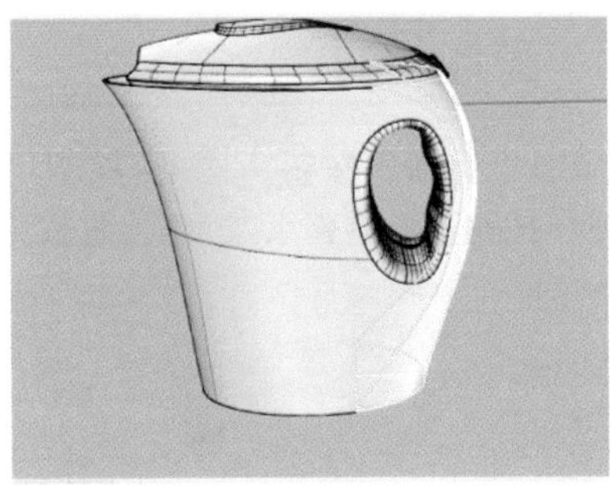

图5-34

02 选择壶盖和后面部分，归纳到不同的图层并用不同颜色区分，如图5-35所示。再用“控制点曲线”按钮画封闭曲线，并用“直线挤出”按钮挤出成面，最后用“布尔运算分割”按钮分割出里面的部分，如图5-36所示。

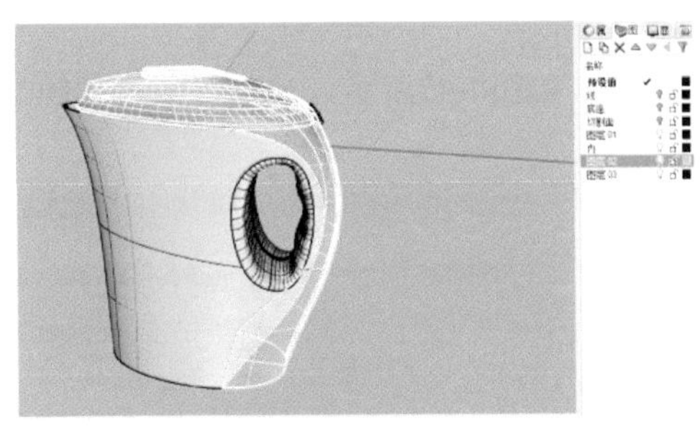

图5-35

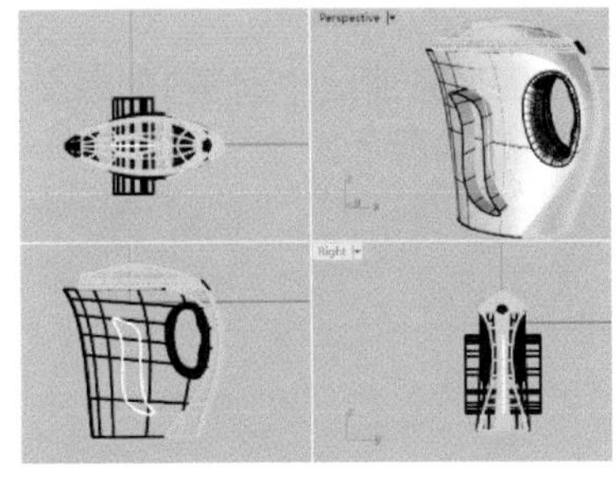

图5-36

03 把上一步画的曲线用“偏移曲线”按钮往里偏移一条曲线，如图5-37所示。重复上面步骤分割出里面的面，再画一椭圆曲线作指示灯，如图5-38所示。

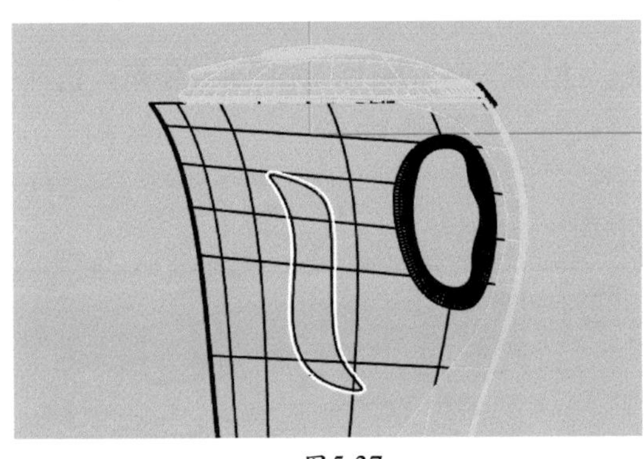

图5-37

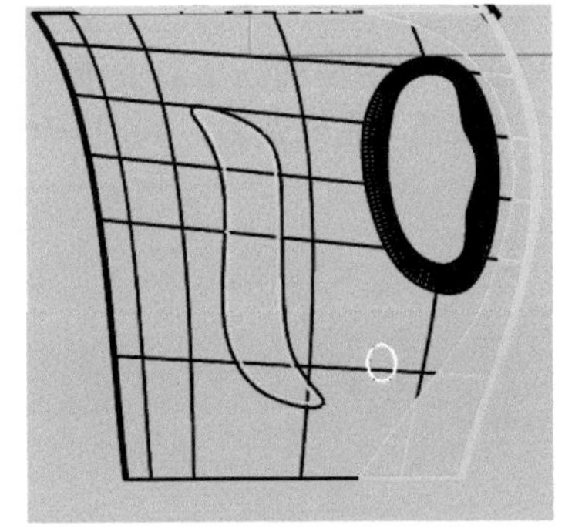

图5-38

04 对椭圆曲线用直线挤出成面，如图5-39所示，再用“布尔运算分割”按钮分割出里面部分，如图5-40所示。

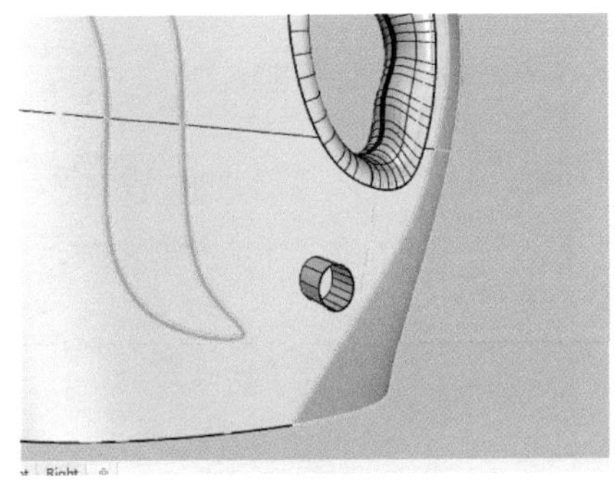

图5-39

图5-40

5.1.5 壶底座制作

01 单击“椭圆”按钮画4个椭圆用来作底座，如图5-41所示，在最上面一条椭圆线单击“重建曲线”按钮，调整点数为8、阶数为3，调整如图5-42所示。

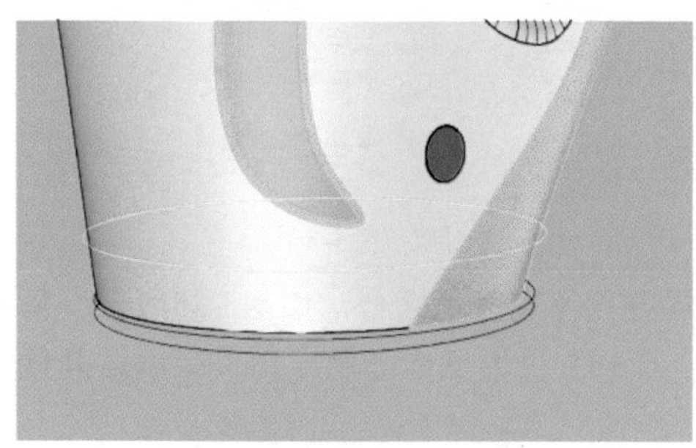
图5-41

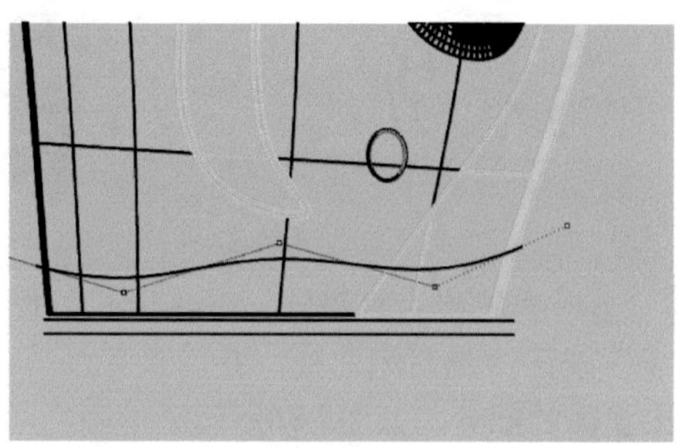
图5-42

02 在上面两条曲线中间画4条相交弧形曲线，如图5-43所示，单击“双轨扫掠”按钮，生成曲面，如图5-44所示。

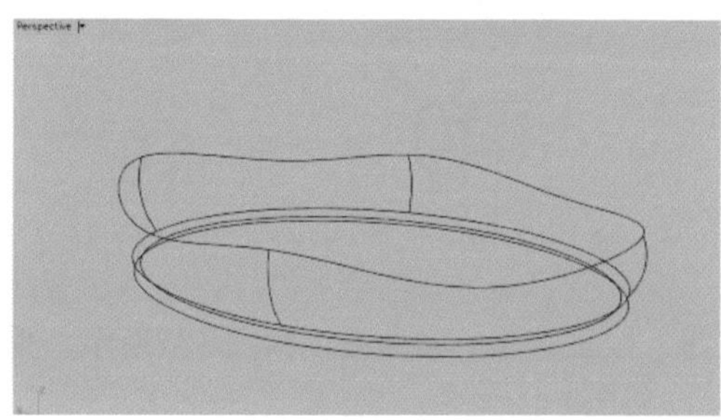
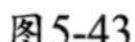
图5-43

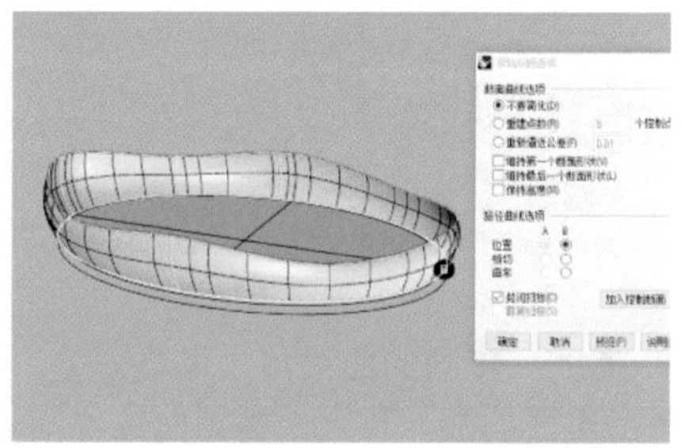
图5-44

03 单击“以平面曲线建立曲面”按钮把底下曲面封上，如图5-45所示，选择中间3条曲线用“放样”按钮生成曲面，如图5-46所示。

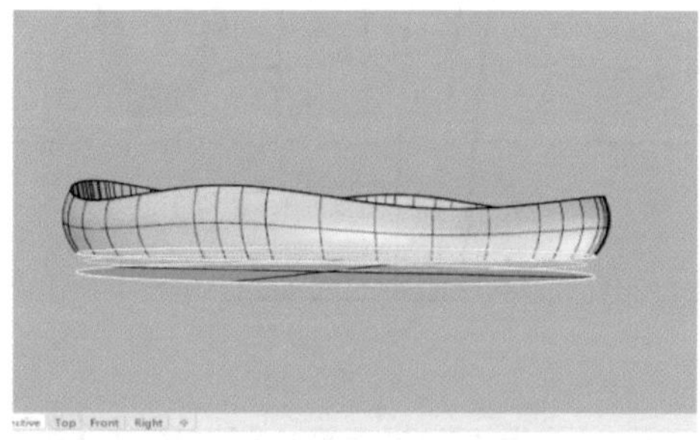
图5-45

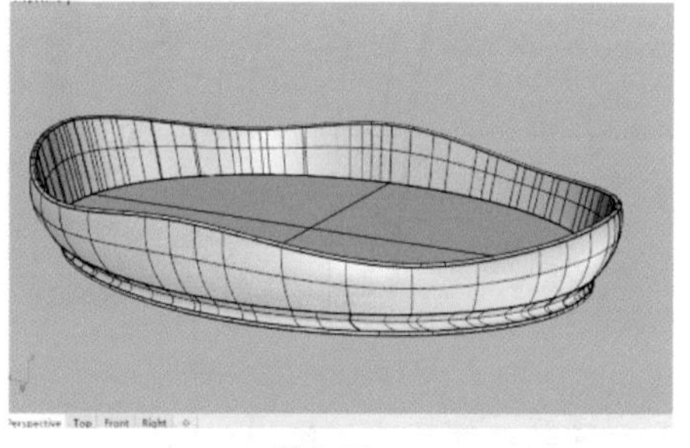
图5-46

04 全部完成效果如图5-47所示。

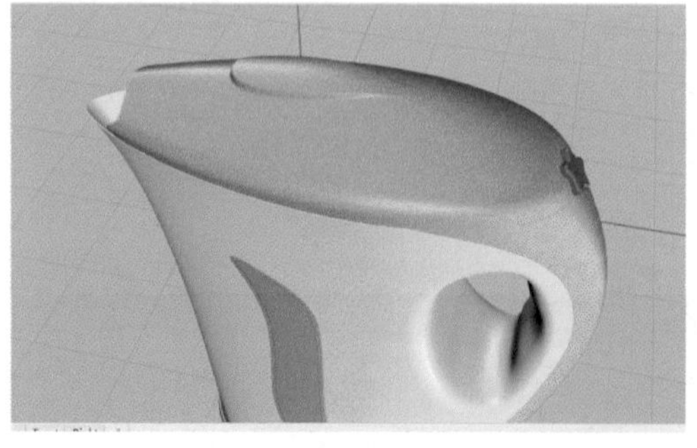
图5-47

5.2 卷尺

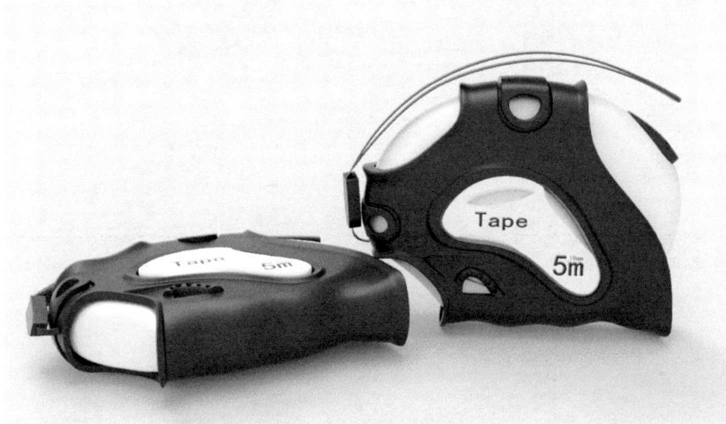

5.2.1 卷尺基本形绘制

01 首先画出卷尺内部，在Right视图中单击“控制点曲线”按钮画出图5-48所示效果，再用“圆管”按钮生成管状体，效果如图5-49所示。

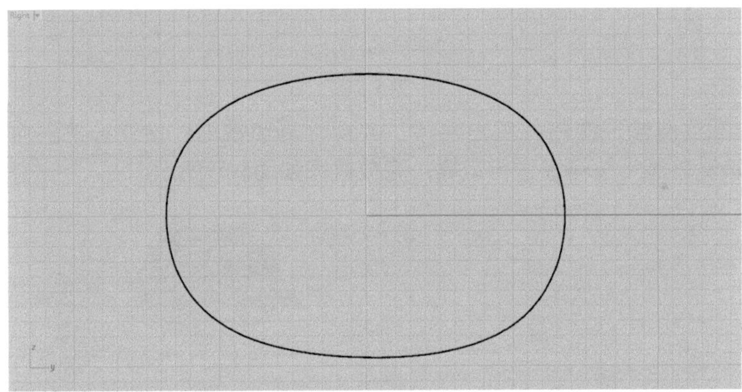

图5-48

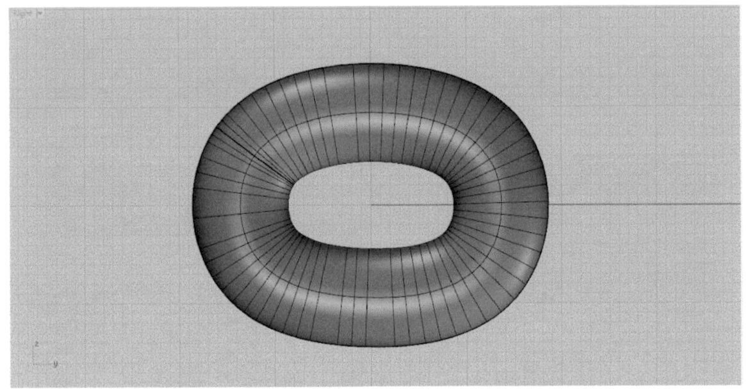

图5-49

02 画一个弧形曲线，再用“修剪”按钮修剪中间部分，如图5-50所示。再用“将平面洞加盖”按钮补平面，最后用“组合”按钮整体组合，如图5-51所示。

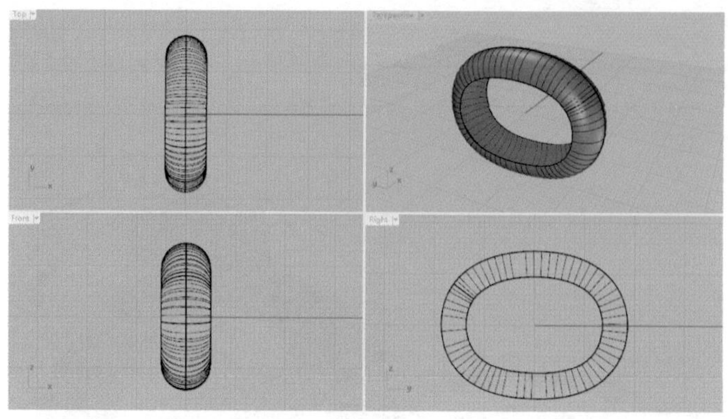

图5-50

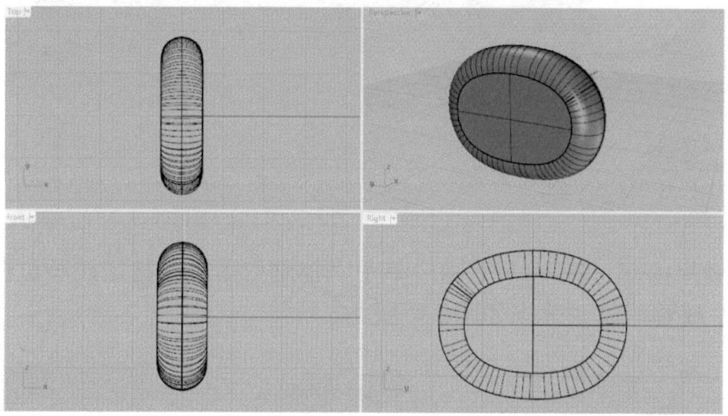

图5-51

03 用“控制点曲线”按钮画出曲线，并用“直线挤出”按钮挤出曲面，如图5-52所示。再用“布尔运算差集”按钮进行运算，完成效果如图5-53所示。

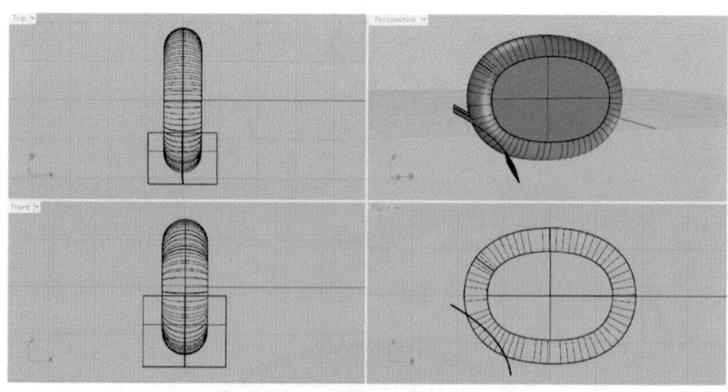

图5-52

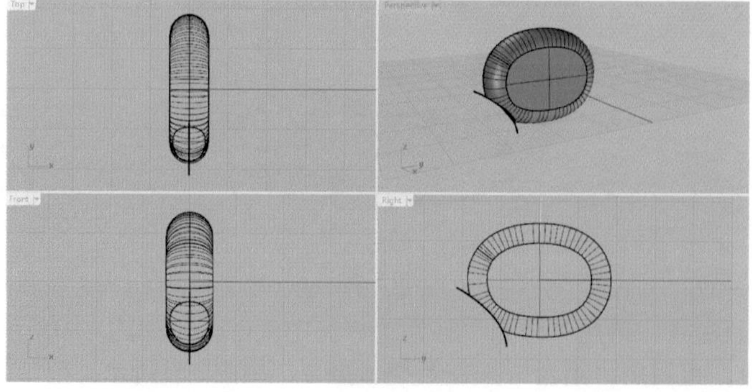

图5-53

04 在Top视图中用“椭圆”按钮画出曲线，再用“打开点”按钮调整曲线，如图5-54所示，并用“投影曲线”按钮将曲线投影到顶面，再用“分割”按钮进行分割，如图5-55、图5-56所示。

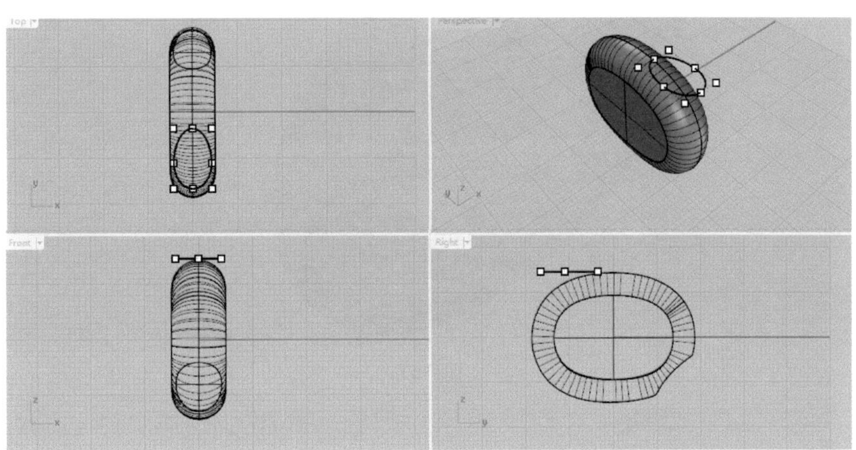

图5-54

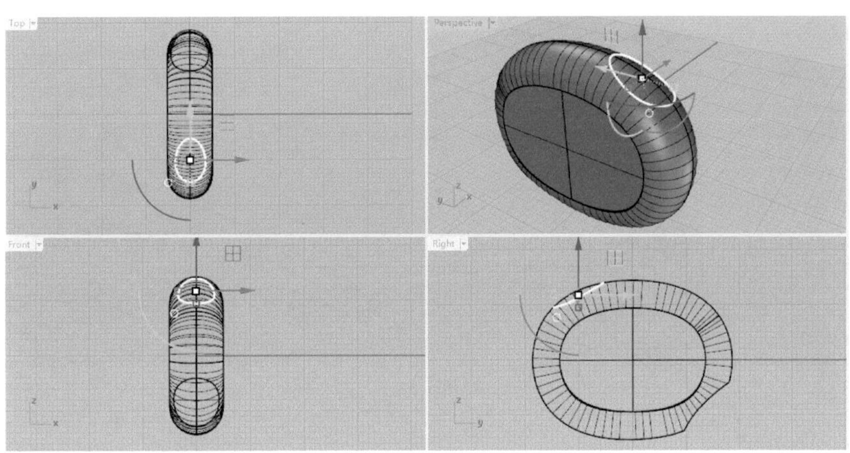

图5-55

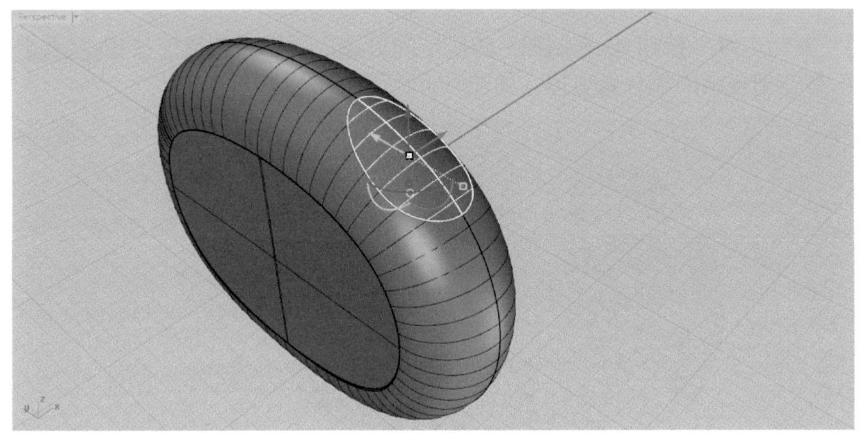

图5-56

05 调整分割曲面位置，用“挤出曲面”按钮挤出分割曲面。单击按钮画5个圆柱，并用“布尔运算差集”按钮减去圆柱，完成效果如图5-57所示。再用“直线挤出”按钮向下挤出边缘线，最后用“不等距边缘圆角”按钮进行圆角处理，如图5-58所示。

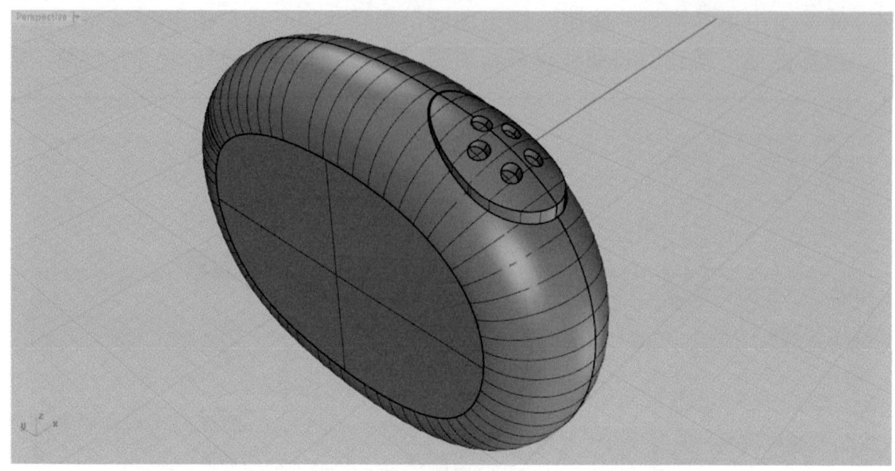

图5-57

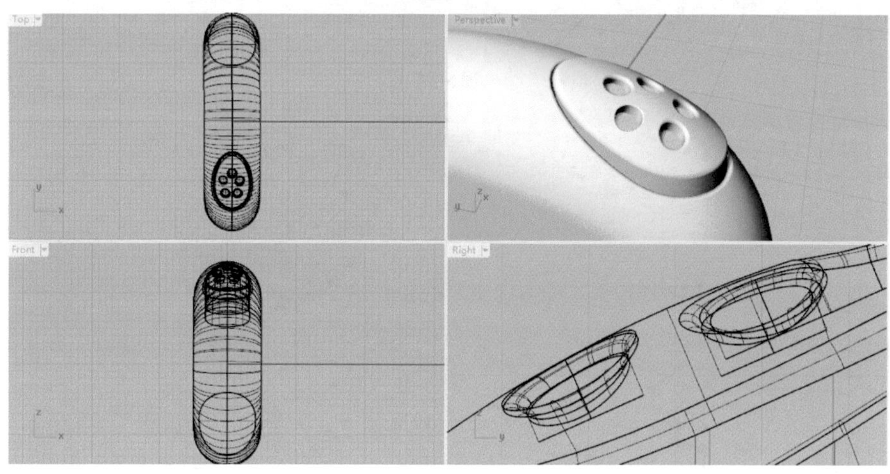

图5-58

5.2.2 拆面补面绘制

01 用“复制边缘”按钮复制图5-59所示的边缘，再用“直线”按钮画出两条线段，并用“修剪”按钮把多余的部分修剪掉，如图5-60所示。

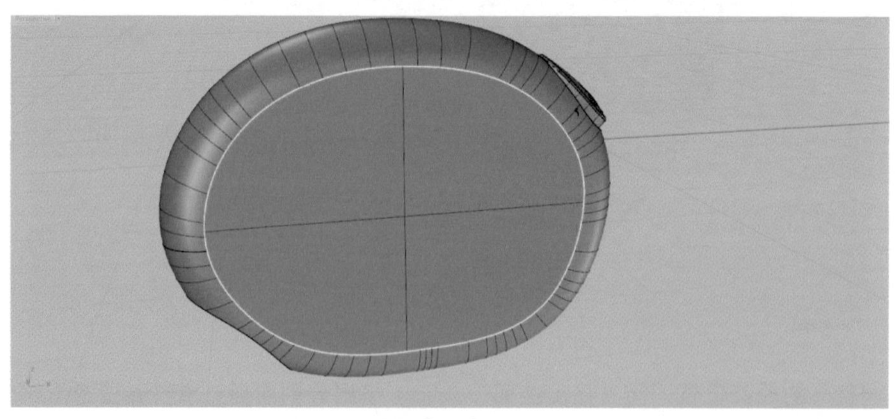

图5-59

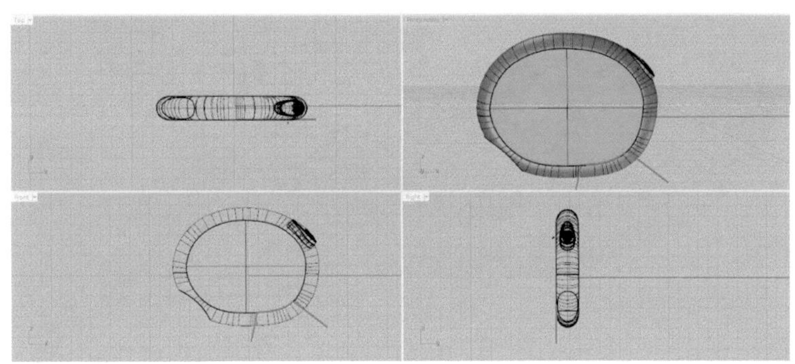

图5-60

02 用“曲线圆角”按钮把边缘和右边的线段进行圆角处理，并进行合并，如图5-61所示。再用“修剪”按钮把曲线内的曲面修剪，如图5-62所示。

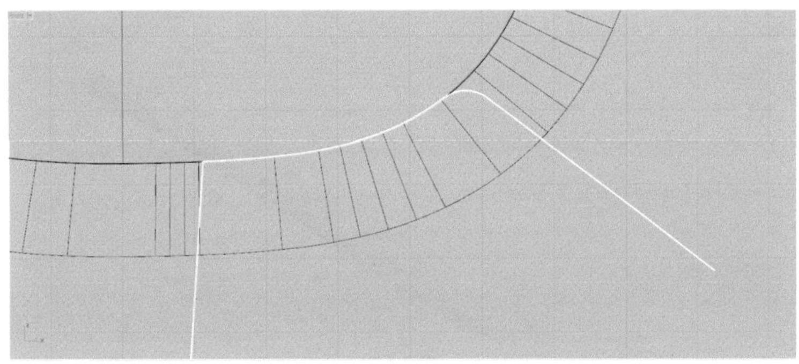

图5-61

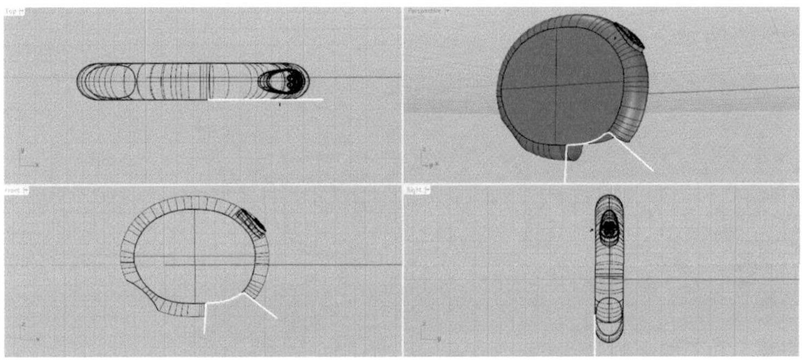

图5-62

03 用“控制点曲线”按钮画3条曲线，见图5-63所示形态，打开“打开点”按钮进行调整。用“从网线建立曲面”按钮建立曲面，如图5-64、图5-65所示。

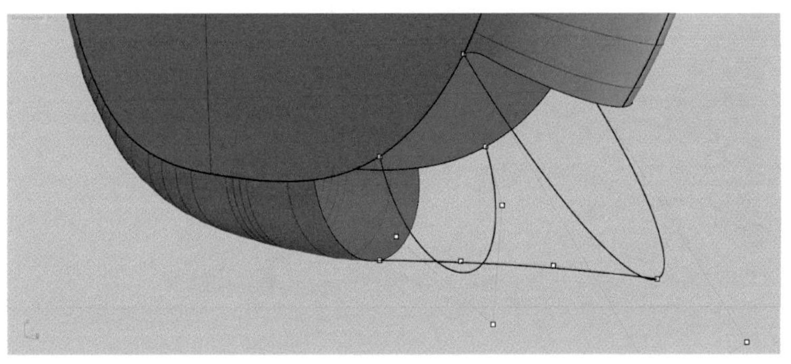

图5-63

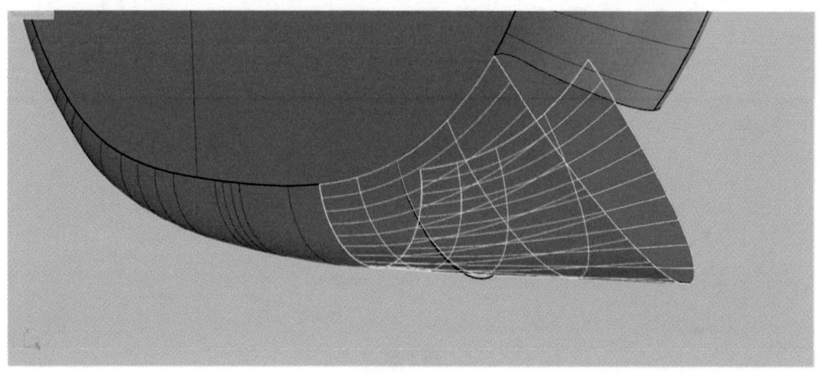

图5-64

图5-65

04 用“控制点曲线”按钮画出图5-66所示的曲线，用“从网线建立曲面”按钮建立曲面，如图5-67、图5-68所示。

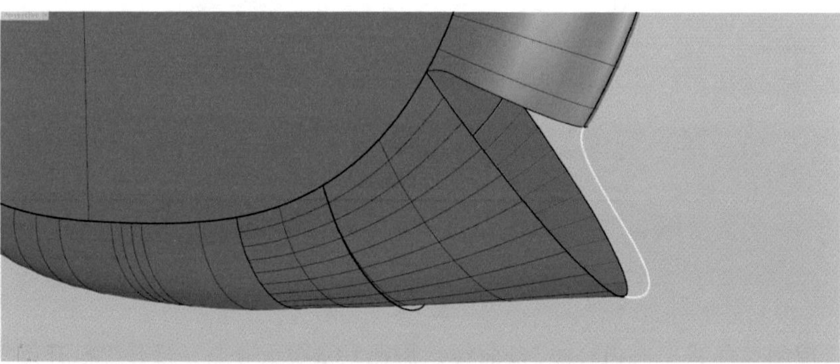

图5-66

图5-67

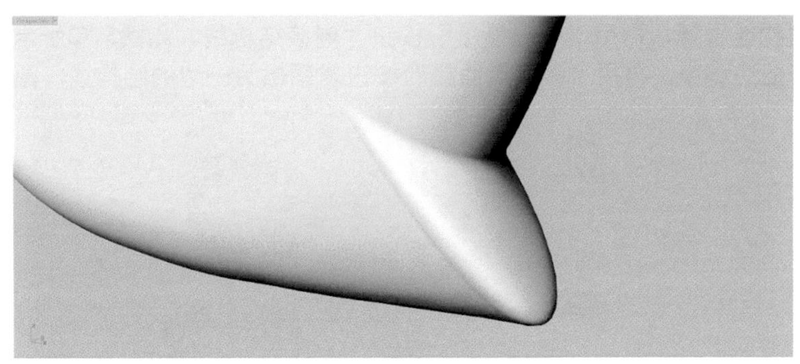

图5-68

05 用“立方体”按钮画出图5-69所示效果，再用“布尔运算差集”按钮减去立方体，接着做出细节，如图5-70所示。

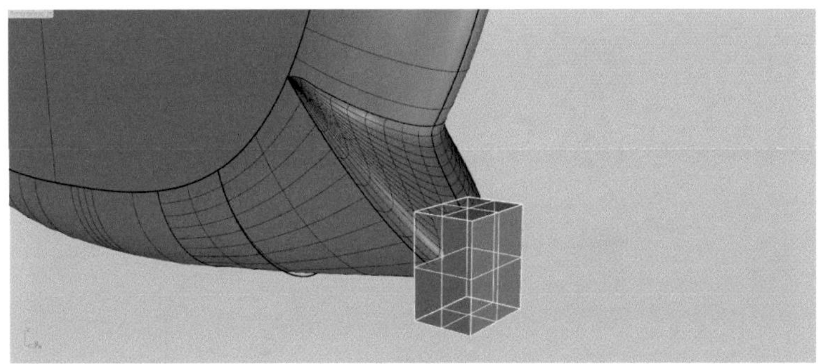

图5-69

图5-70

06 接下来开始做卷尺外套，先复制并粘贴一个卷尺内部并隐藏，用“抽离结构线”按钮提取卷尺内部结构线，如图5-71所示。

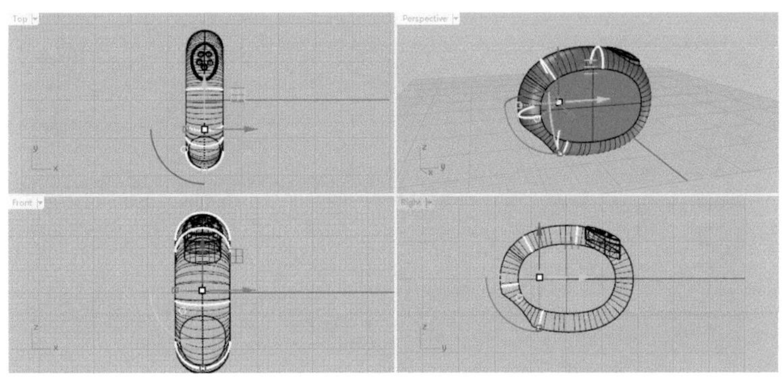

图5-71

07 调整结构线位置，再用“弧形混接”按钮混接结构线，如图5-72所示，并打开“打开点”按钮进行曲线调整，再用“控制点曲线”按钮画出另一边的结构线，图5-73所示。

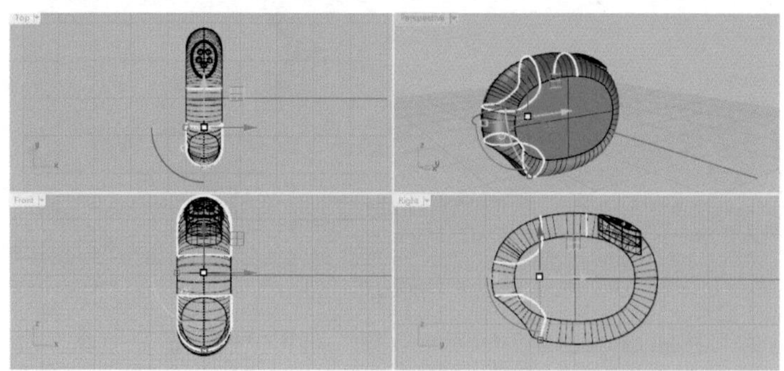

图5-72

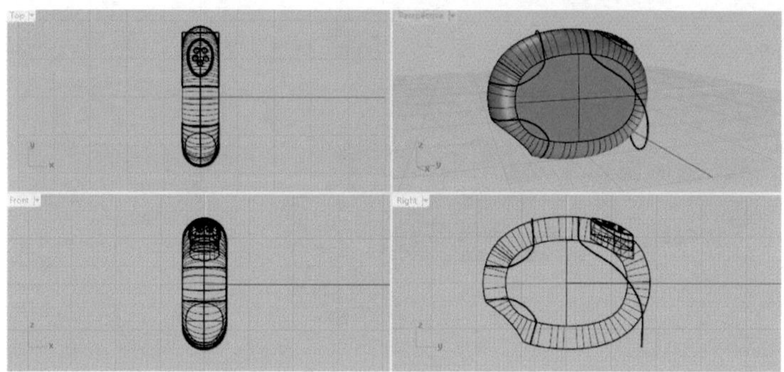

图5-73

08 用“修剪”按钮把多余的曲面剪掉，再用“炸开”按钮炸开曲面，并将下面圆弧面部分删掉，如图5-74、图5-75所示。

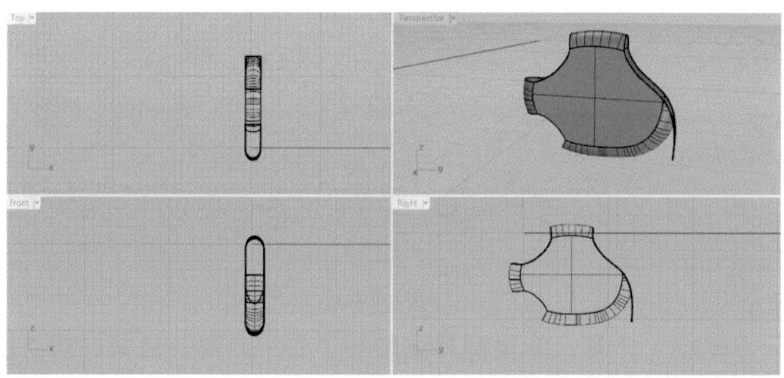

图5-74

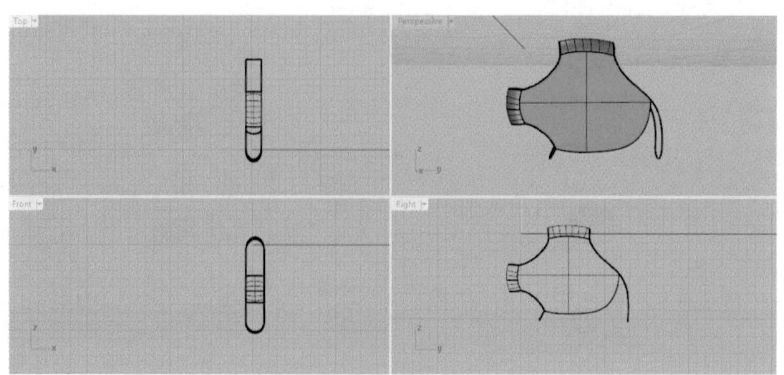

图5-75

09 进行下部分的曲面建立，用“控制点曲线”按钮画出底部结构线，使用“打开点”按钮调整效果，如图5-76所示。再用“从曲线建立曲面”按钮进行底部曲面的建立，如图5-77、图5-78所示。

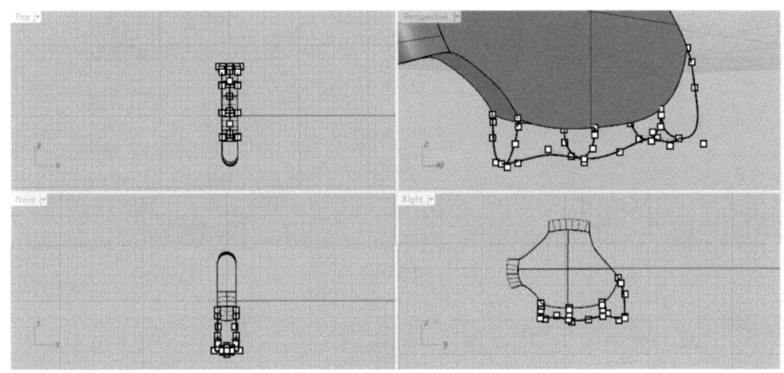

图5-76

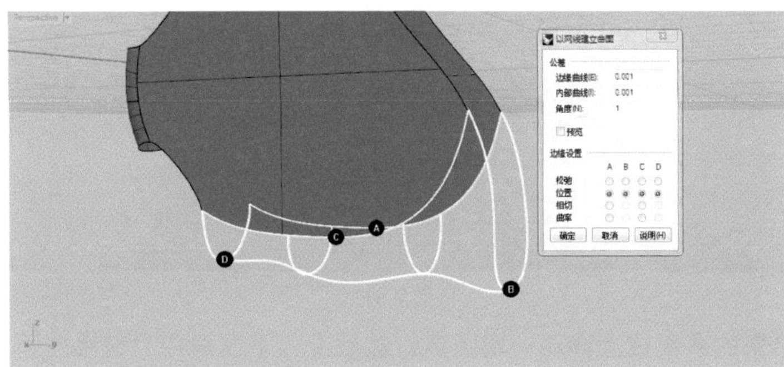

图5-77

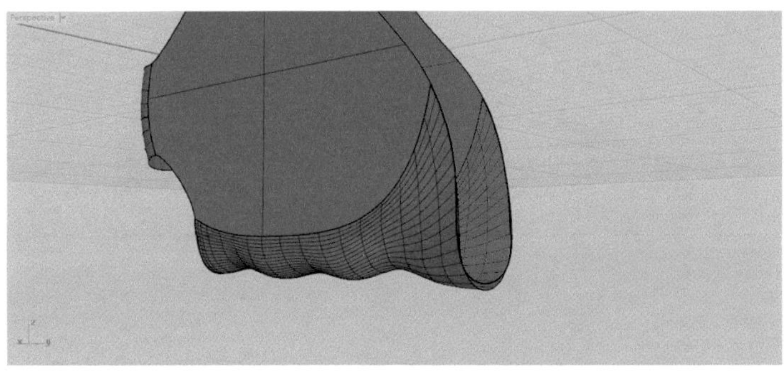

图5-78

10 制作顶部与左侧的细节，用“抽离结构线”按钮提取结构线，如图5-79所示。再用“弧形混接”按钮混接结构线，并分割曲面，如图5-80、图5-81所示。

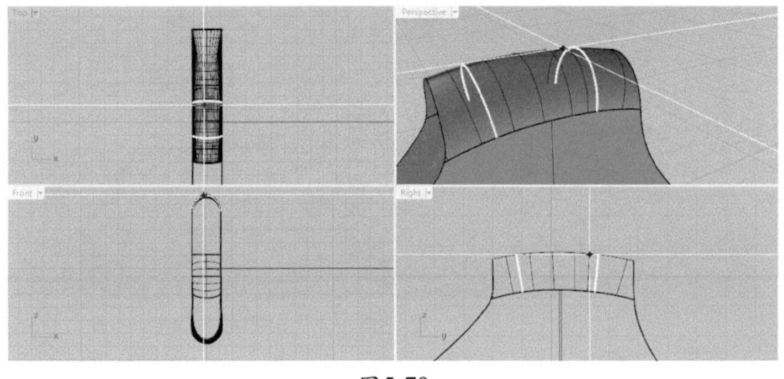

图5-79

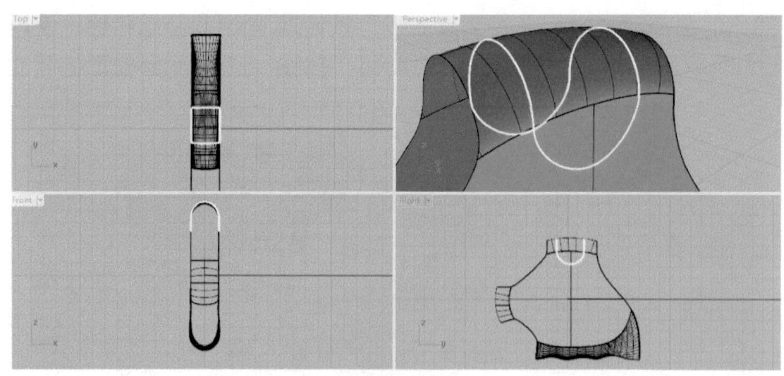

图5-80

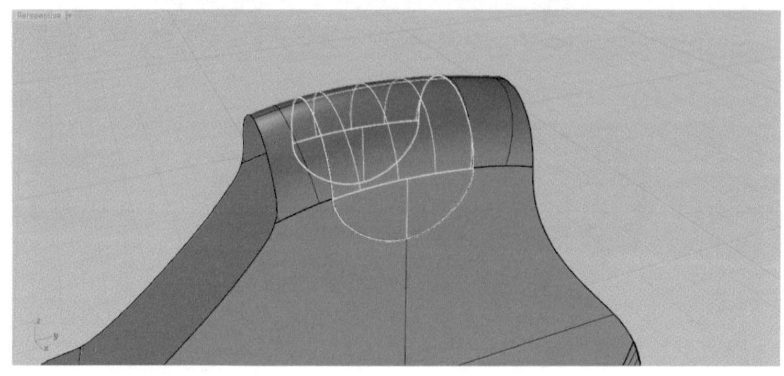

图5-81

11 把分割出来的曲面往上移动一定距离，然后上、下曲面用“偏移曲面”按钮整体进行实体偏移，如图5-82所示。再复制曲面边缘线，效果如图5-83所示。

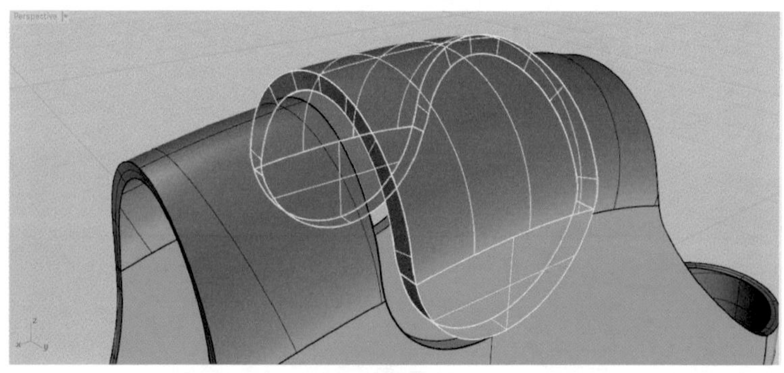

图5-82

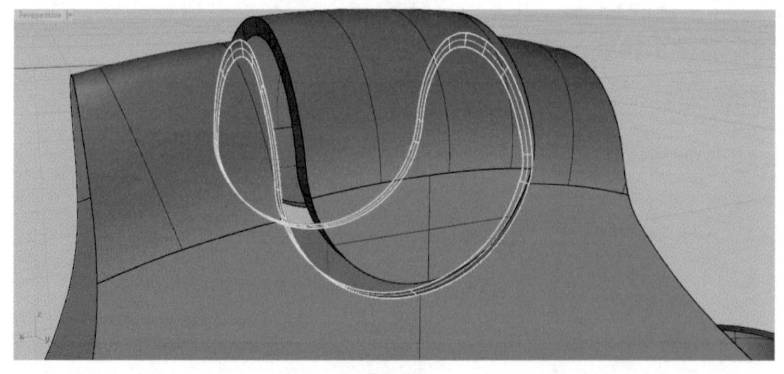

图5-83

12 用“放样”按钮连接内外落差面两部分，再画出椭圆曲线挤出生成实体（作挖孔部分），用“布尔运算差集”按钮减去中间挖洞部分，最后进行圆角处理，如图5-84所示（另一侧同样运用上面的方法）。

图5-84

5.2.3　中间部分细节绘制

01 制作中间细节，在Right视图中用“控制点曲线”按钮画出轮廓线，并用“拉回曲线”按钮将轮廓线拉到平面上，如图5-85所示，再用“修剪”按钮进行修剪，效果如图5-86所示。

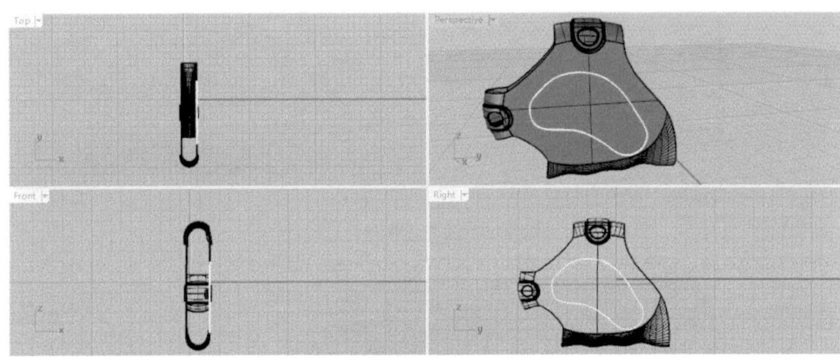

图5-85

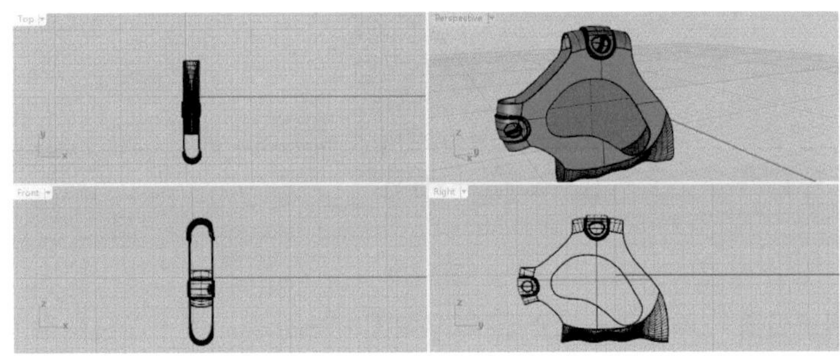

图5-86

02 复制并粘贴多一条轮廓线，并进行缩放调整，用“放样”按钮建立曲面，如图5-87所示，并用“混接曲面”按钮进行曲面混接处理，如图5-88所示。另一面同样使用上述方法。

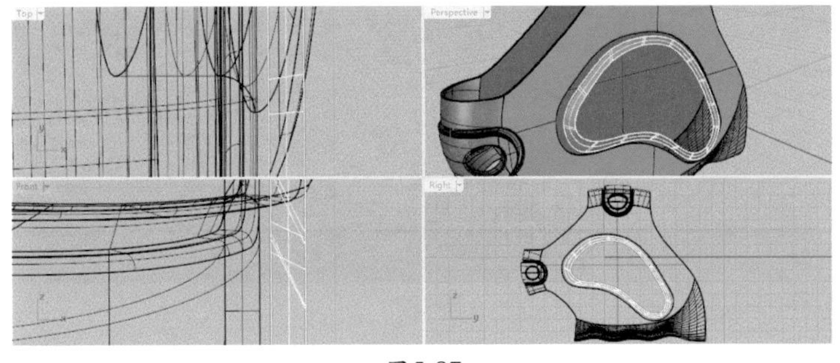

图5-87

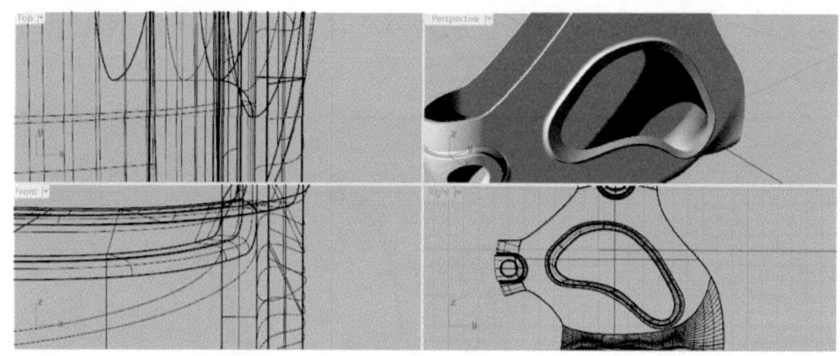
图5-88

03 制作左下细节，在Right视图中用“控制点曲线”按钮画出曲线，并调整图5-89所示效果，并用“分割”按钮进行分割。再用“缩回已修剪曲面”按钮缩回曲面控制点，用“重建曲面”按钮编辑曲面控制点数量，如图5-90所示。

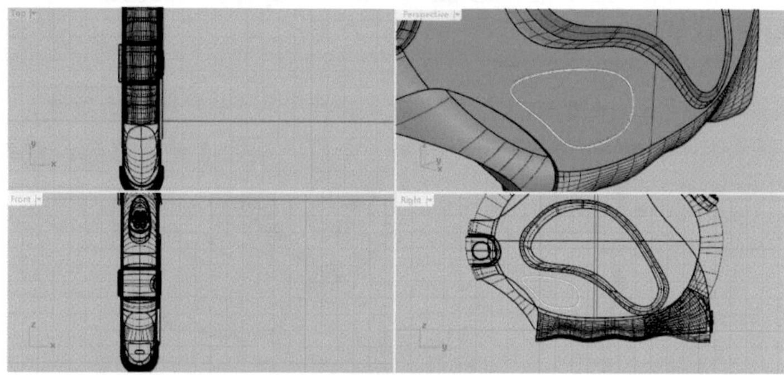
图5-89

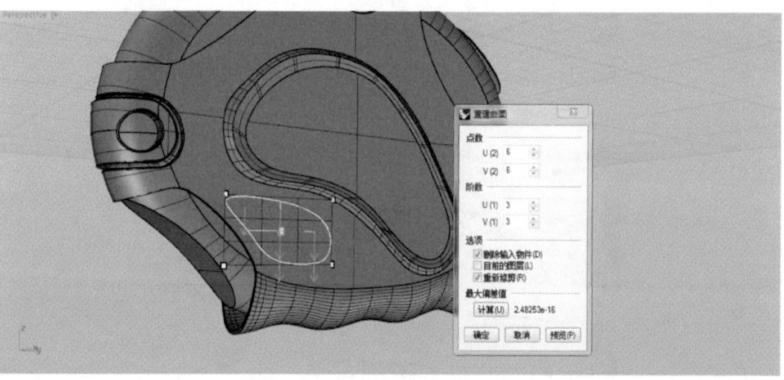
图5-90

04 调整控制点位置往外移动一定的距离，如图5-91所示。用“混接曲面”按钮连接内外面生成减消面，如图5-92所示。

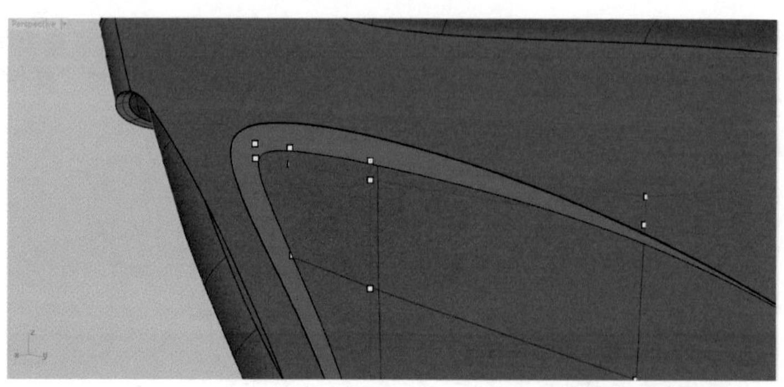
图5-91

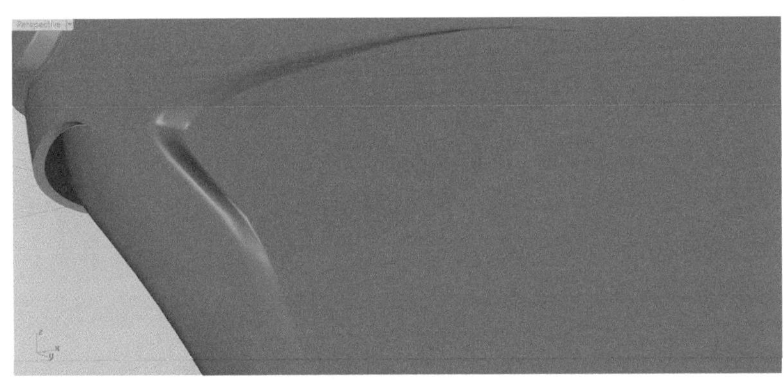

图5-92

05 用“控制点曲线”按钮 画出结构线，使用“双轨扫掠”按钮生成曲面，如图5-93、图5-94所示。将“布尔运算”和“圆角”综合运用，完成细节如图5-95所示。

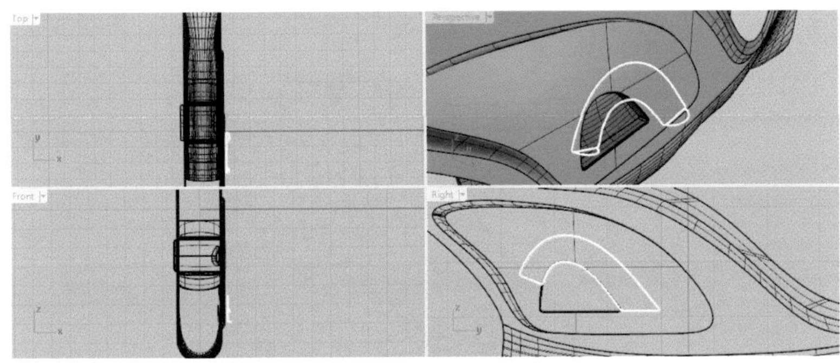

图5-93

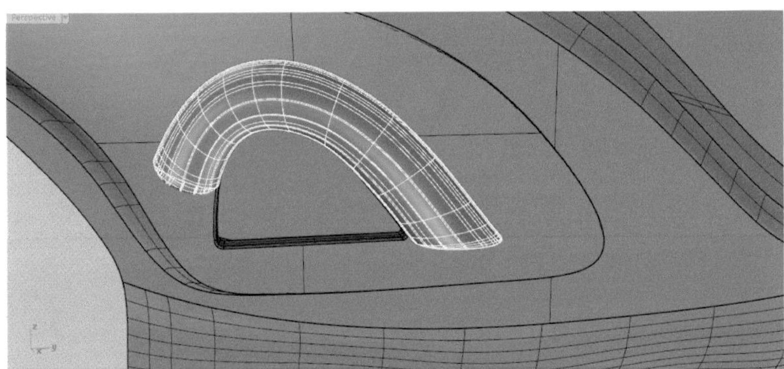

图5-94

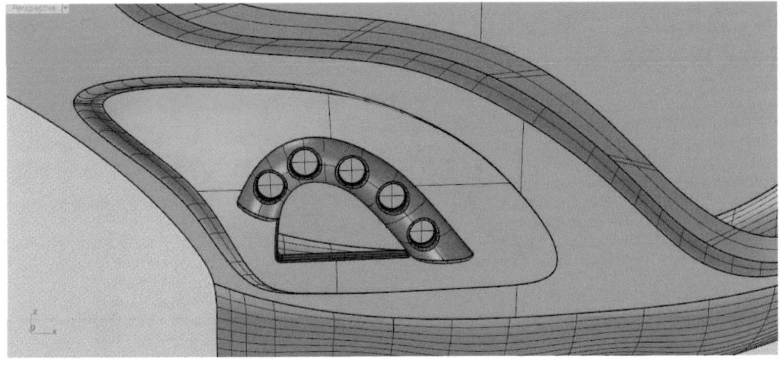

图5-95

5.2.4 开口部位细节绘制

01 完善3个开口，复制边缘线，如图5-96所示，并调整曲线的位置，再用“直线”按钮画出图5-97所示效果，用“单轨扫掠”按钮生成曲面，如图5-98所示。

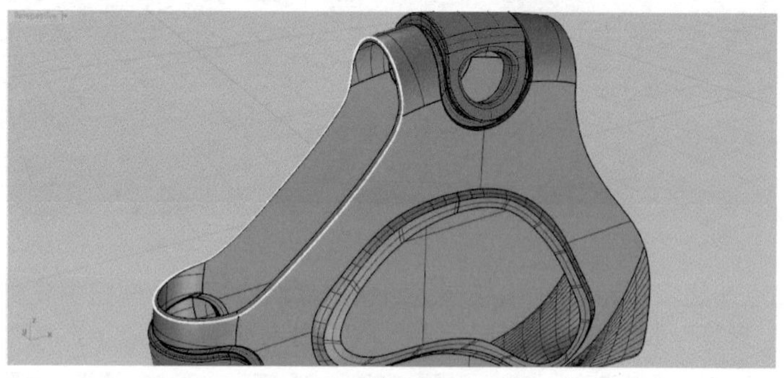

图5-96

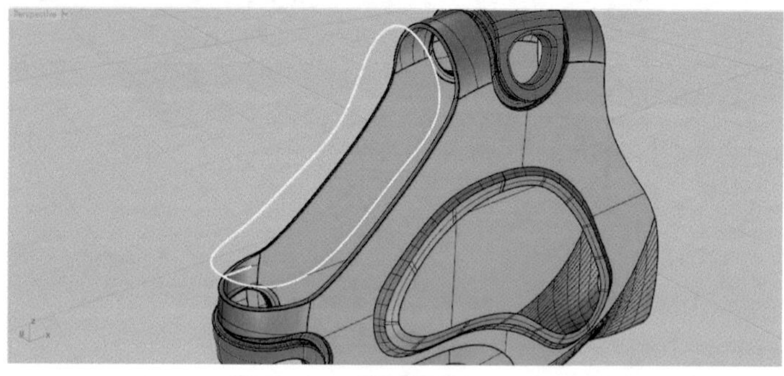

图5-97

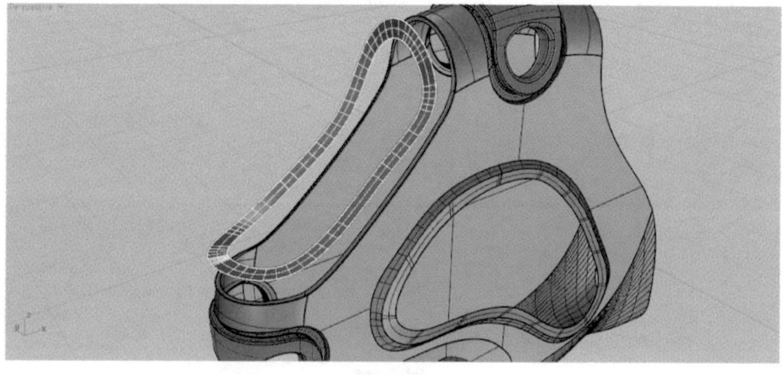

图5-98

02 最后用“混接曲面”按钮进行两个面的混接，如图5-99、图5-100所示。另外两个开口处使用相同方法，完成效果如图5-101所示。

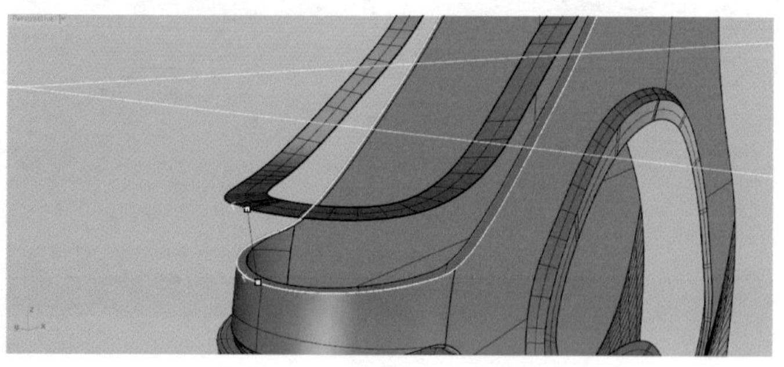

图5-99

图5-100

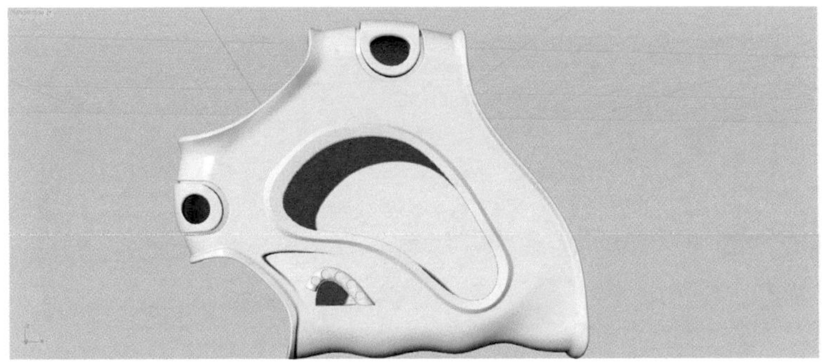

图5-101

03 最后完善卷尺内部的中间细节，用“复制边缘”按钮提取边缘线，如图5-102所示，再用“修剪”按钮进行修剪，如图5-103所示。

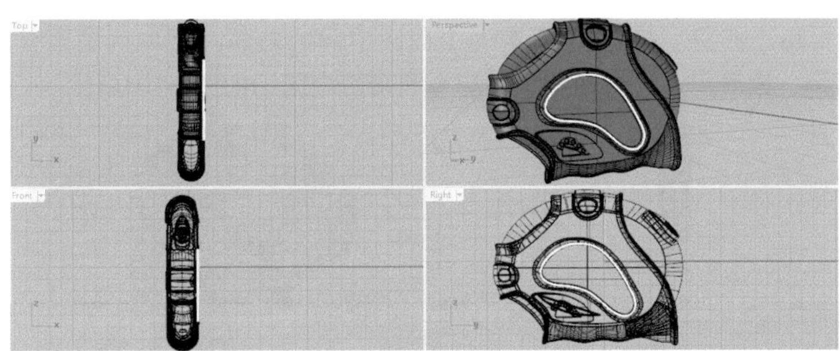

图5-102

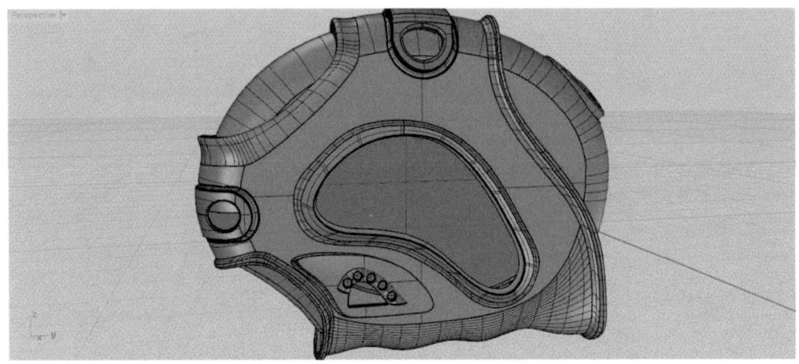

图5-103

04 用“偏移曲线”按钮偏移曲线，并调整位置，再用封闭的平面建立曲面，如图5-104所示，最后用“混接曲面”按钮进行两个面的混接，如图5-105所示。

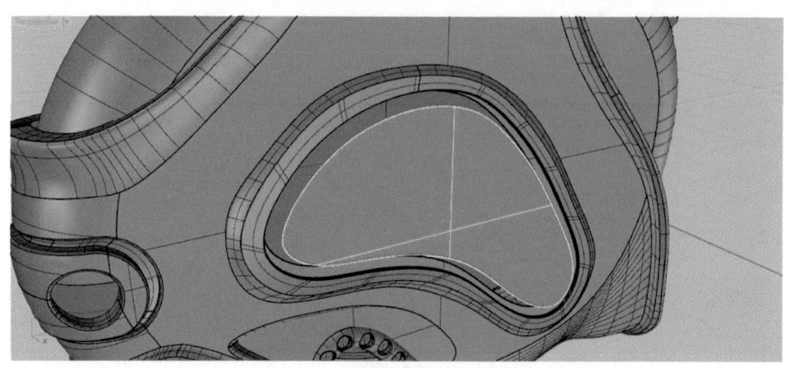
图5-104

图5-105

05 用“控制点曲线”按钮画出曲线，如图5-106所示。用“偏移曲线”按钮往里面再偏移一条曲线，再用“修剪”按钮修剪两个曲线中间的曲面，把中间曲面往里面移动一定距离，如图5-107所示。最后用“混接曲面”按钮混接两个面，如图5-108所示。

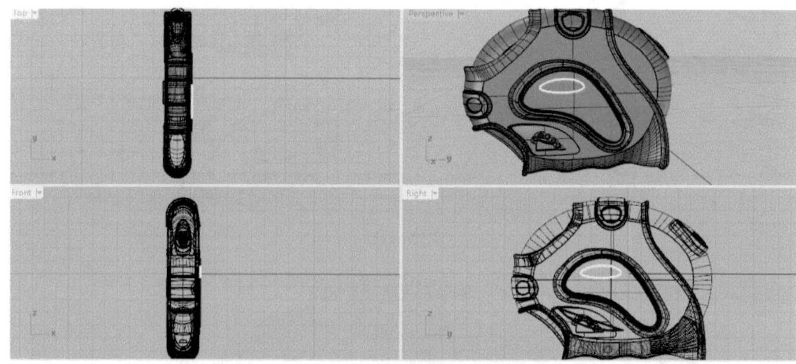
图5-106

图5-107

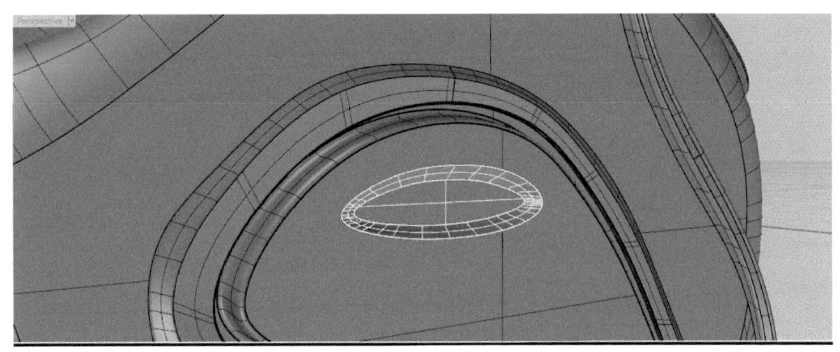

图5-108

06 用“控制点曲线”按钮画出曲线，并用“挤出封闭的平面曲线”按钮挤出实体，如图5-109所示，用“修剪”按钮进行修剪，效果如图5-110所示。

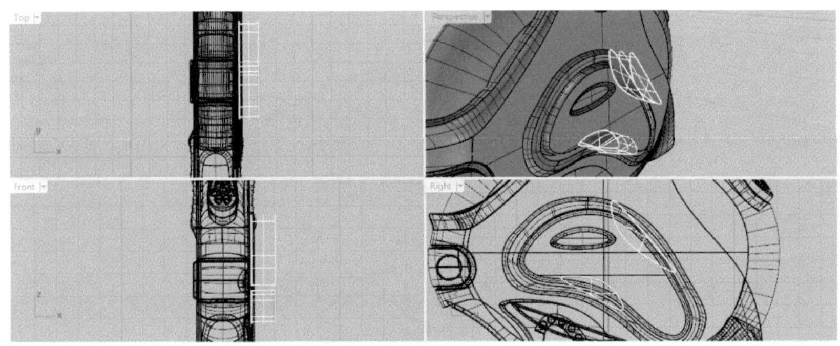

图5-109

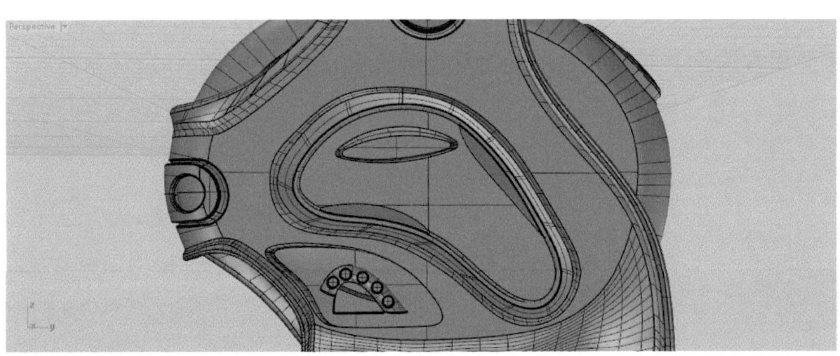

图5-110

07 用“控制点曲线”按钮画出结构线，如图5-111所示，再用“从曲线建立曲面”按钮生成面，如图5-112所示。另一边使用同样的方法。

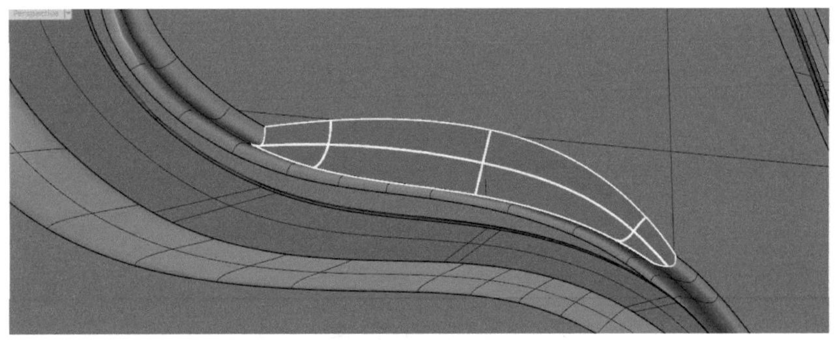

图5-111

图5-112

08 用“文字”按钮输入字体，再用“投影曲线”按钮和“分割”按钮画出如图5-113所示的细节。

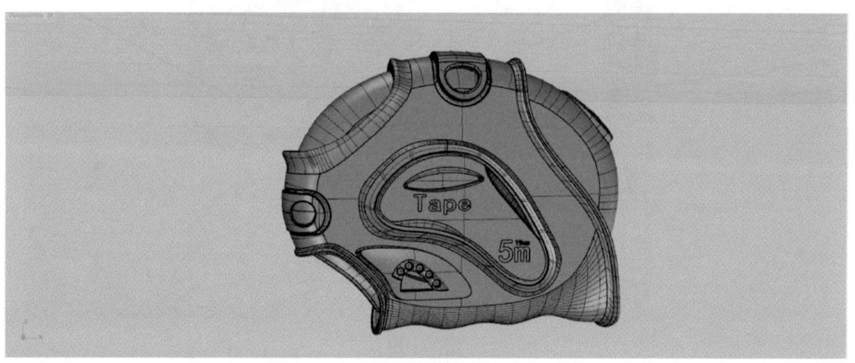

图5-113

09 综合运用方法画手提绳部分，最后完成效果如图5-114、图5-115所示。

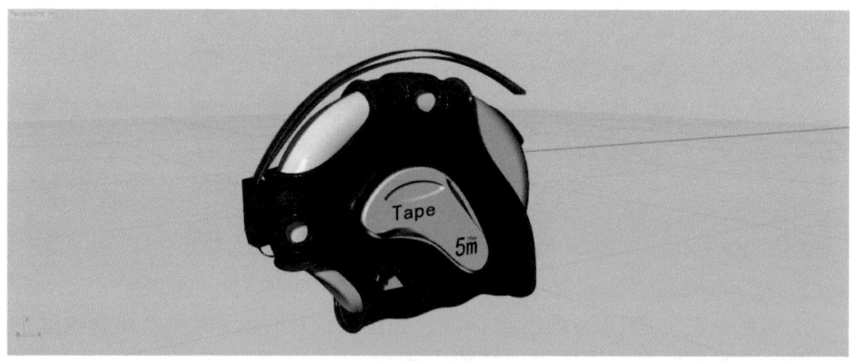

图5-114

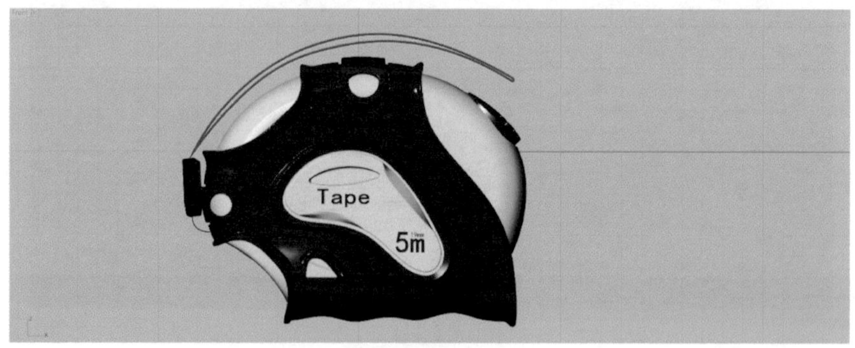

图5-115

5.3 方向盘

5.3.1 方向盘大形绘制

01 在Top视图中用“圆”按钮画出一个圆，如图5-116所示，再用“圆管”按钮建立方向盘外框把手，如图5-117所示。

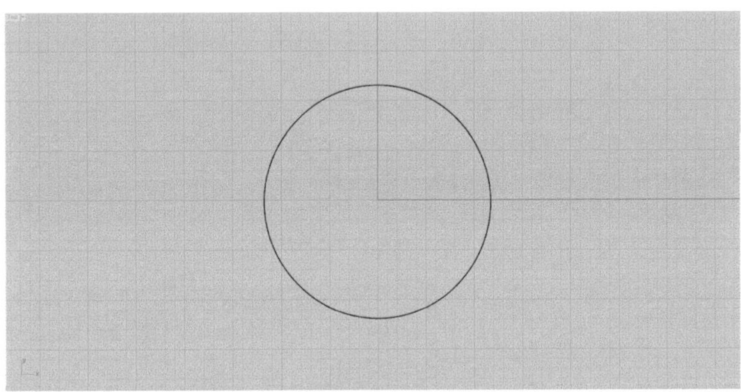

图5-116

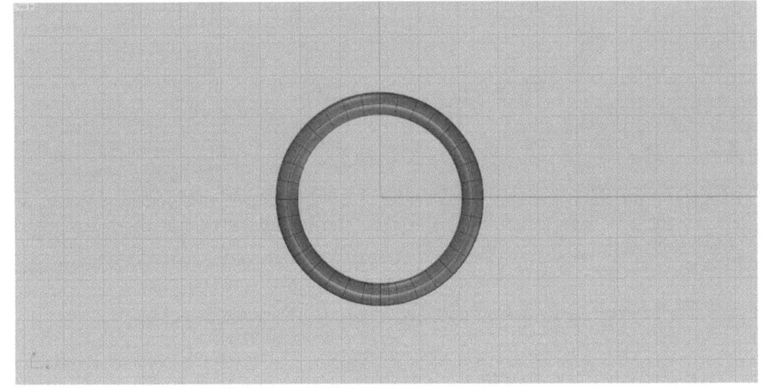

图5-117

02 用“控制点曲线”按钮画出上下两条路径曲线，再用“直径椭圆”按钮画3个与路径曲线相交的椭圆，如图5-118所示，再用“双轨扫掠”按钮建立方向盘的内部，如图5-119和图5-120所示。

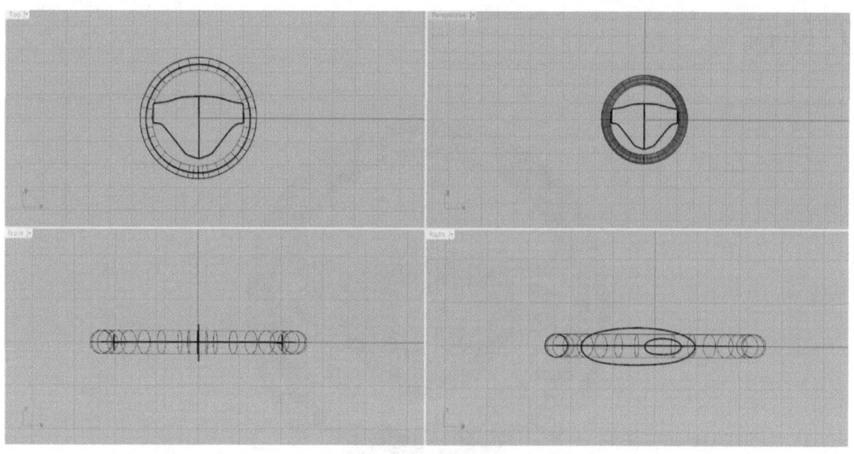

图5-118

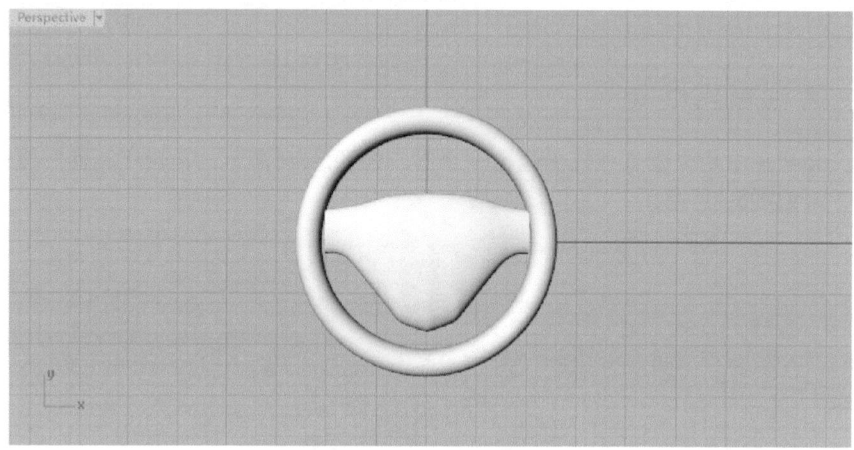

图5-119

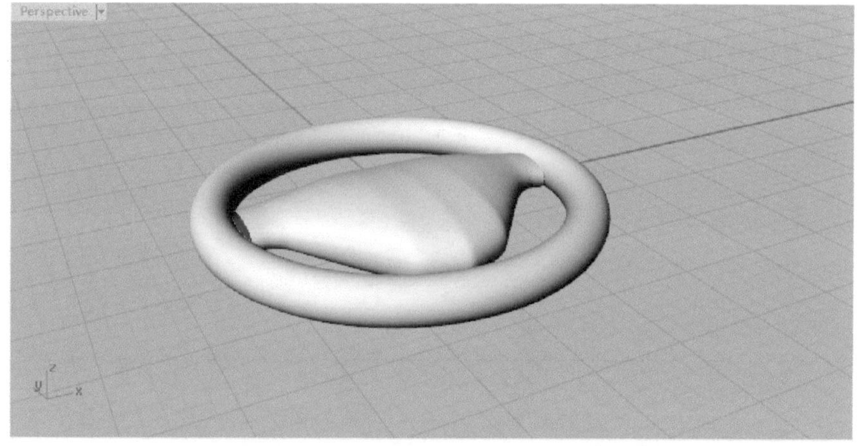

图5-120

5.3.2 方向盘里面部分制作

01 用“控制点曲线”按钮画出图5-121、图5-122所示的线，再用“修剪”按钮修剪方向盘的内部和把手部分曲面，如图5-123所示。

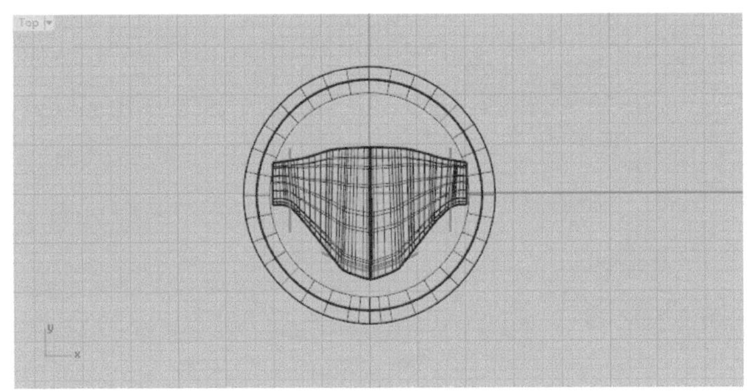

图5-121

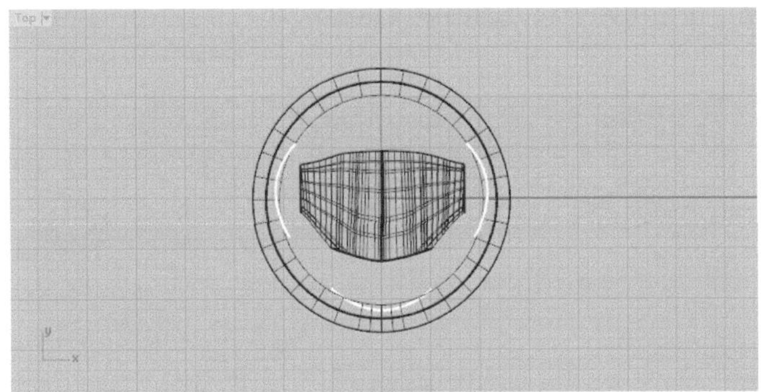

图5-122

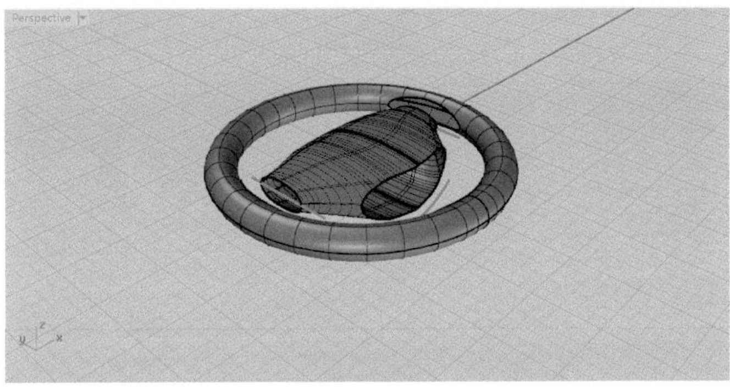

图5-123

02　打开物件锁点（四分点、中点），用“控制点曲线”按钮画出图5-124所示的曲线，再用“复制边缘”按钮复制边线，如图5-125所示。

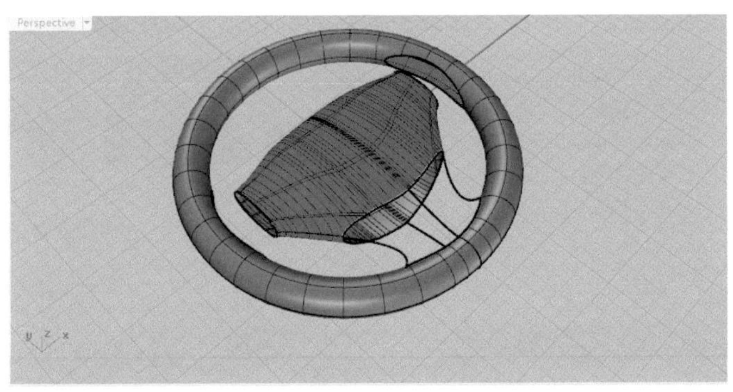

图5-124

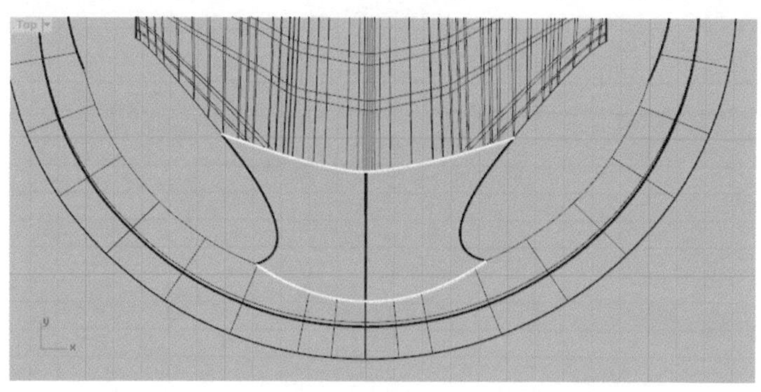

图5-125

03 单击“分割”按钮 用连接处的曲线（见图5-126）分割复制的边缘线（见图5-127），完成效果如图5-127所示。

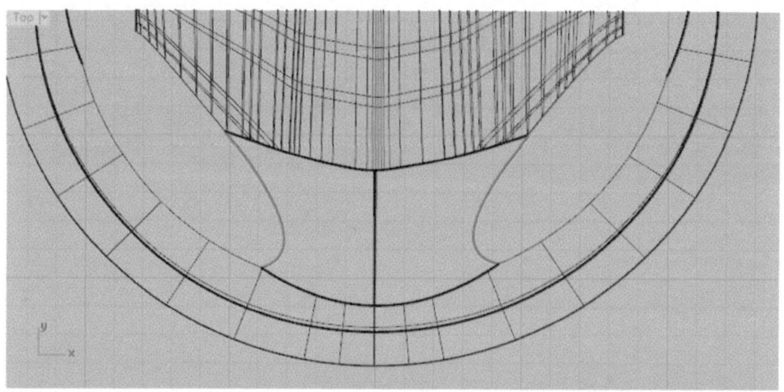

图5-126

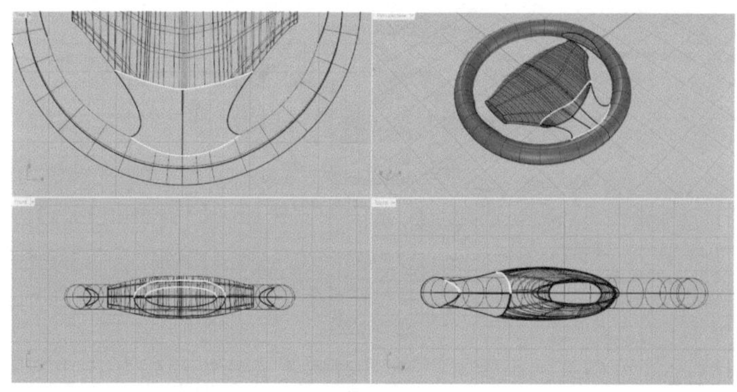

图5-127

04 用“从网线建立曲面”按钮 建立方向盘内部和把手的连接处曲面，如图5-128所示。

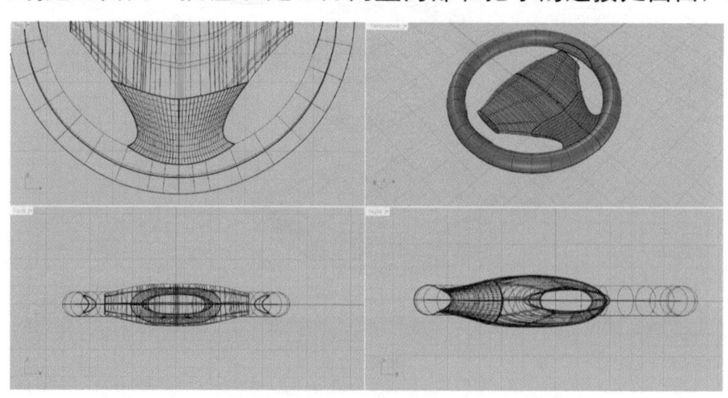

图5-128

05 建立方向盘内部和把手的连接处，如图5-129所示，如不够平整再用“抽离结构线”按钮 提取连接处的结构线，如图5-130所示。

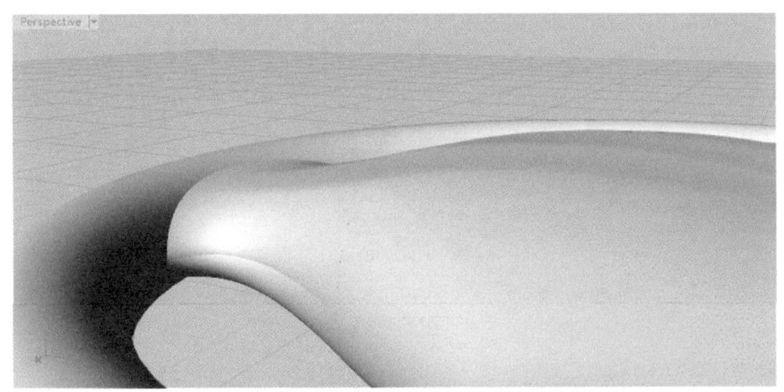

图5-129

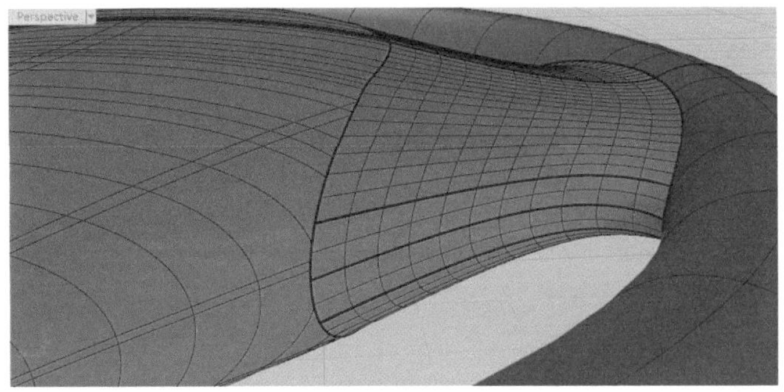

图5-130

06 单击“分割”按钮，用图5-130提取的结构线分割方向盘内部和把手的连接处（见图5-131），用“复制边缘”按钮复制边线（见图5-132），再用两边的结构线进行分割，如图5-133所示。

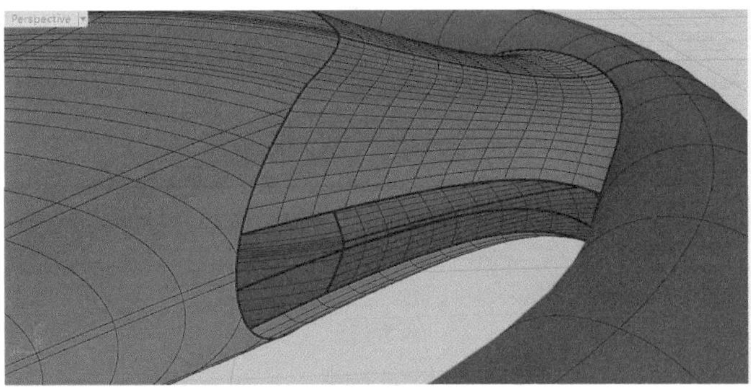

图5-131

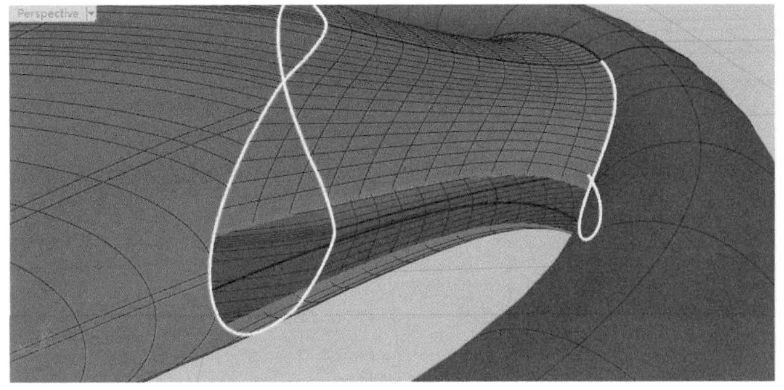

图5-132

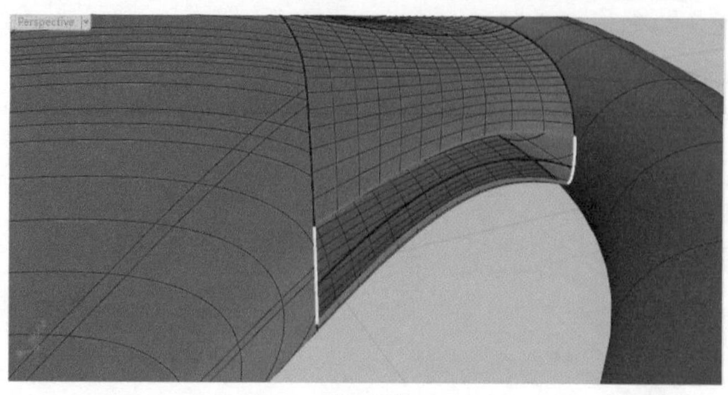

图5-133

07 用“抽离结构线”按钮 提取连接处的结构线，如图5-134所示，再用“混接曲线”按钮 混接结构线，如图5-135所示。

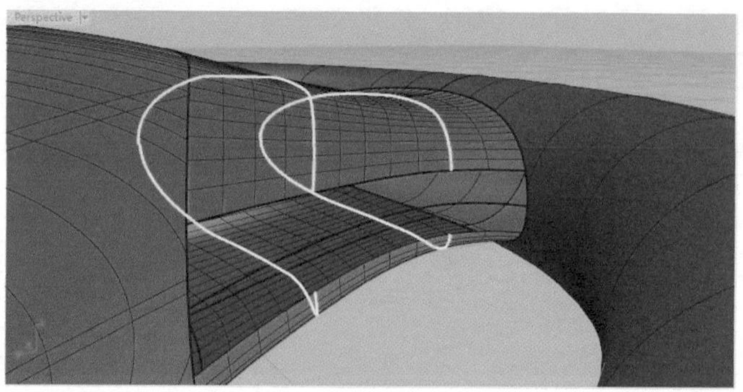

图5-134

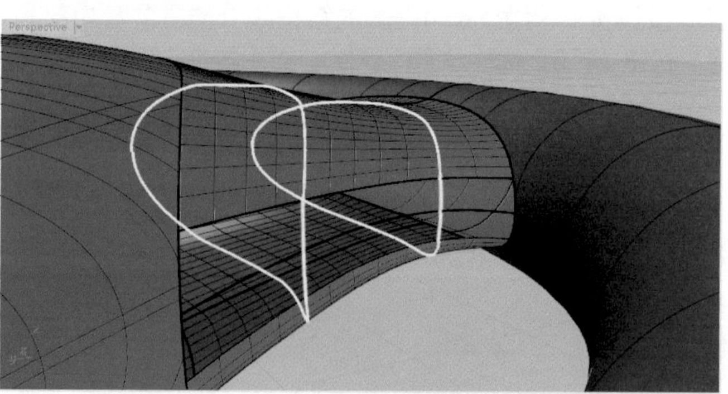

图5-135

08 用“从网线建立曲面”按钮 把中间面补上，如图5-136所示，另一边使用同样的方法，完成效果如图5-137、图5-138所示。

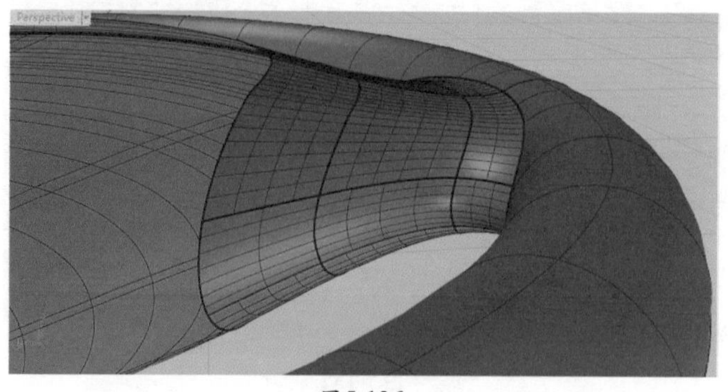

图5-136

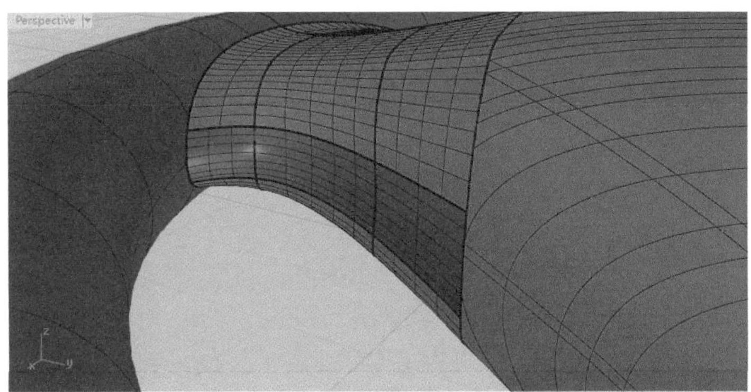

图5-137

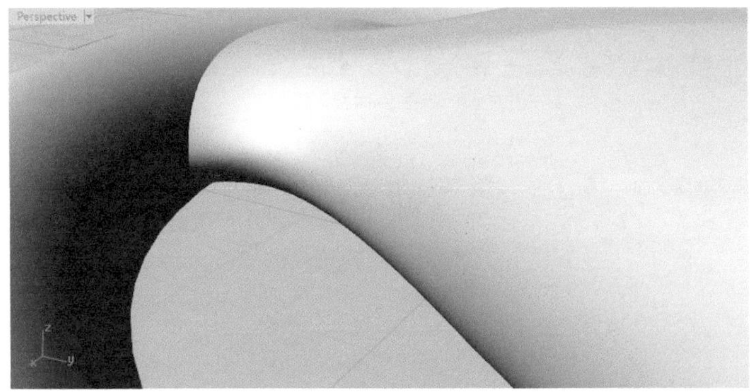

图5-138

09 用同上的方法建立方向盘内部两侧的连接曲面，完成效果如图5-139、图5-140所示。

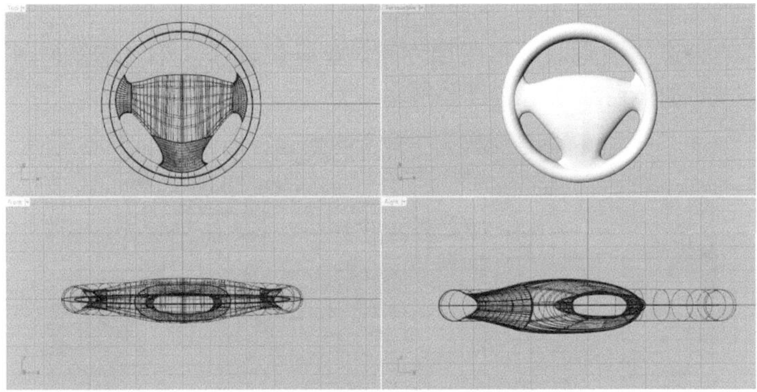

图5-139

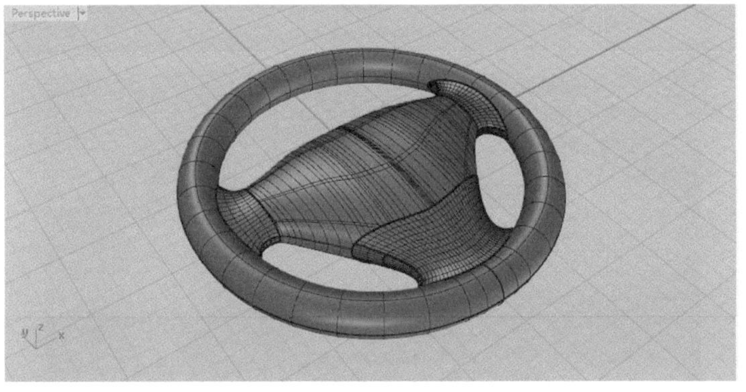

图5-140

5.3.3 表面细节部分处理

01 用“控制点曲线”按钮画出图5-141所示的线，再用“分割”按钮分割方向盘的内部，如图5-142所示。

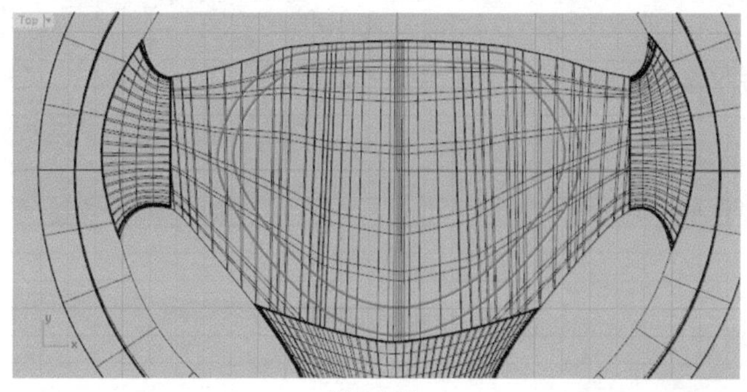

图5-141

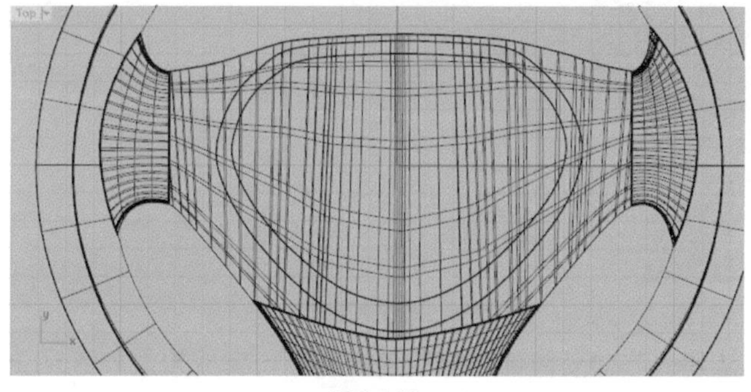

图5-142

02 把分割好的旁边曲面删除，再用操作轴调整好位置和大小，如图5-143、图5-144所示，然后用“混接曲面”按钮连接，如图5-145所示。

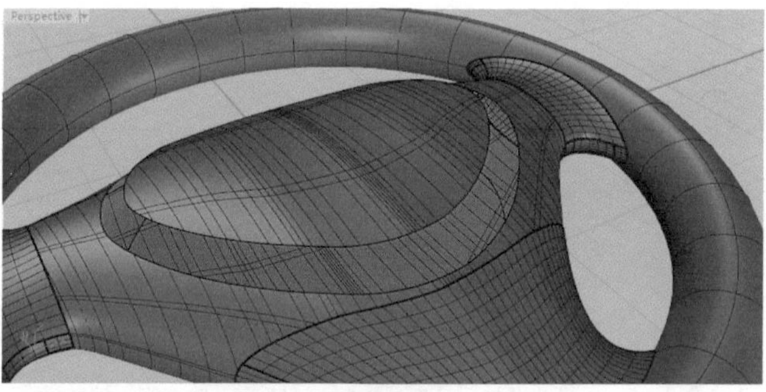

图5-143

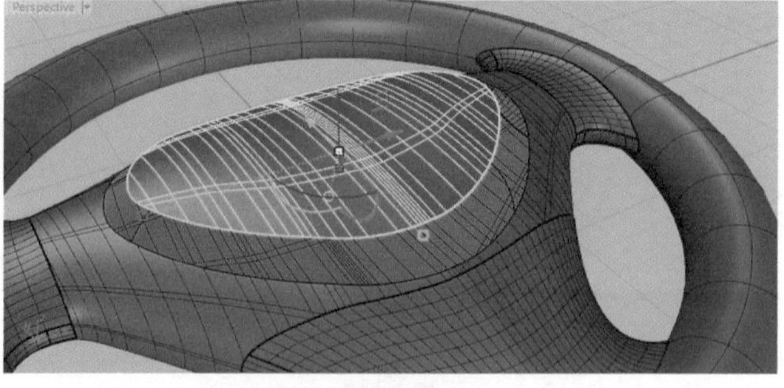

图5-144

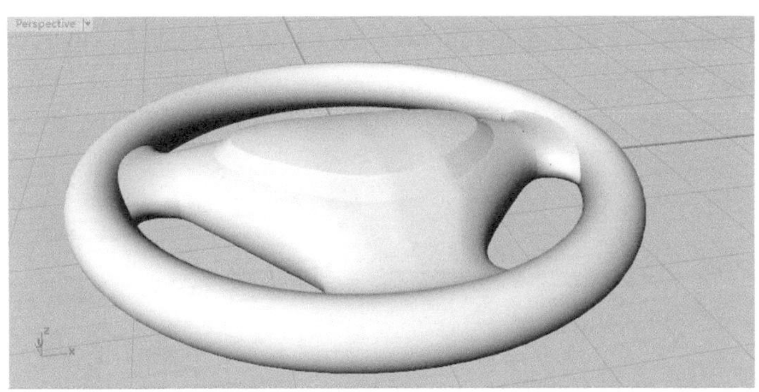

图5-145

03 用“控制点曲线”按钮画出图5-146所示的线，再用“分割”按钮分割，把分出来的曲面删掉。用“复制边缘”按钮复制分割的边缘，用“直线”按钮画出图5-147所示的线进行分割复制的边缘线，如图5-148所示。

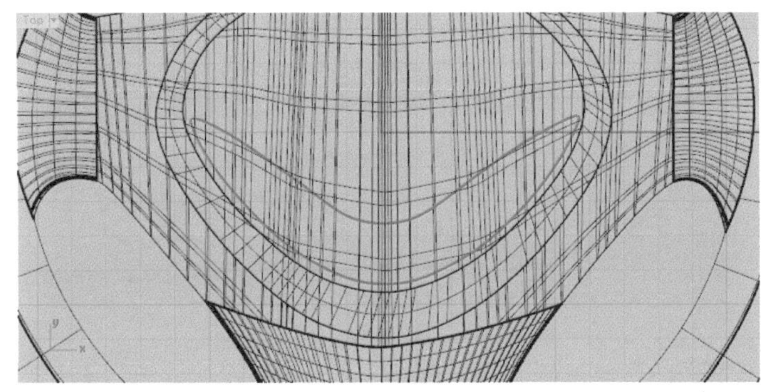

图5-146

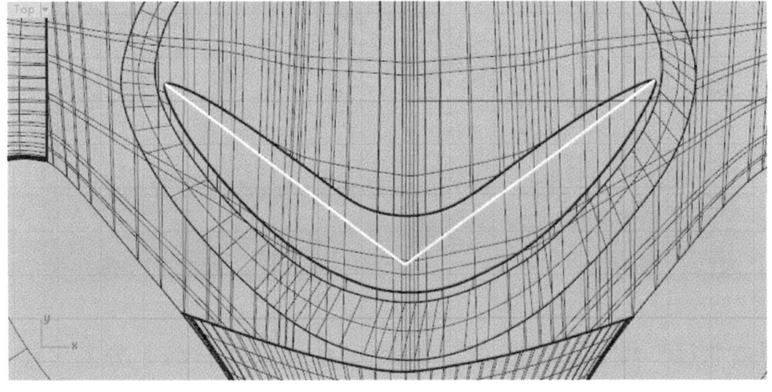

图5-147

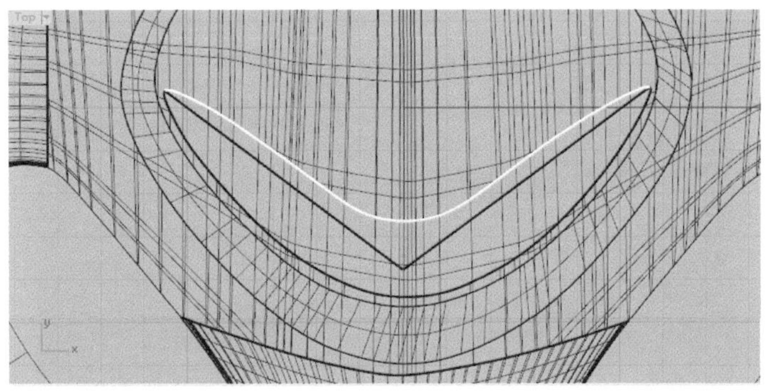

图5-148

04 用“控制点曲线”按钮画出图5-149、图5-150所示的曲线，再用“从网线建立曲面”按钮成面，效果如5-151所示。

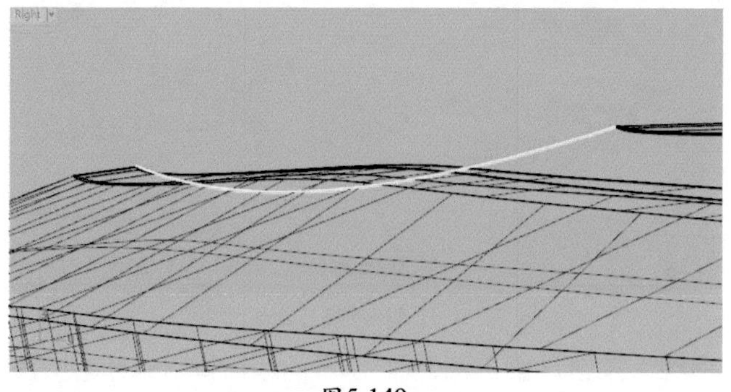
图5-149

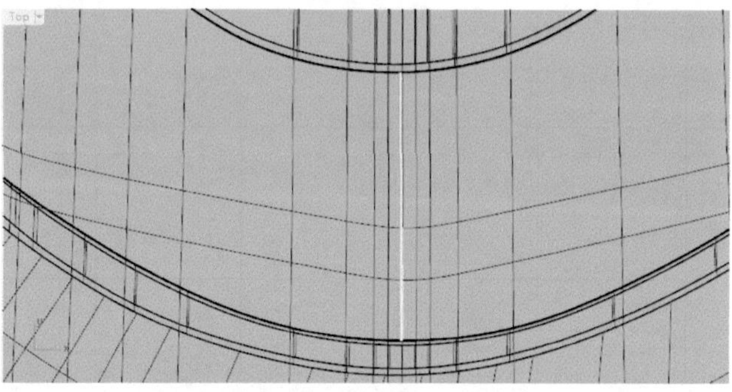
图5-150

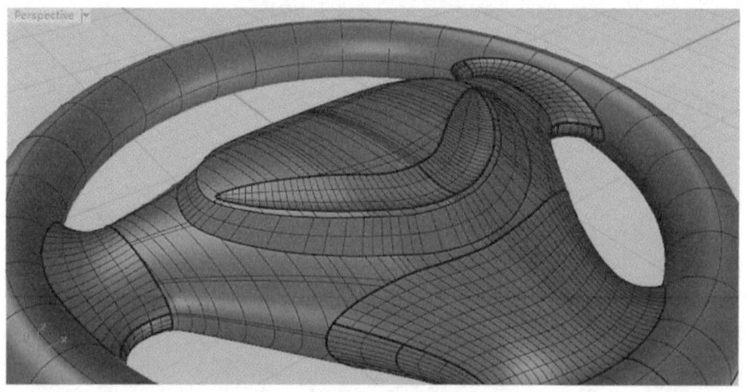
图5-151

05 用“控制点曲线”按钮画出图5-152所示的曲线，再用“分割”按钮分割曲面，然后用“偏移曲面”按钮往内偏移一定距离，最后用“不等距边缘圆角”按钮进行圆角处理，如图5-153所示。

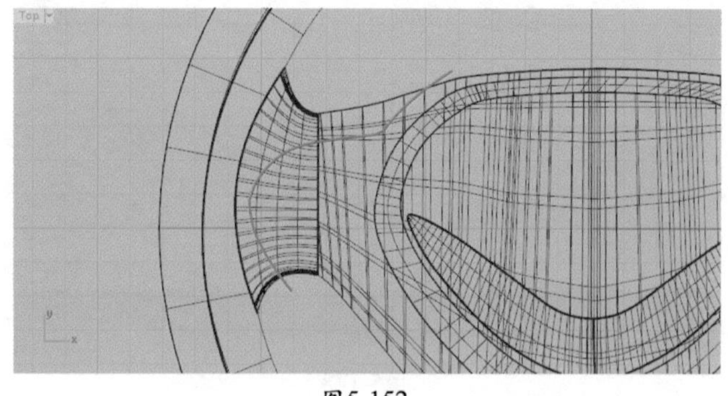
图5-152

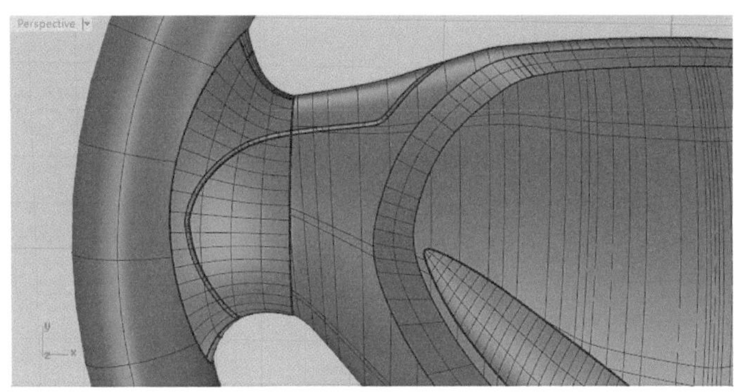

图5-153

06 方法同上，用“控制点曲线”按钮画出图5-154、图5-155所示的曲线，再用“分割”工具分割曲面，然后用“偏移曲面”按钮往里面偏移一定距离，如图5-156所示，最后用“不等距边缘圆角”按钮进行圆角处理，完成效果如图5-157、图5-158所示。

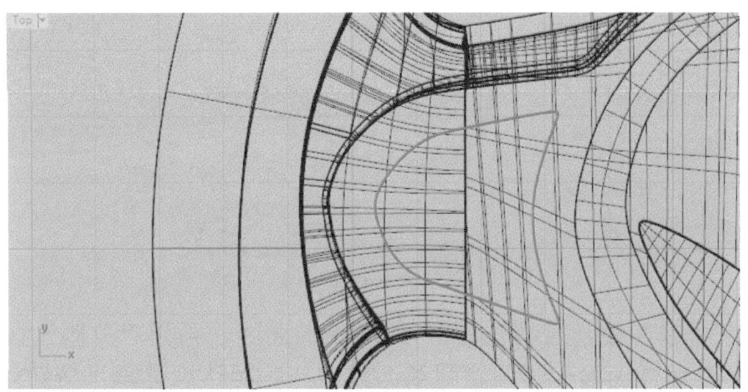

图5-154

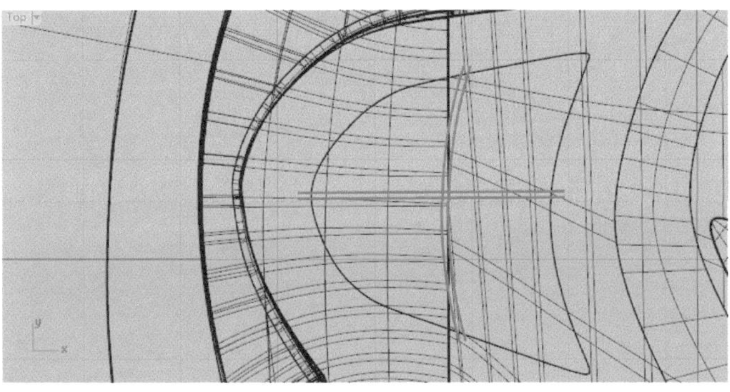

图5-155

图5-156

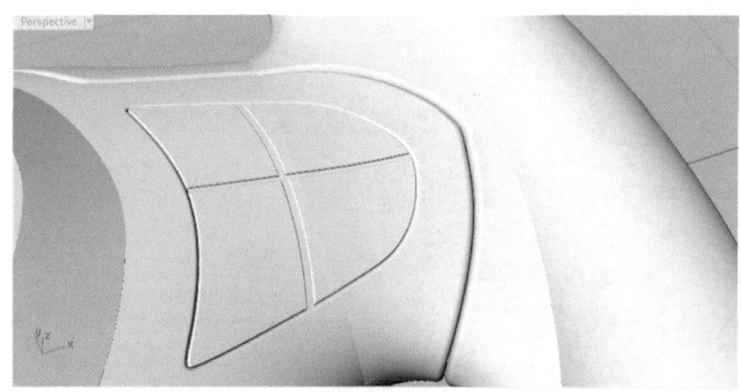

图5-157

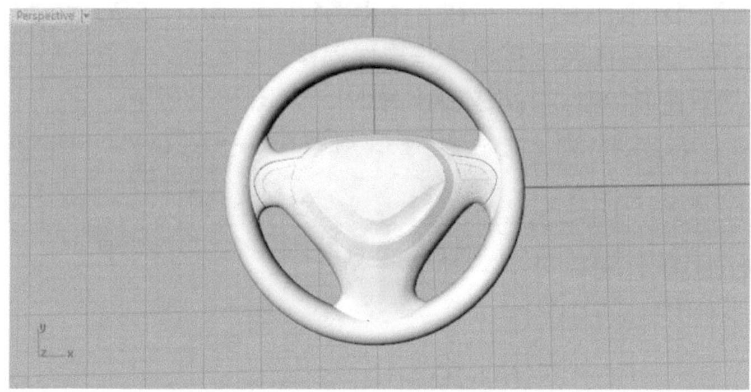

图5-158

07 用“控制点曲线”按钮画出图5-159所示的曲线，再用“分割”按钮分割曲面，然后用“偏移曲面”按钮往里面偏移一定距离。用“不等距边缘圆角”按钮进行圆角处理，如图5-160所示。

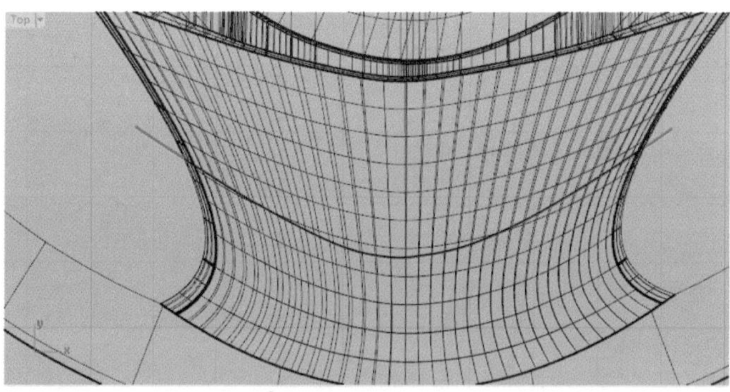

图5-159

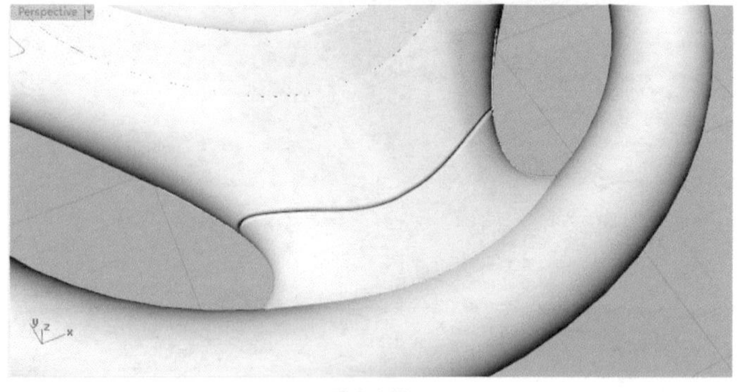

图5-160

08 用“圆”按钮和“多边形”按钮画出图5-161所示的曲线，再用“分割”按钮分割曲面，然后用“偏移曲面”按钮往里面偏移一定距离，最后用“不等距边缘圆角”按钮进行圆角处理，如图5-162所示。

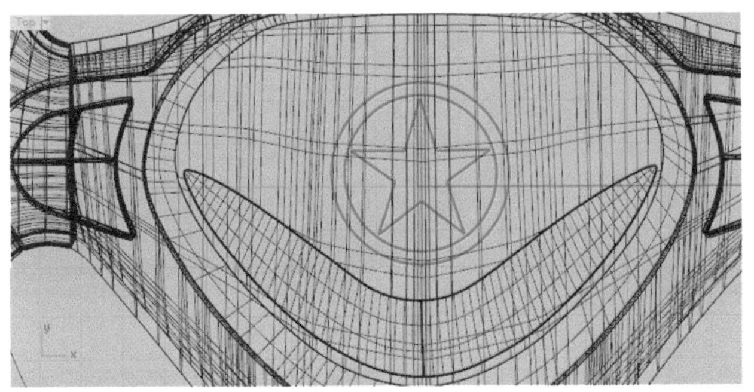

图5-161

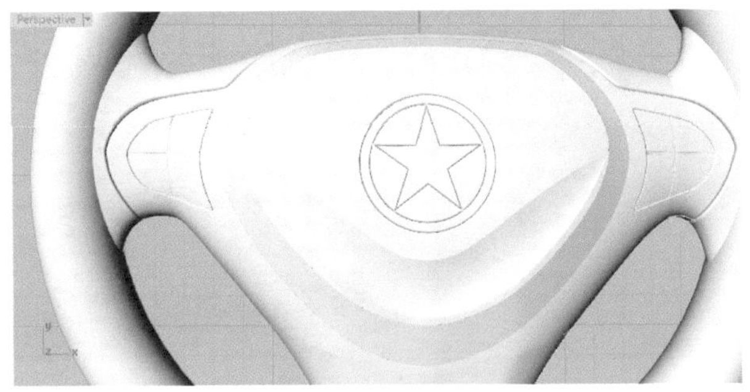

图5-162

09 用“控制点曲线”按钮画出图5-163所示的曲线，再用实体工具里面的“挤出封闭的平面曲线”按钮挤出曲面，如图5-164所示。然后用“布尔运算分割”按钮分割曲面，如图5-165、图5-166所示，最后用“不等距边缘圆角”按钮进行圆角处理，如图5-167所示。

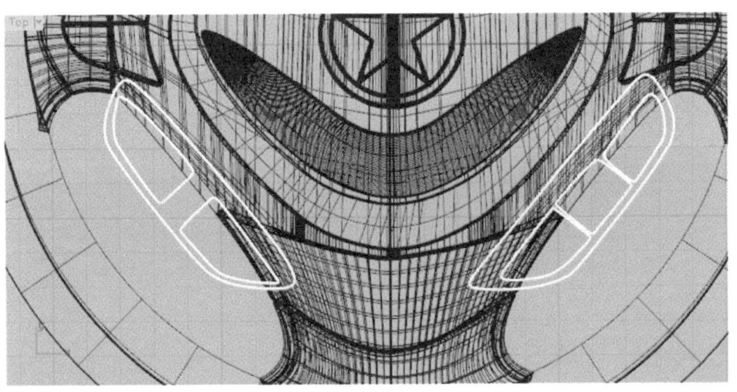

图5-163

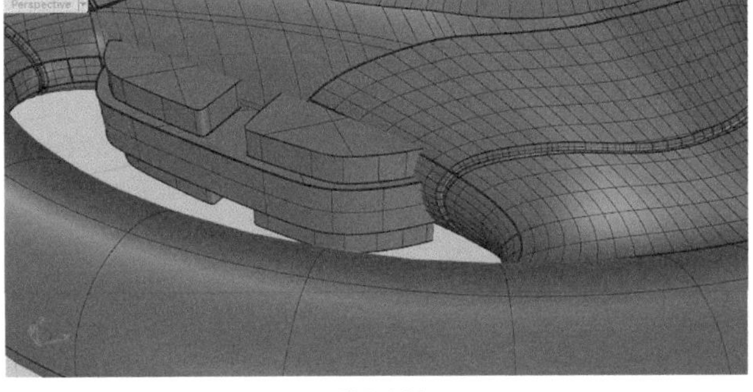

图5-164

图5-165

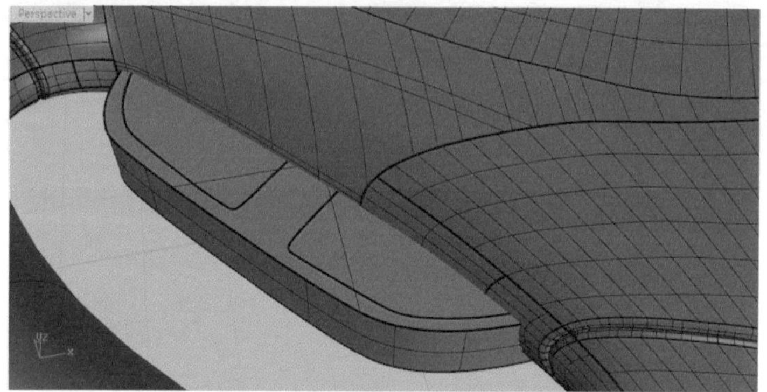

图5-166

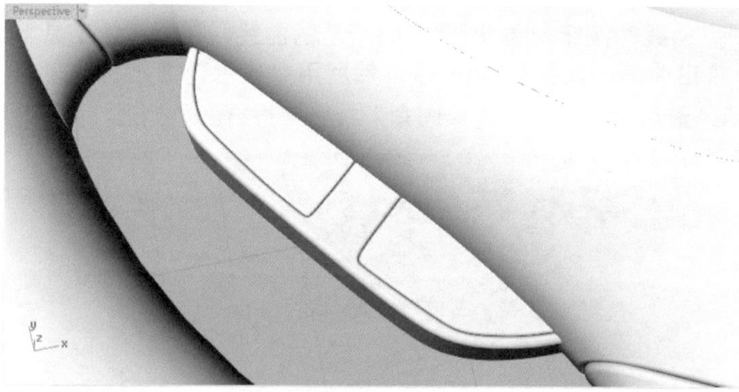

图5-167

10 另一边的方法同上，完成效果如图5-168所示。

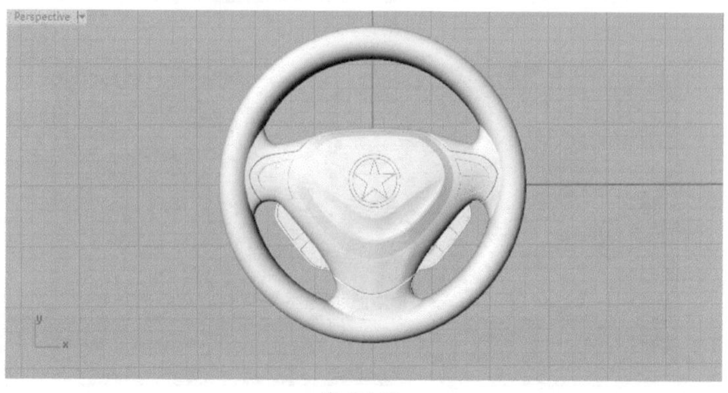

图5-168

5.3.4　方向盘外部细节制作

01　用“直线”按钮画出方向盘的四分线，如图5-169所示，然后用“控制点曲线”按钮和“镜像”按钮画出图5-170所示的曲线。

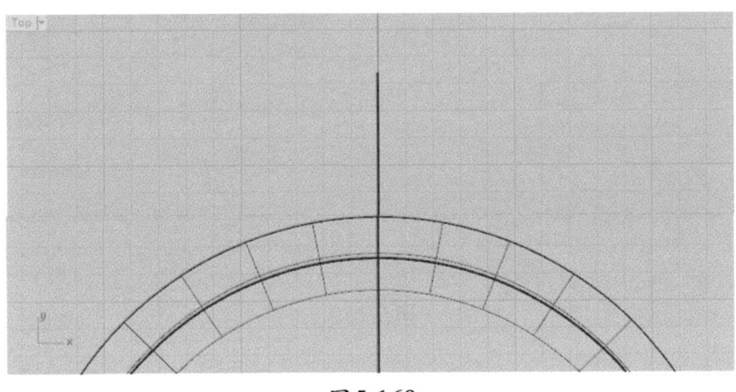

图5-169

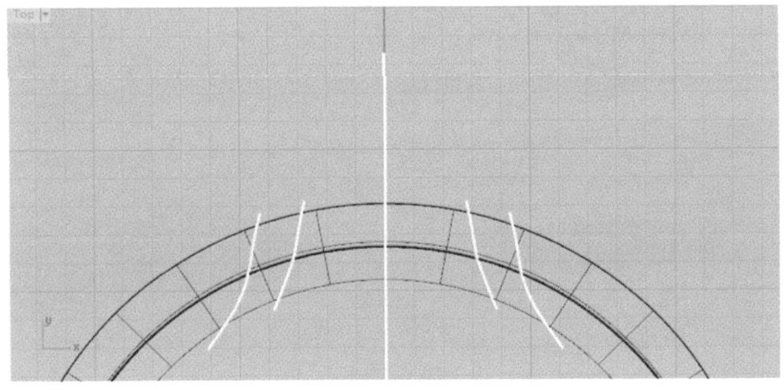

图5-170

02　用“分割”按钮分割方向盘的外框，再用“三轴缩放”按钮调整大小，如图5-171所示，然后用“混接曲面”按钮混接曲面，如图5-172所示。

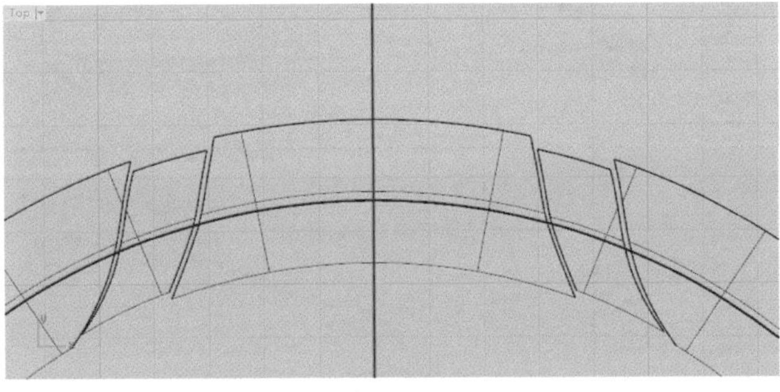

图5-171

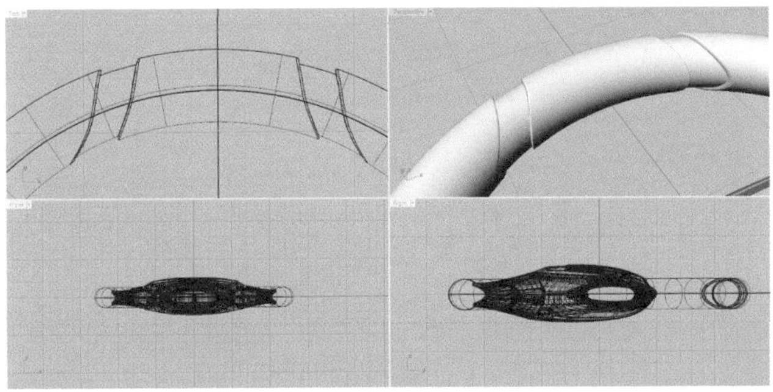

图5-172

03 用上述方法建立方向盘的底部外框，如图5-173所示的位置，建好的效果如图5-174所示。

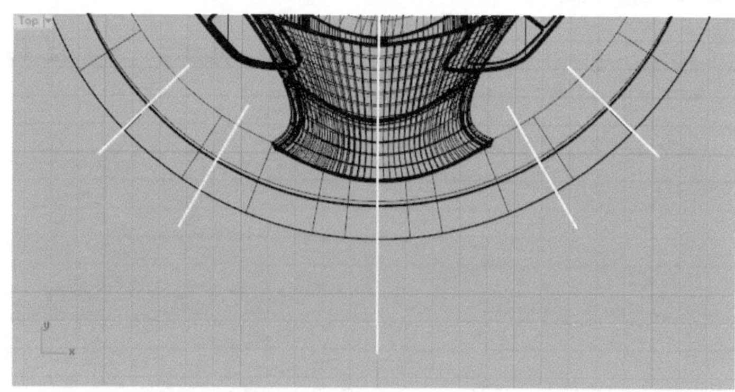

图5-173

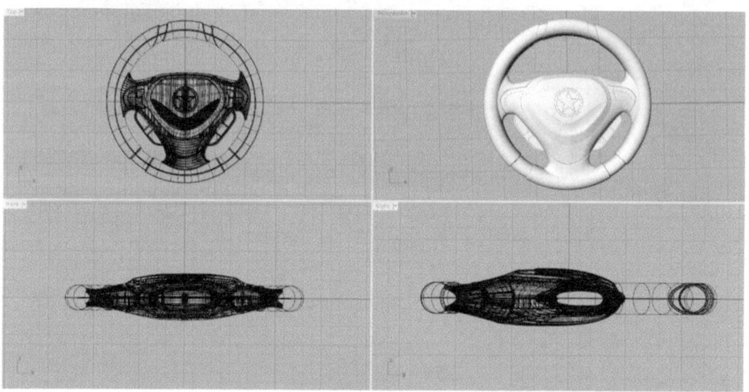

图5-174

04 最后完成的效果如图5-175、图5-176所示。

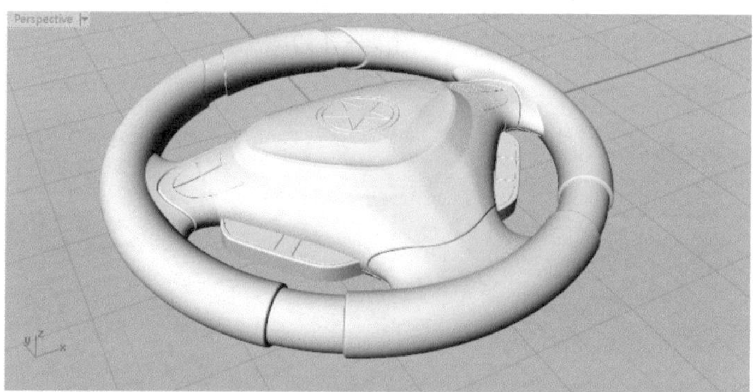

图5-175

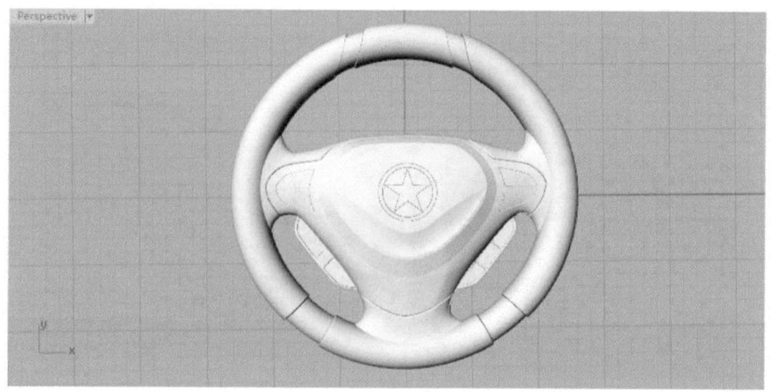

图5-176

5.4 鼠标

5.4.1　布线绘制大形体

01 单击“控制点曲线”按钮画两条曲线，如图5-177所示。

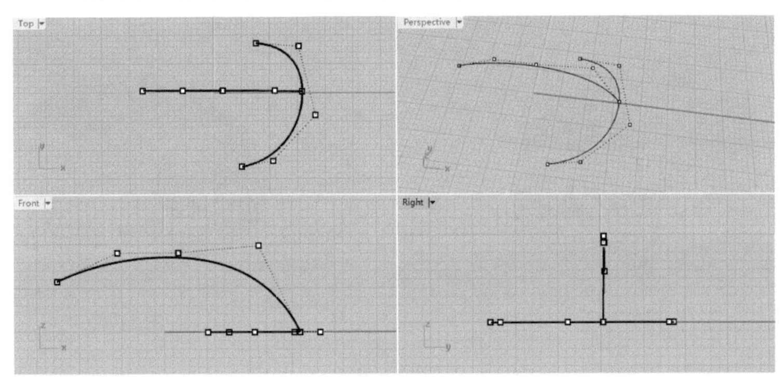

图5-177

02 上面的线用“直线挤出”按钮成面，如图5-178所示，再单击“曲面重建”按钮建立点数：U:5 V:5、阶数：U:4 V: 4，如图5-179所示。

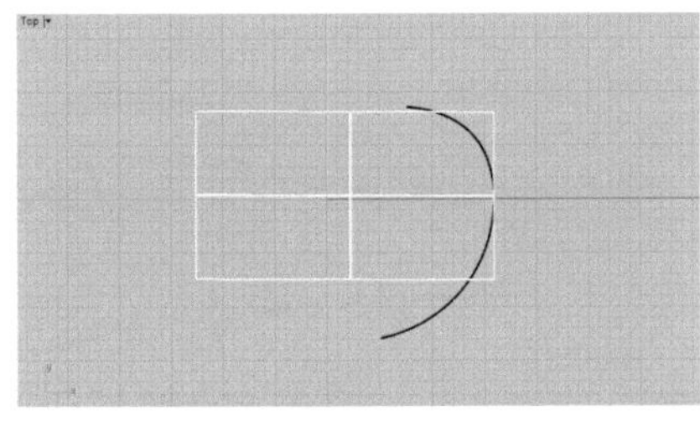

图5-178

图5-179

03 在TOP视图中打开控制点，调节控制点如图5-180所示，下面的曲线用“直线挤出”

按钮成面，如图5-181所示。

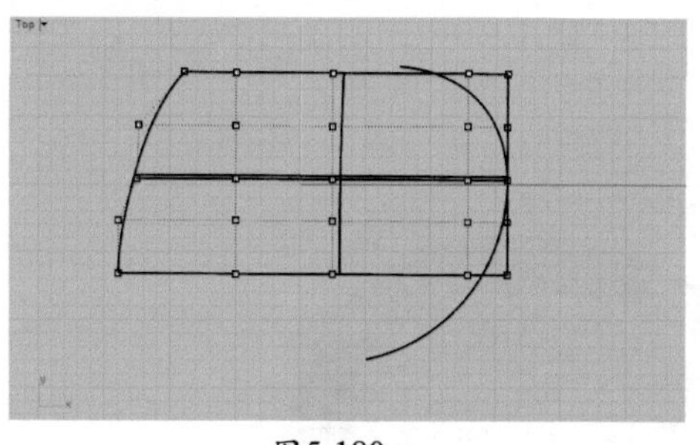
图5-180

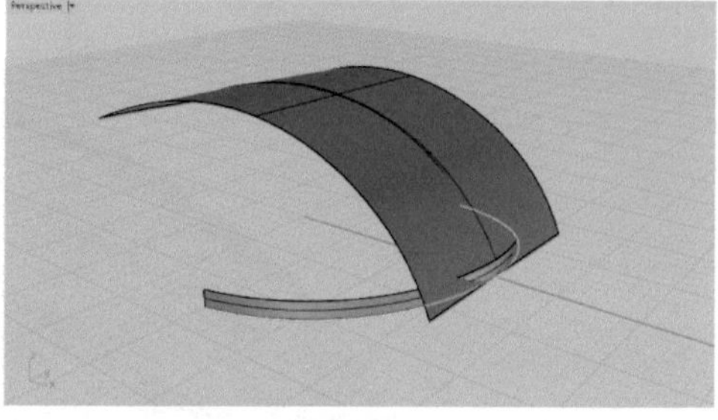
图5-181

04 单击“衔接曲面”按钮，单击上面曲面的边缘，再单击下面曲面用正切衔接，如图5-182、图5-183所示。

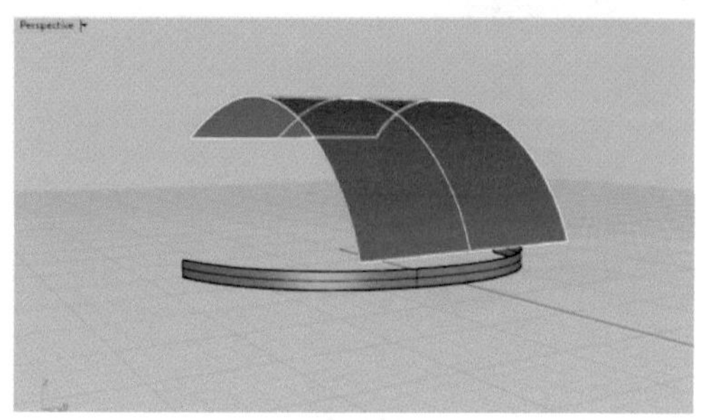
图5-182

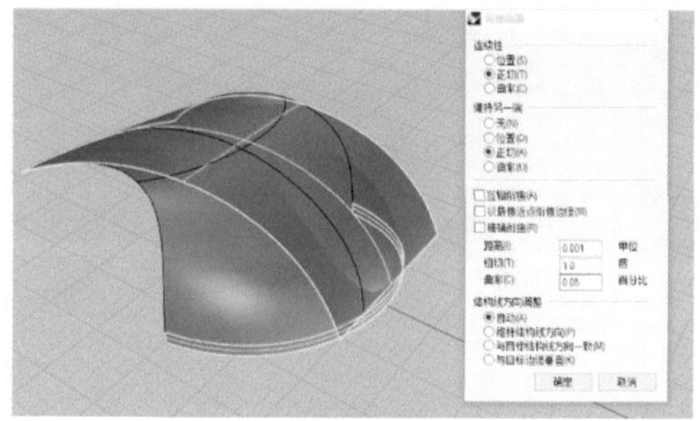
图5-183

05 衔接完成后，选择下面辅助面并删除，如图5-184所示，在“分割”按钮上右击，以结构线分割曲面右边，如图5-185所示。

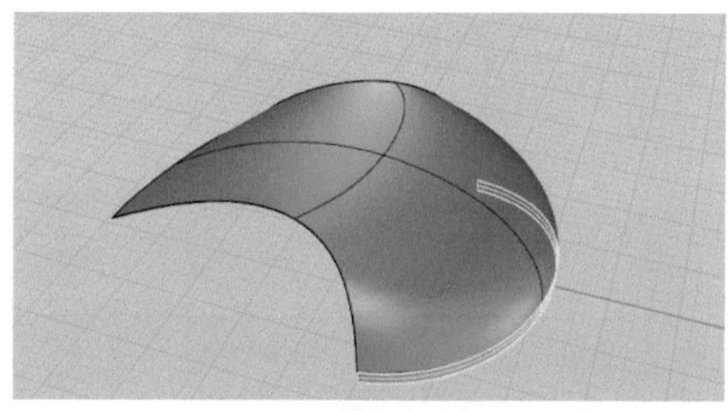
图5-184

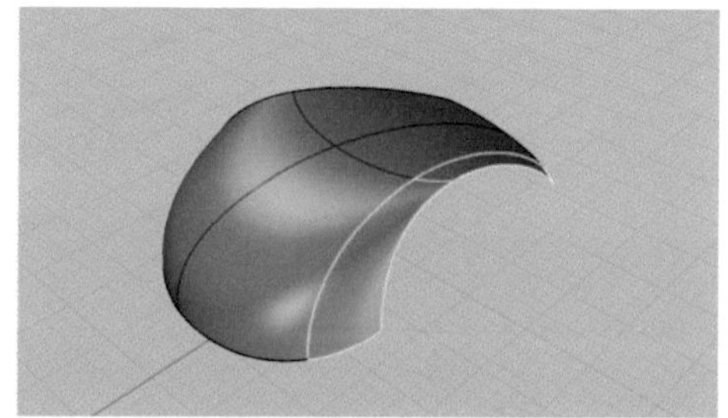
图5-185

5.4.2 减消面绘制

01 用“控制点曲线”按钮画一条曲线，如图5-186所示，再单击“打开点”按钮，调整图5-187所示的形态。

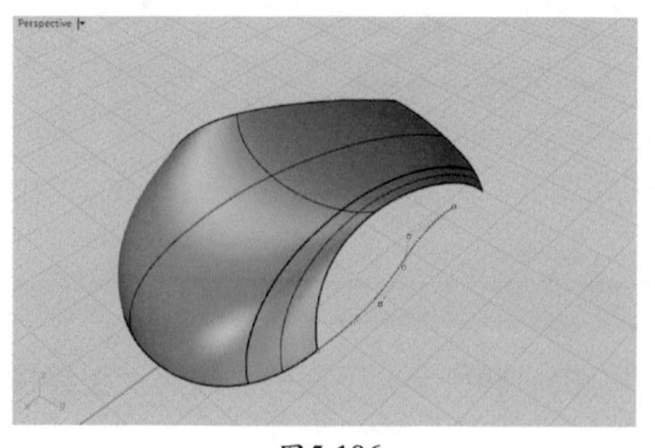
图5-186

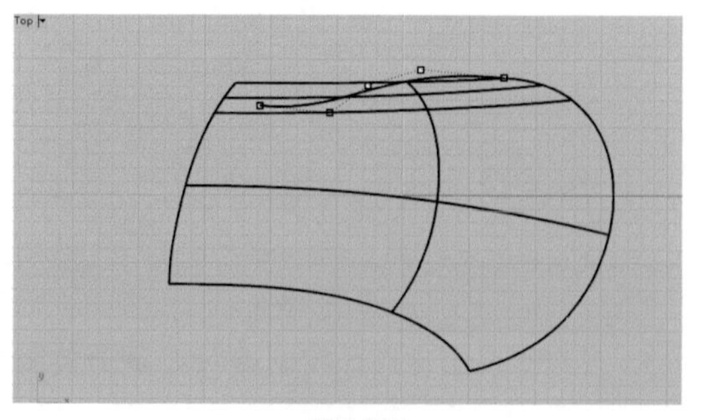
图5-187

02 单击“衔接曲面”按钮，在弹出的面板里选择“连续性”的选项为“位置”，选择“维持另一端”的选项为“正切”，完成后效果如图5-188、图5-189所示。

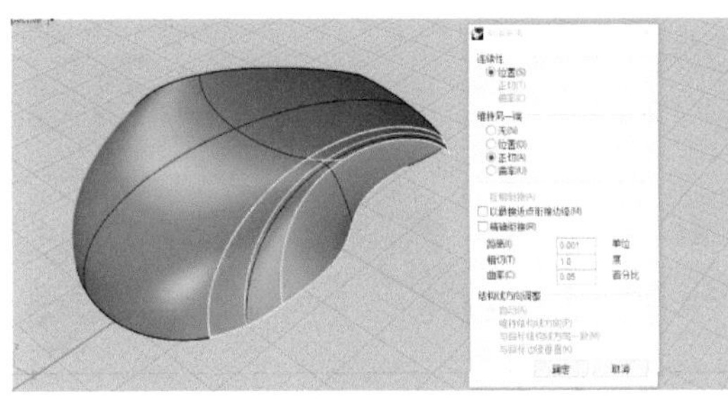

图5-188

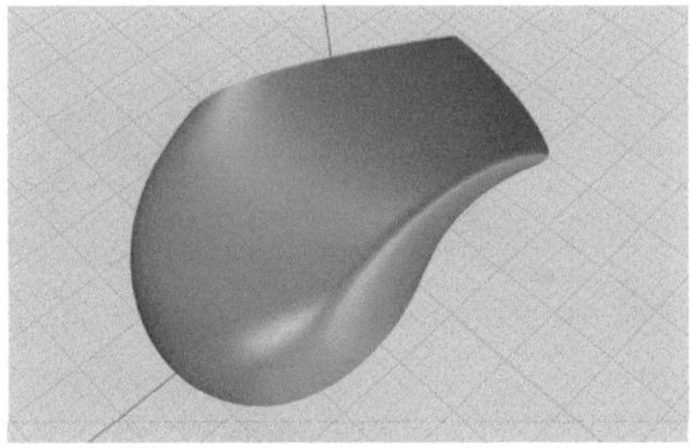

图5-189

03 在“分割”按钮上右击，用结构线分割鼠标左边，如图5-190所示，单击“以缩回修剪曲面”按钮，如图5-191所示。

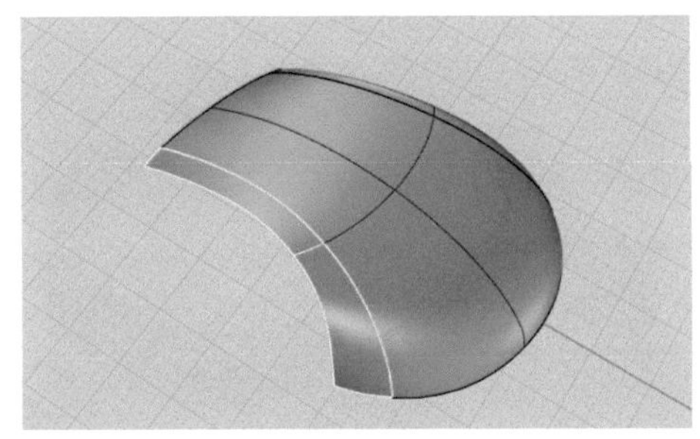

图5-190

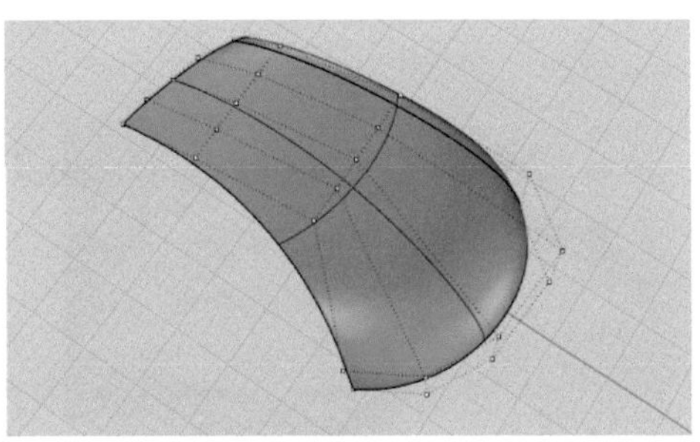

图5-191

04 单击“打开点”按钮调节图5-192所示的形态，用“曲线延伸”按钮画一条曲线，效果如图5-193所示。

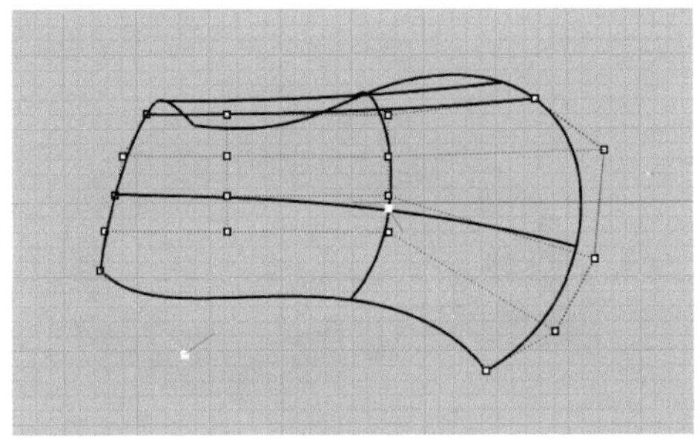

图5-192

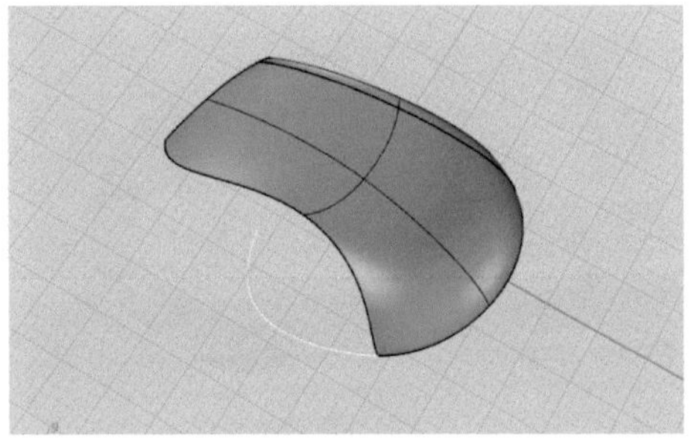

图5-193

5.4.3　减消面与落差面交汇处理

01 画一条直线与弧线相交，如图5-194所示，单击“分割边缘线”按钮分割点，如图5-195所示。

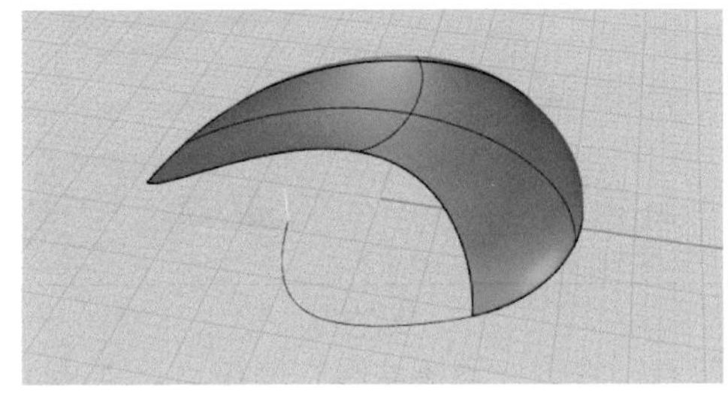

图5-194

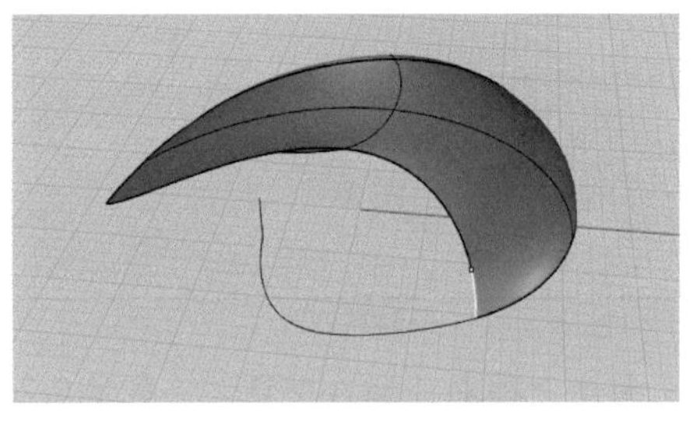

图5-195

02 单击“单轨扫掠”按钮，生成图5-196所示的曲面，再用“控制点曲线”按钮画两条相交曲线，如图5-197所示。

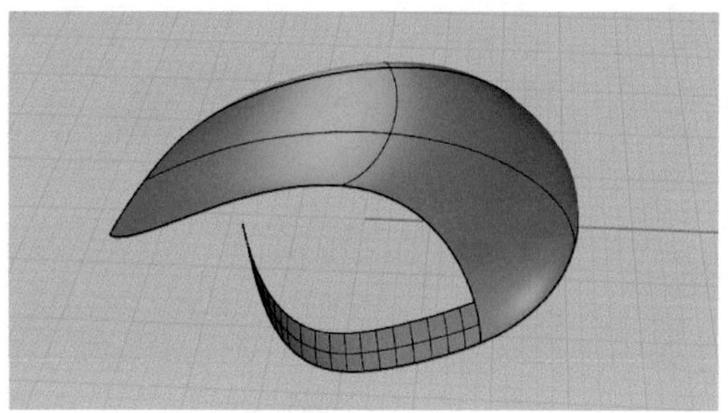

图5-196

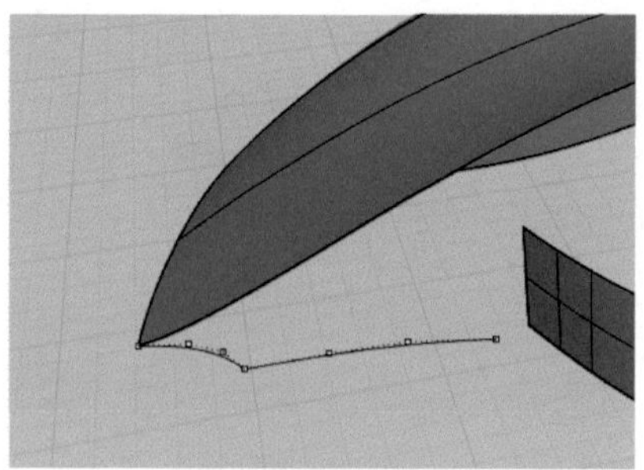

图5-197

03 画一条与上边相交的曲线，如图5-198所示，用此线分割上面的边缘。并单击“以二、三或四个边缘曲线建立曲面”按钮，依次点选4条边缘生成曲面，如图5-199所示。

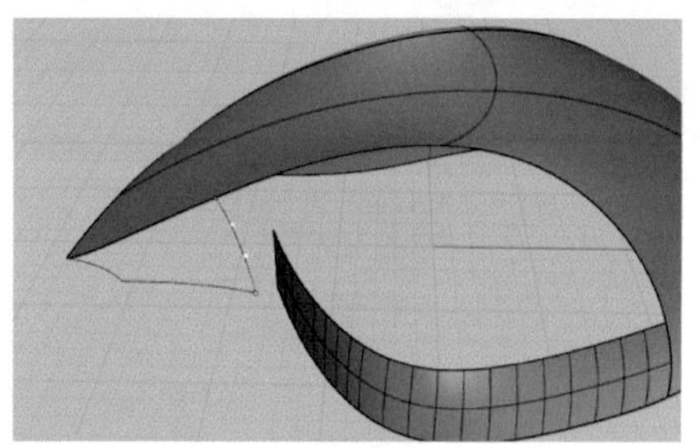

图5-198

图5-199

04 在“分割”按钮上右击，以结构线分割，如图5-200所示，图5-201的面也用同样的方法分割。

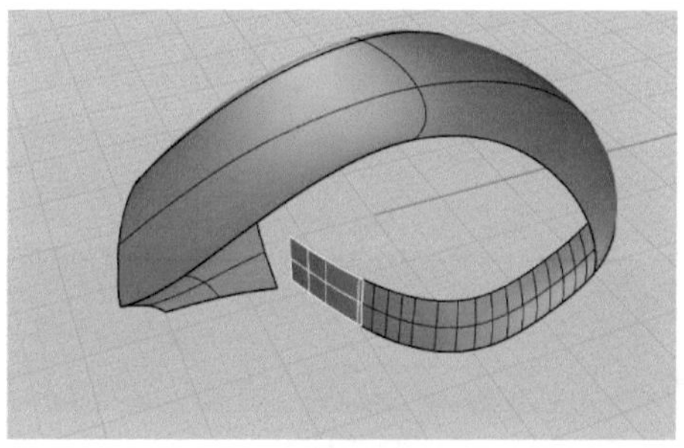

图5-200

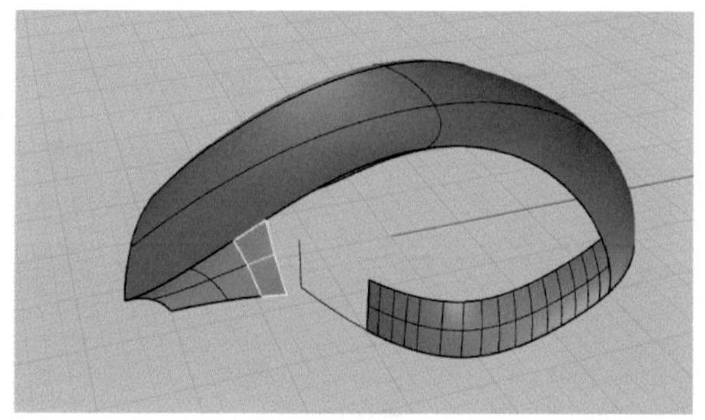

图5-201

05 单击“混接曲面”按钮选择曲率，如图5-202所示，画一条直线，用“投影曲线”按钮投影曲线到侧面上，如图5-203所示。

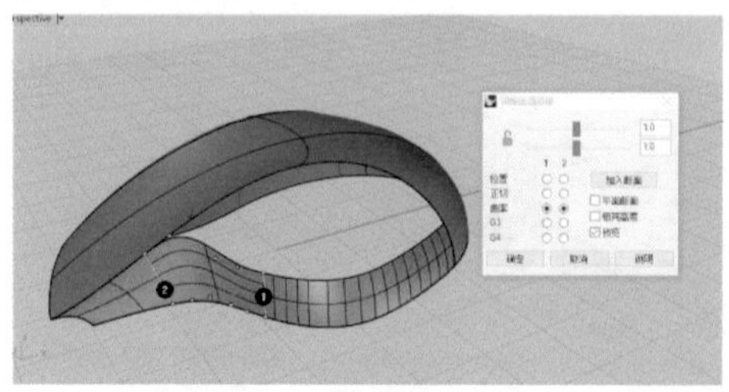

图5-202

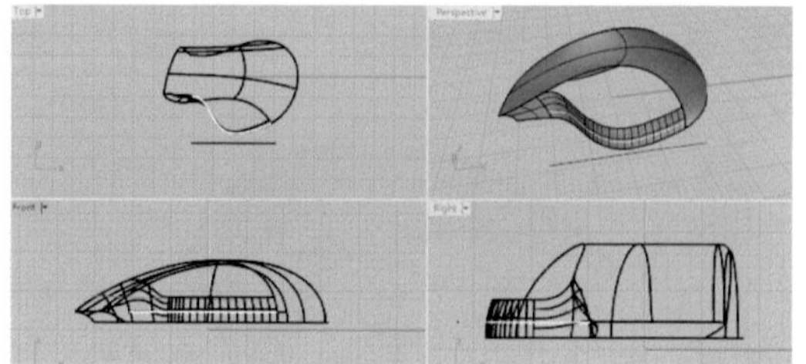

图5-203

06 单击“截断曲线”按钮，如图5-204所示，右击“混接曲线”按钮，连接上边与下边的曲线，并用“修剪”按钮剪掉上面的曲面部分，如图5-205所示。

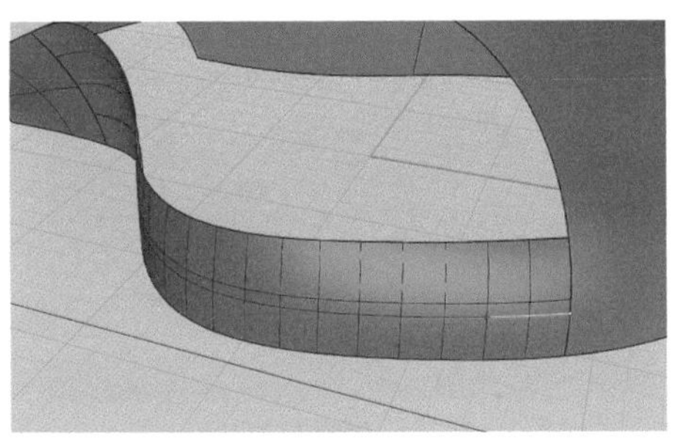

图5-204

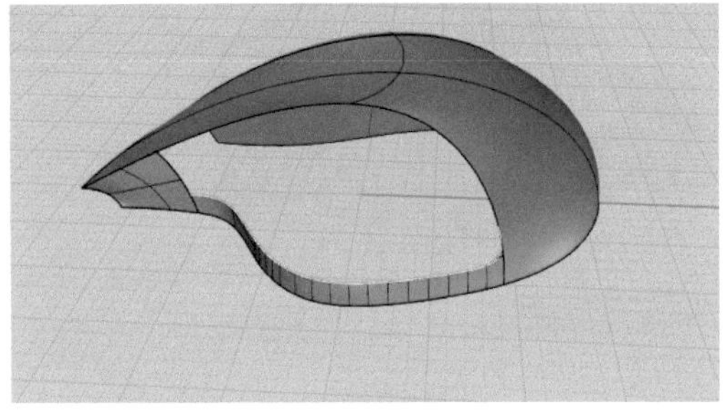

图5-205

07 在曲线上加入点，单击“分割”按钮将曲线分割后效果如图5-206所示，再用“组合”按钮把上面的一条边缘线组合成整体，如图5-207所示。

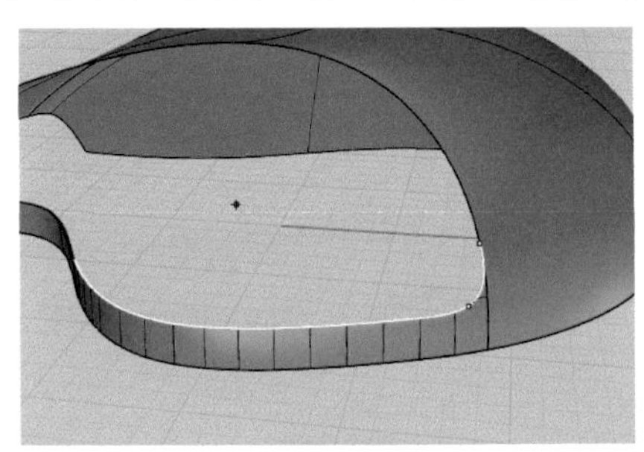

图5-206

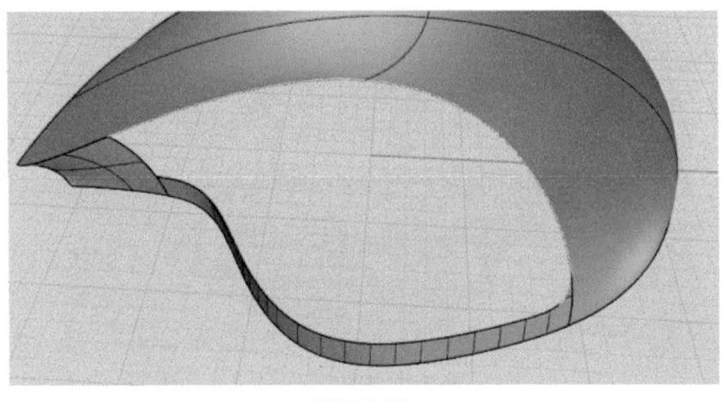

图5-207

08 下面边缘线以同样的方法组合成整体，如图5-208所示。在中间画一条弯曲的曲线与两条曲线相交，如图5-209所示。

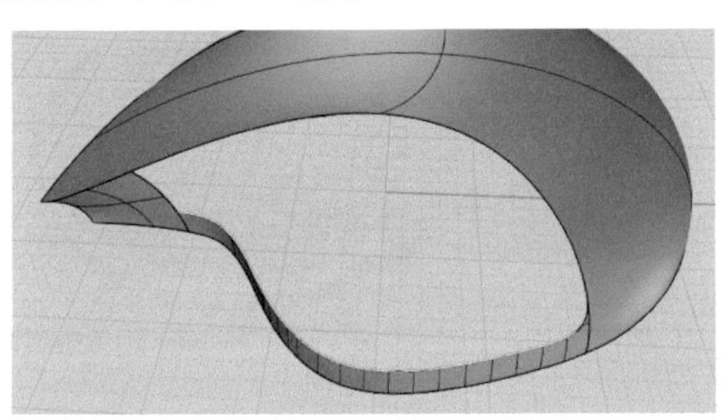

图5-208

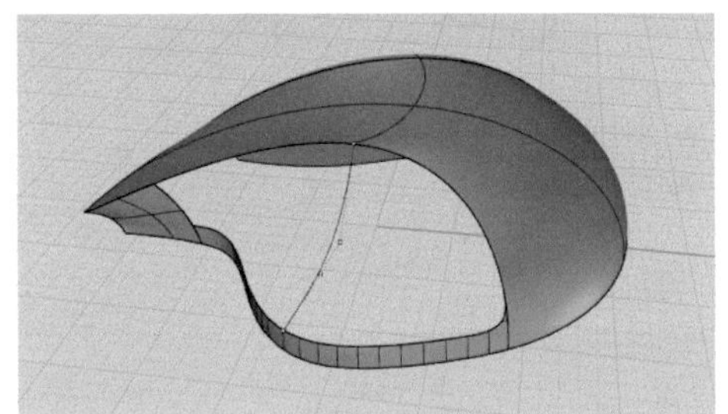

图5-209

09 单击“分割边缘”按钮把线分割成两段，如图5-210所示，在两条曲线相交处加入点，如图5-211所示。

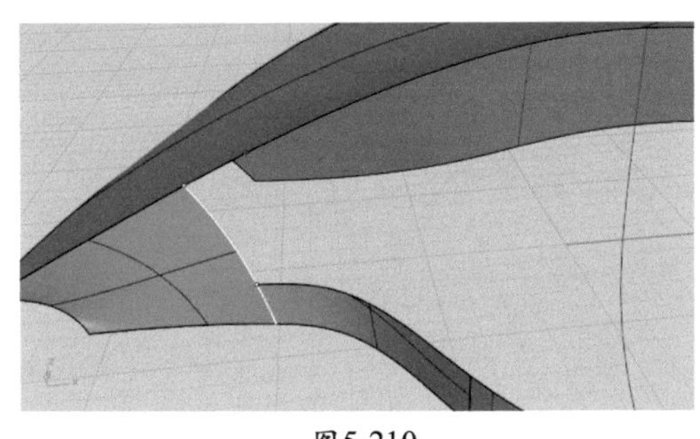

图5-210

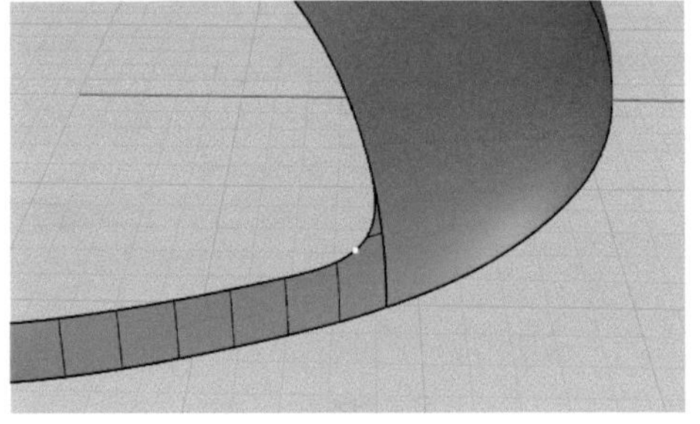

图5-211

10 单击“双轨扫掠”按钮生成中间的面，如图5-212、图5-213所示。

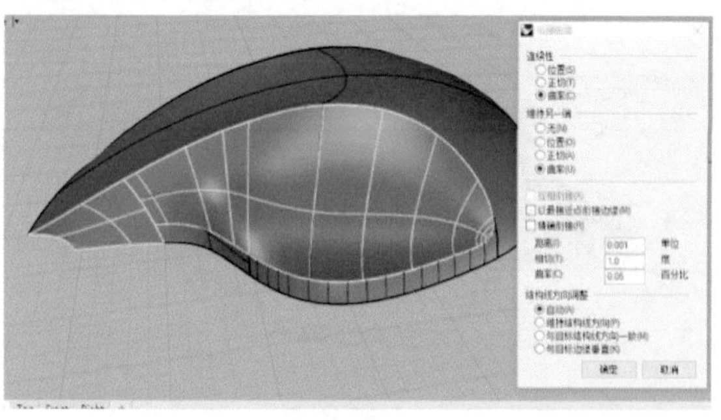

图5-212

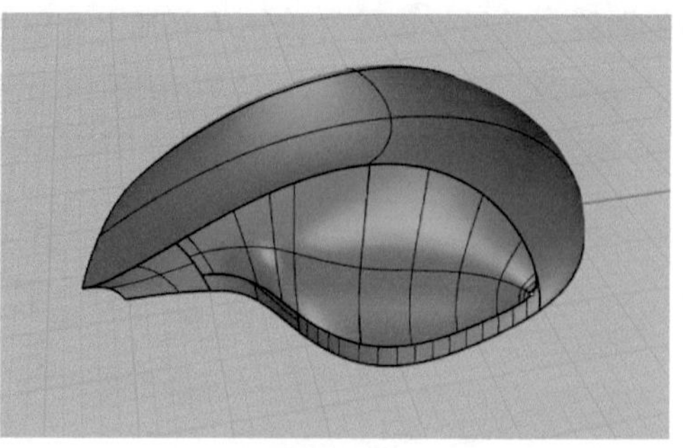

图5-213

11 单击上面的线，用“圆管”按钮生成圆管，如图5-214所示，单击“分割”按钮把上下面进行分割，并删除圆管和分割面，如图5-215所示。

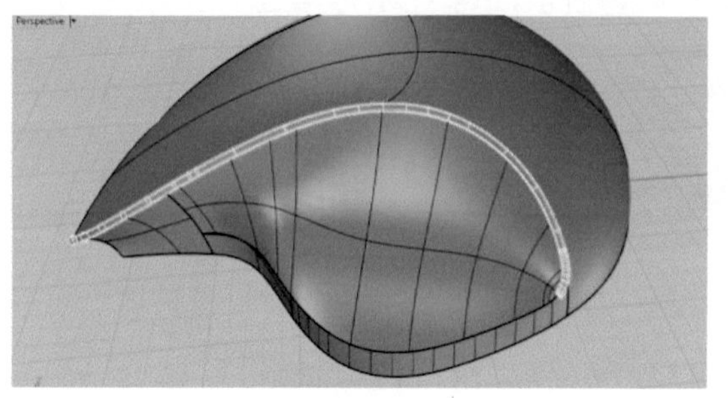

图5-214

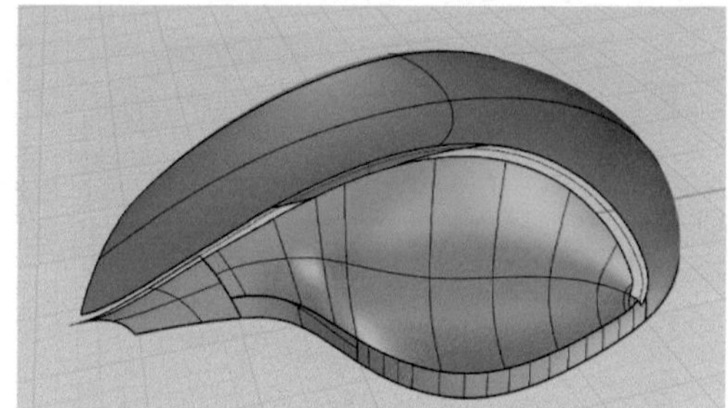

图5-215

12 下面的边缘面也是如上方法制作，完成后的效果如图5-216、图5-217所示。

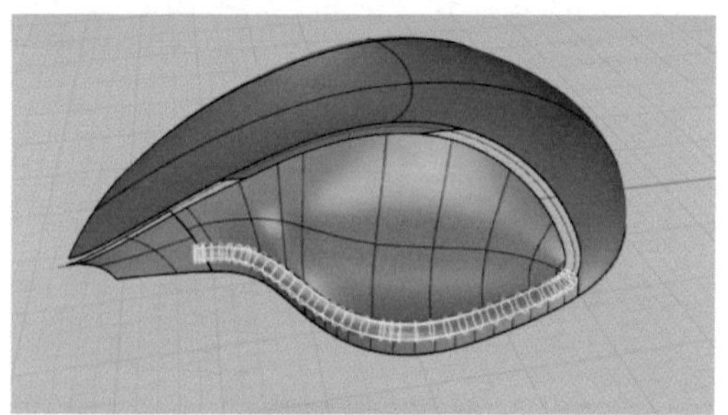

图5-216

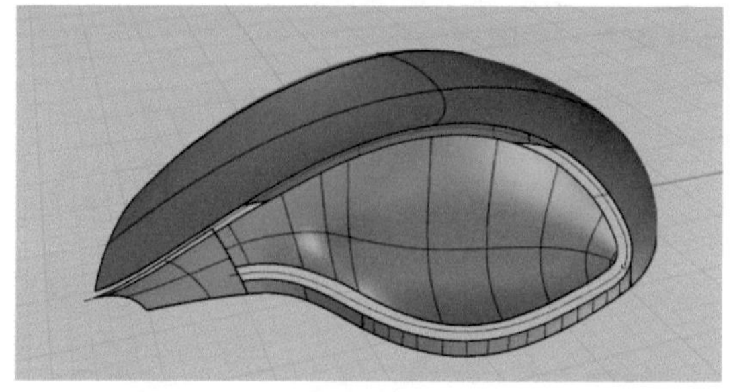

图5-217

13 右击“混接曲线”按钮，如图5-218所示，画5条直线，并用“投影曲线”按钮投影到曲面上，如图5-219所示。

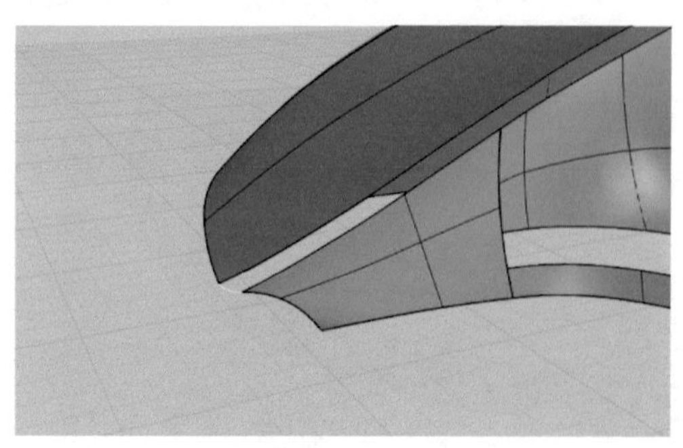

图5-218

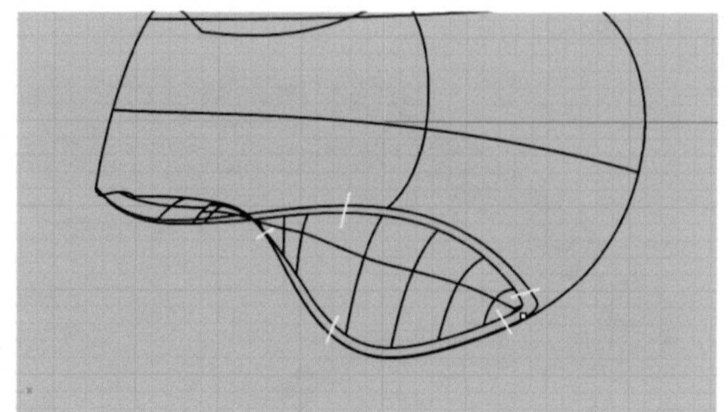

图5-219

14 单击“混接曲线”按钮，依次混接投影的曲线，如图5-220、图5-221所示。

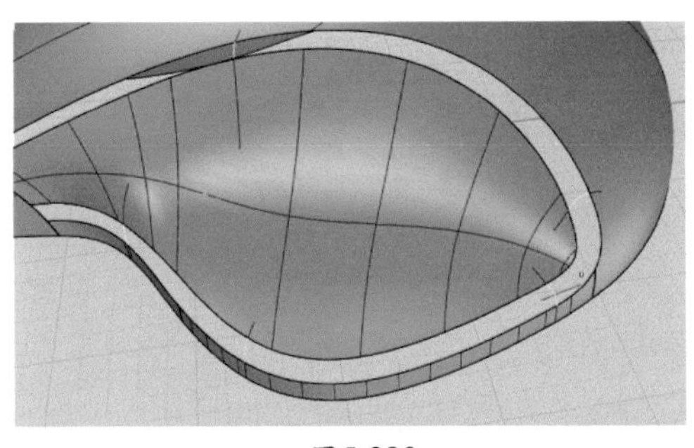
图5-220

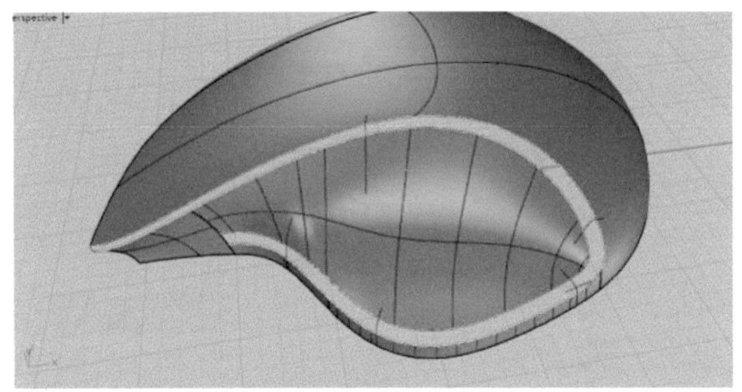
图5-221

15 单击“双轨扫掠”按钮，选择上下两条边缘线作为路径，再依次单击中间的截面线，生成曲面，如图5-222、图5-223所示。

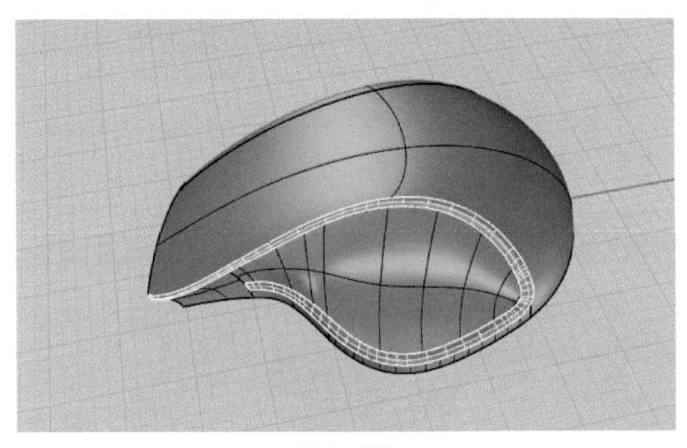
图5-222

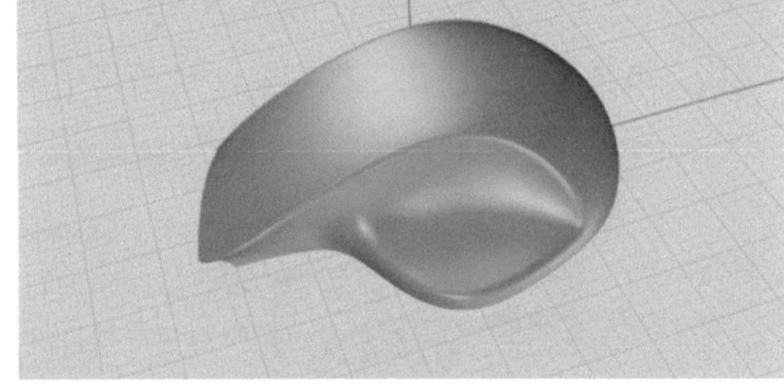
图5-223

16 单击“以平面曲线建立曲面”按钮把底面封上，如图5-224所示，再单击“不等距边缘圆角”按钮对底面进行圆角处理，如图5-225所示。

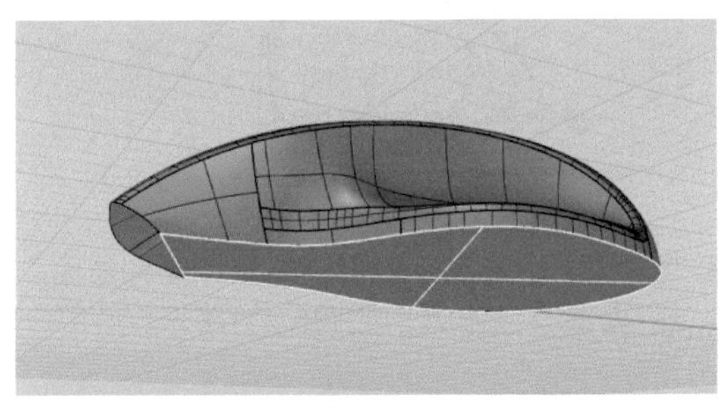
图5-224

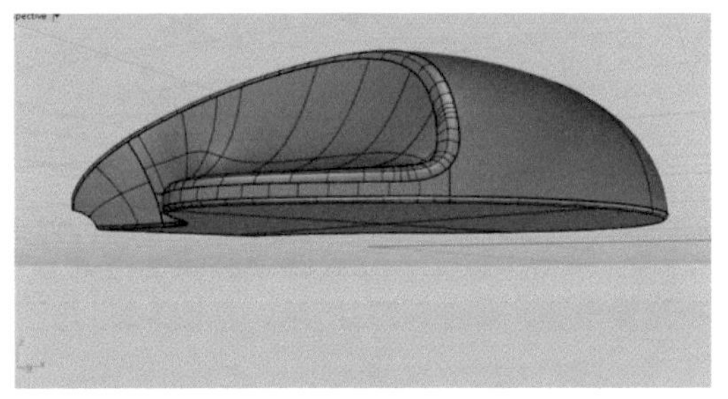
图5-225

17 画一个曲面用来修剪鼠标前面部分，修剪后的效果如图5-226、图5-227所示。

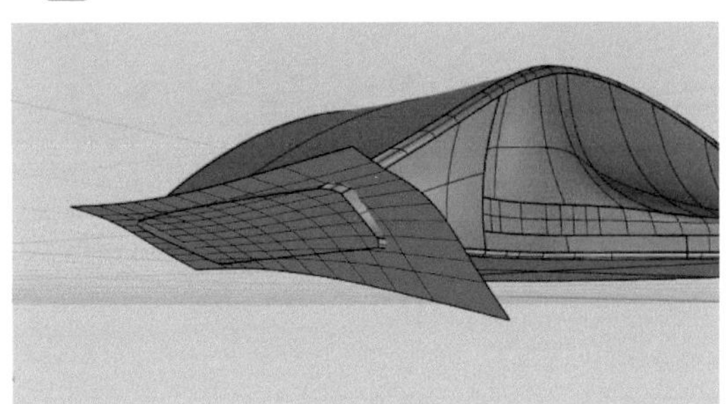
图5-226

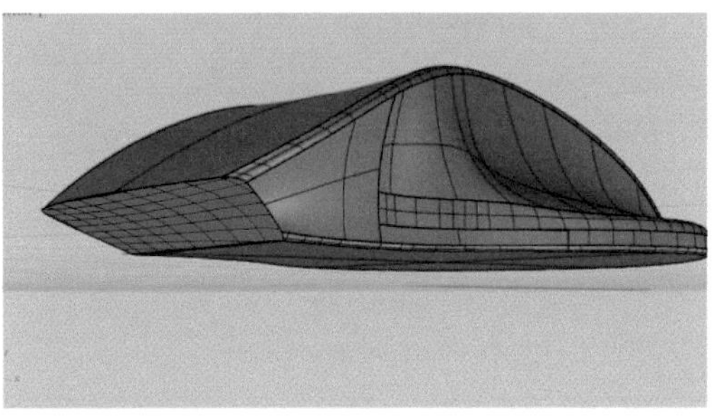
图5-227

18 单击“控制点曲线”按钮，画4条相交的曲线，如图5-228、图5-229所示。

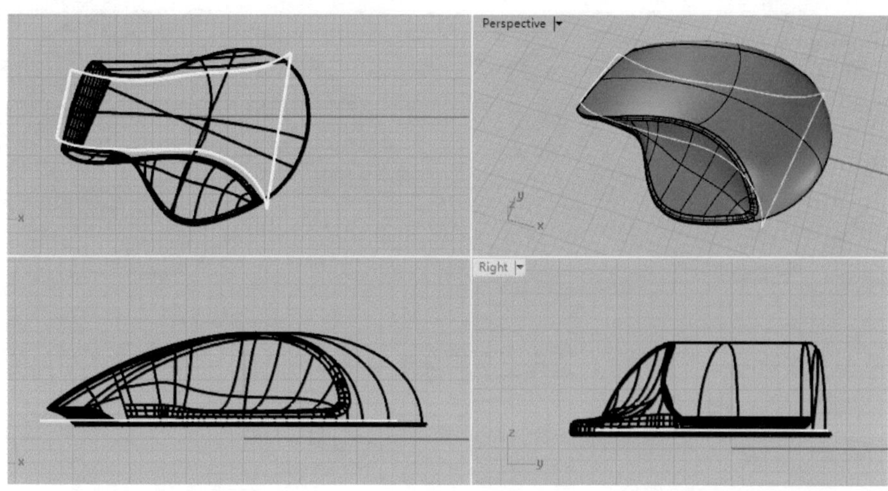
图5-228　　图5-229

19 单击“直线挤出”按钮，挤出其中两条成面，如图5-230、图5-231所示。

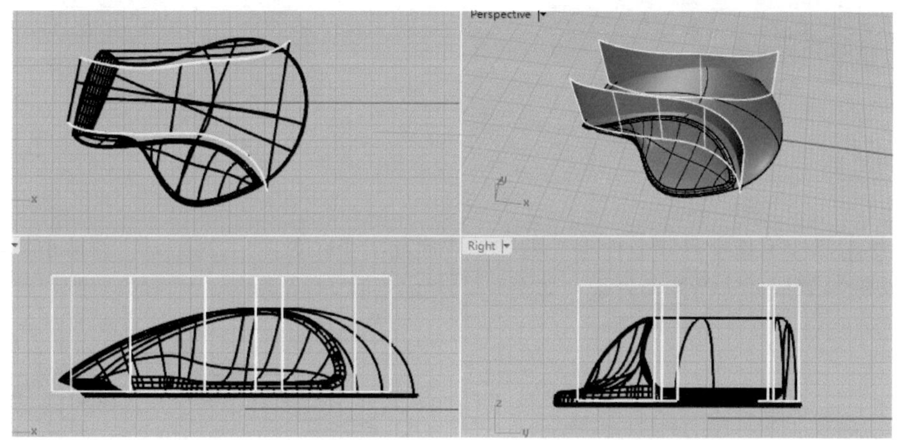
图5-230　　图5-231

20 单击“以二、三或四个边缘曲线建立曲面”按钮生成底下的面，并用“延伸曲面”按钮延伸出去，如图5-232所示，把图5-231与图5-232的面组合成整体，如图5-233所示。

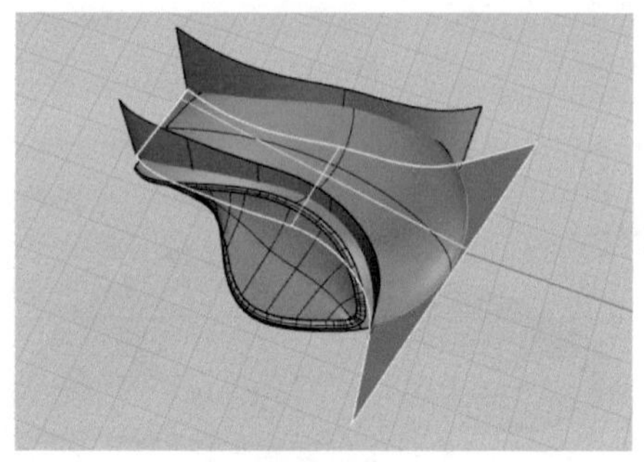
图5-232

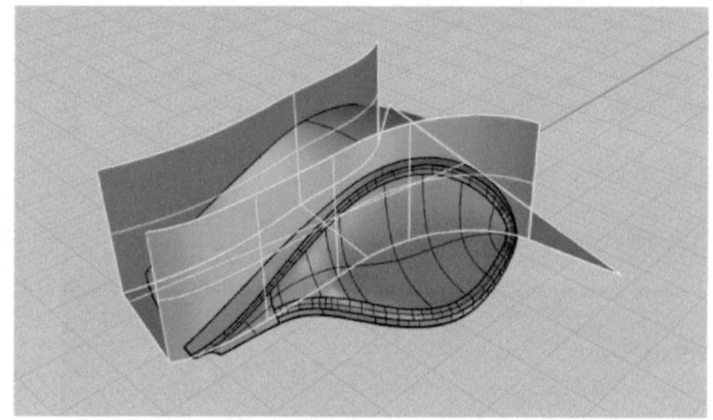
图5-233

5.4.4　按键细节部分处理

01 利用图5-233组合的面，单击“布尔运算分割”按钮，把鼠标的曲面进行分割，并删除不需要的面，如图5-234所示。再用几何曲线画鼠标按键部分，如图5-235所示。

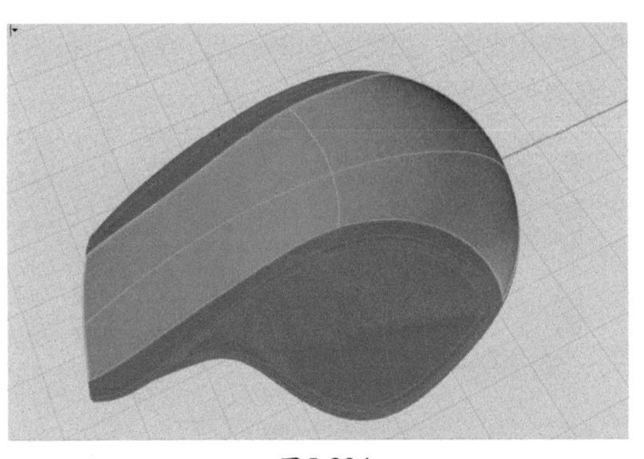

图5-234

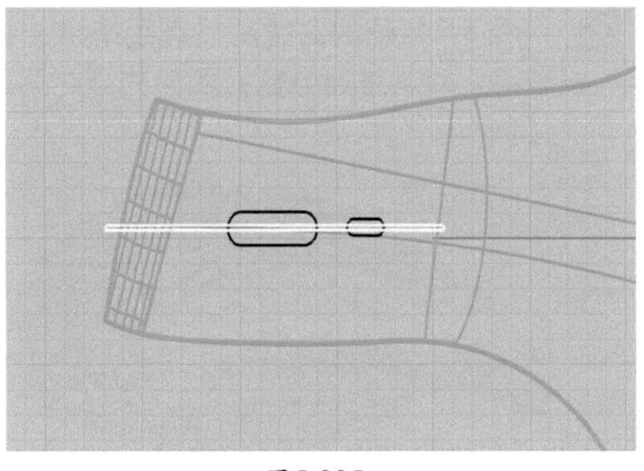

图5-235

02 运用“修剪”按钮剪去相交部分后，如图5-236所示，单击“挤出封闭的平面曲线”按钮挤出成实体，如图5-237所示。

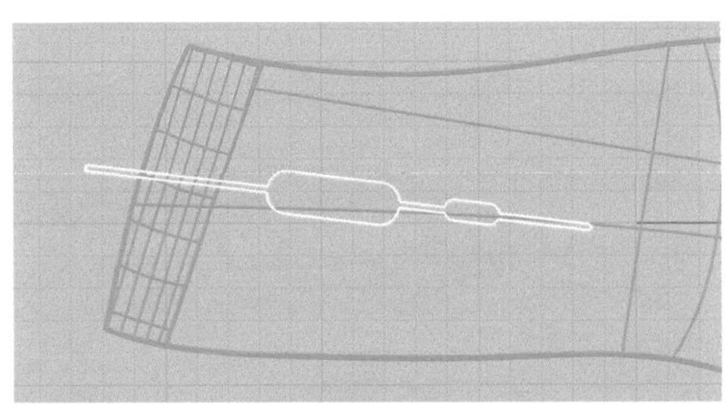

图5-236

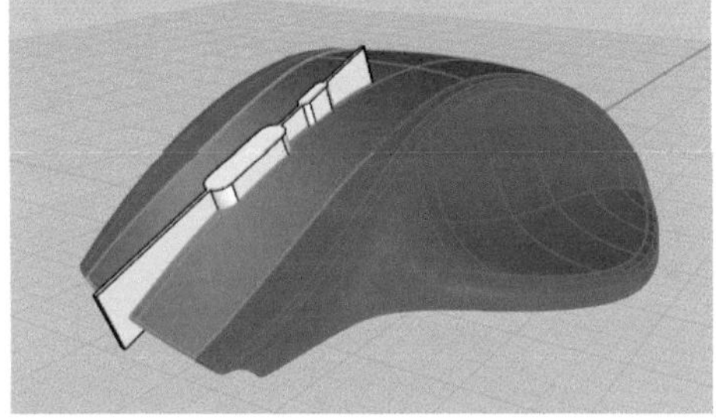

图5-237

03 单击“布尔运算差集”按钮，完成后的效果如图5-238所示，画3个同心圆，中间圆画大点，单击“放样”按钮生成中间面，然后把两边的面封上，如图5-239所示。

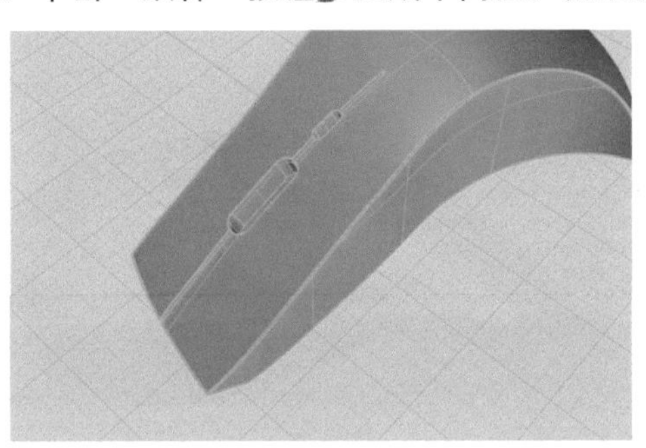

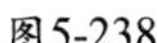

图5-238

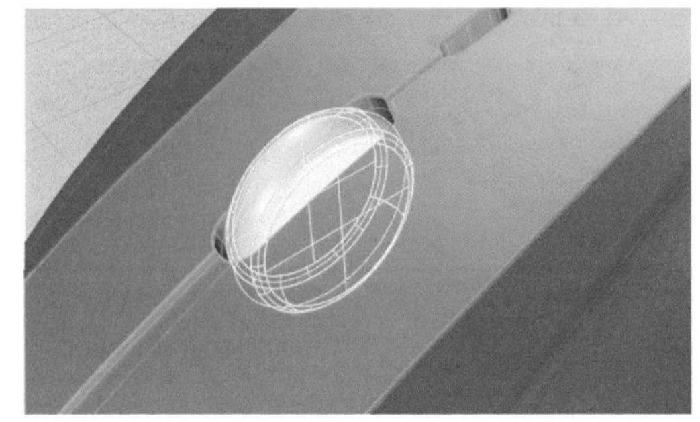

图5-239

04 画一个立方体，单击“环形整列”按钮后，用“布尔运算差集”按钮减去立方体，完成后的效果如图5-240所示，在侧面画一个封闭的曲线，如图5-241所示。

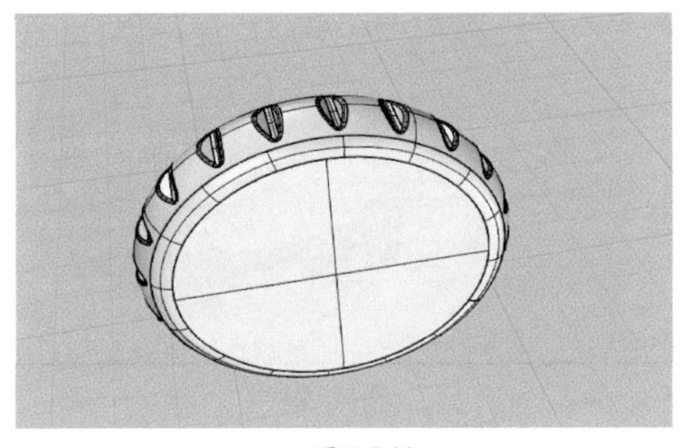

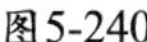

图5-240

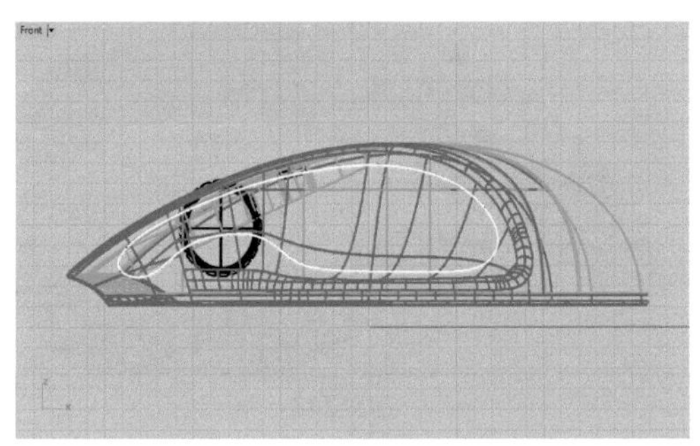

图5-241

05 把图5-241画的曲线用“直线挤出”按钮挤出成面，如图5-242所示，单击“布尔运算分割”按钮，对其进行分割并圆角处理，完成后效果如图5-243所示。

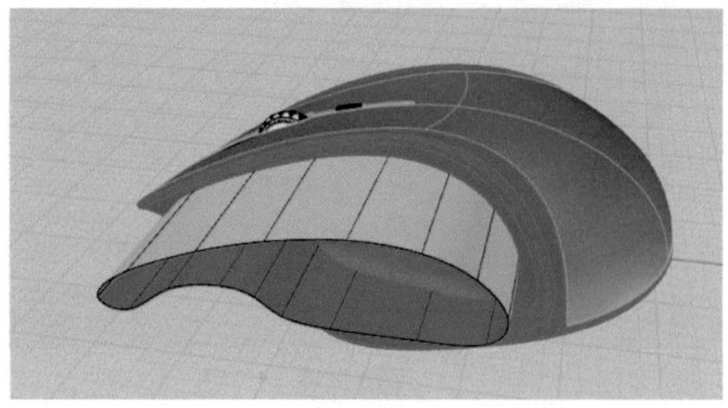
图5-242

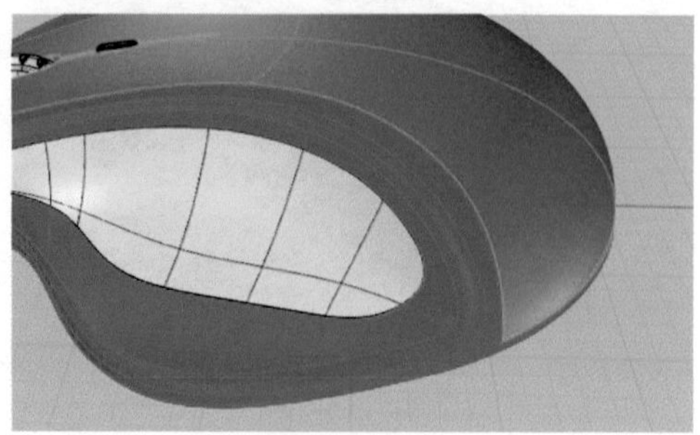
图5-243

06 鼠标侧面的滚轴跟图5-240的步骤一样，完成后的效果如图5-244所示，侧面画一条曲线，用“矩形阵列”按钮阵列5条，如图5-245所示。

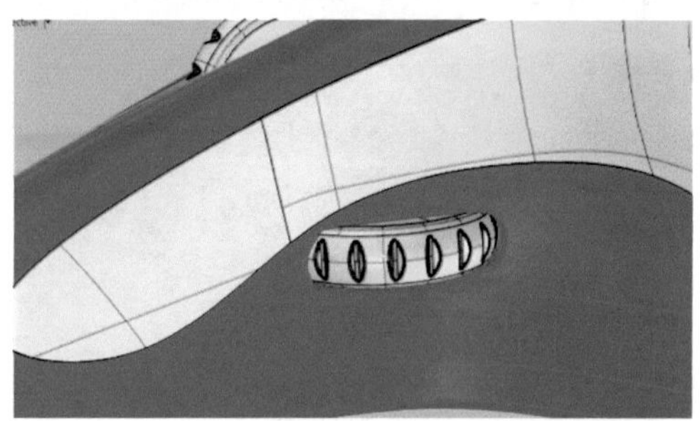
图5-244

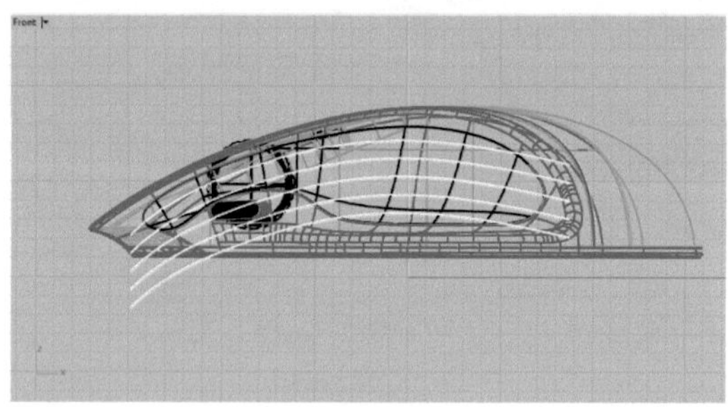
图5-245

07 单击“投影曲线”按钮把曲线投影在侧面上，如图5-246所示。画一个球体，单击球体，用“沿着曲线阵列”按钮阵列多个球体，如图5-247所示。

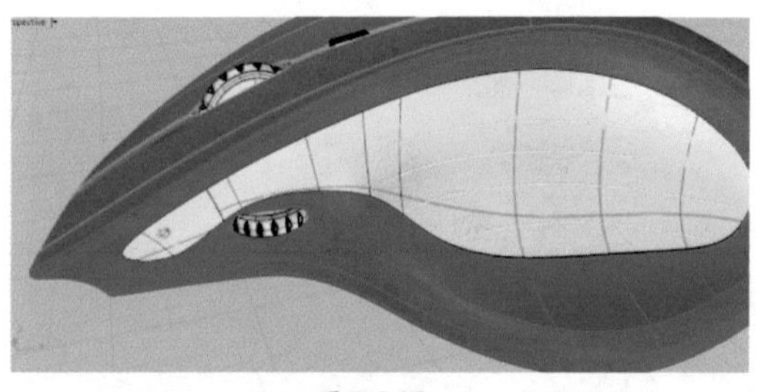
图5-246

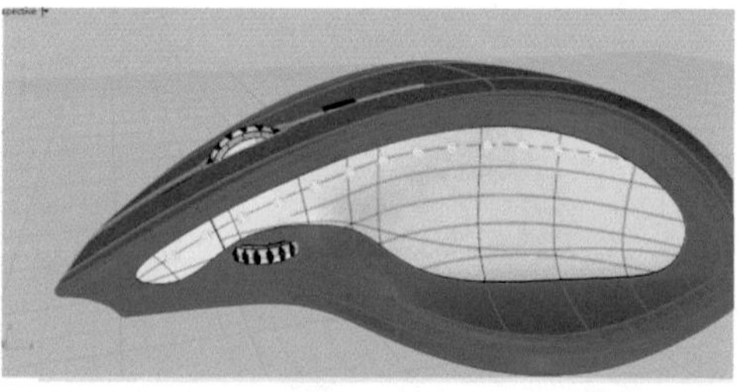
图5-247

08 用同样的方法做下面的球体并阵列，如图5-248所示。单击“布尔运算差集”按钮减去球体，如图5-249所示。

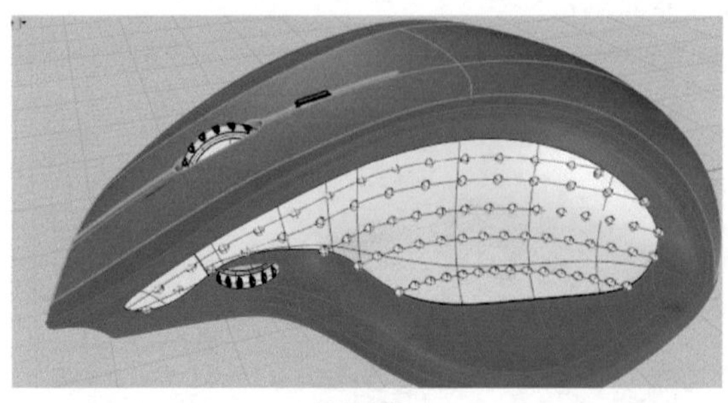
图5-248

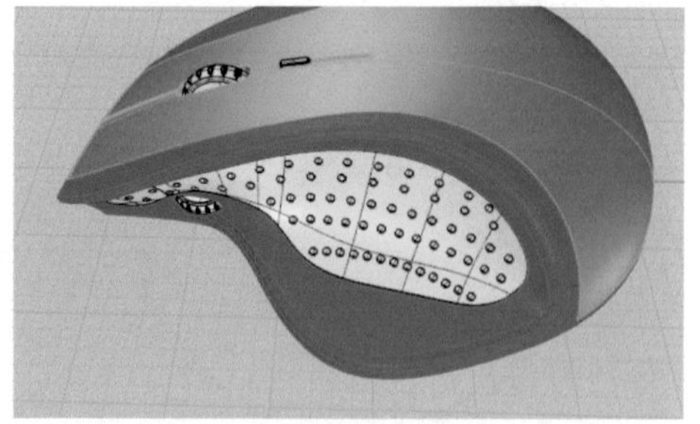
图5-249

09 用立方体作侧面的按钮，完成后圆角处理如图5-250、图5-251所示。

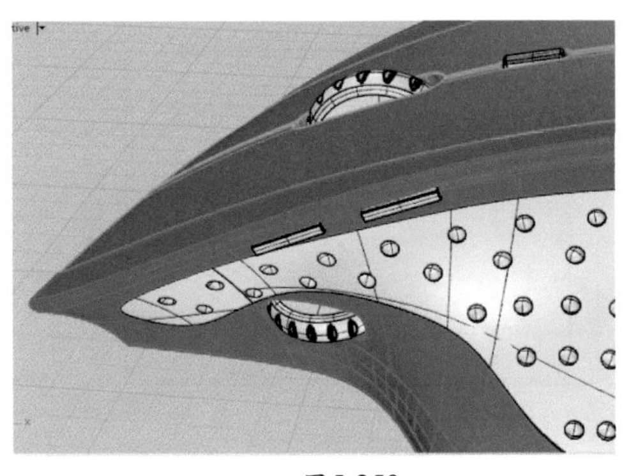

图5-250

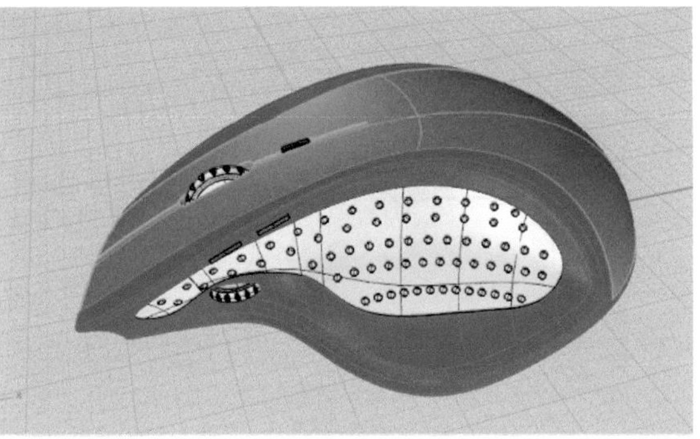

图5-251

10 全部完成后的鼠标效果如图5-252、图5-253所示。

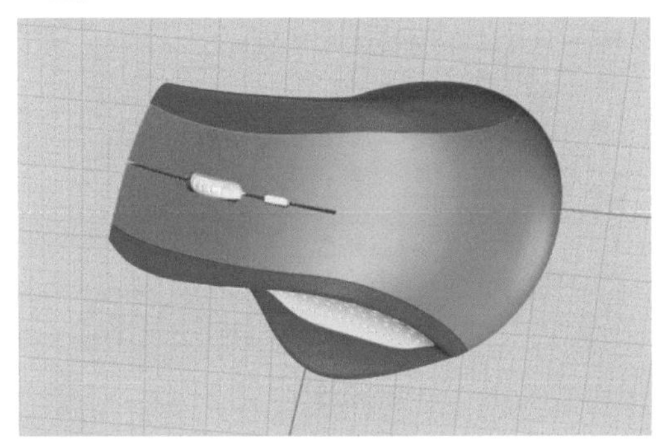

图5-252

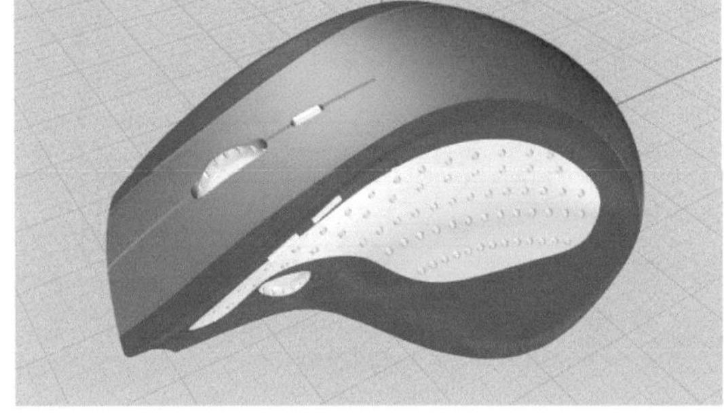

图5-253

5.5 导出平面工程图设置——电热水壶

01 单击“新增图纸配置”按钮，如图5-254所示，设置A3大小的图纸，设置“宽度”为297mm、“高度”为420mm、“起始子视图数”为4，设置如图5-255所示。

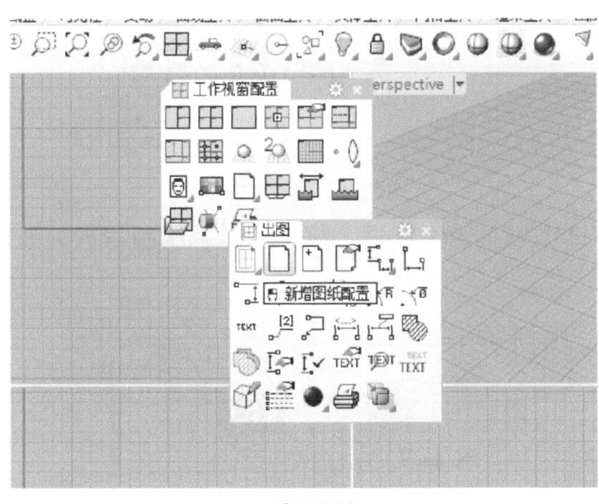

图5-254

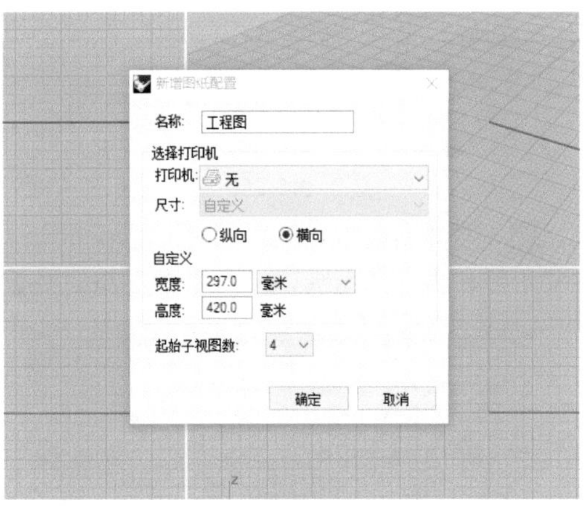

图5-255

02 确定图纸配置后如图256所示，用“矩形”按钮画框，最后完成效果如图5-257所示。

图5-256

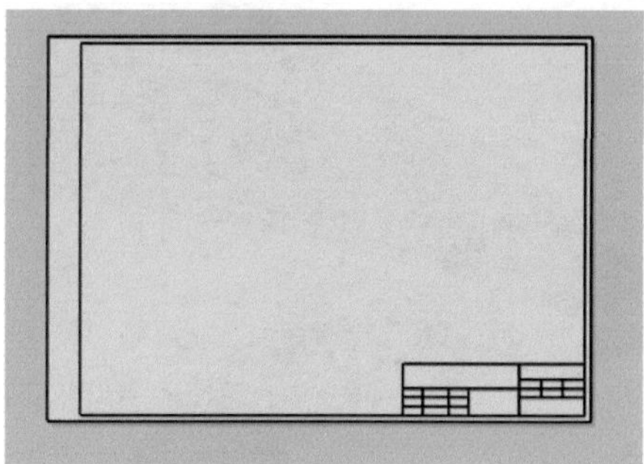

图5-257

03 单击“文字”按钮输入文字，如图5-258所示，把中间的4个框删掉，最后完成效果如图5-259所示。单击“保存文件”按钮，可以作为工程图模板用。

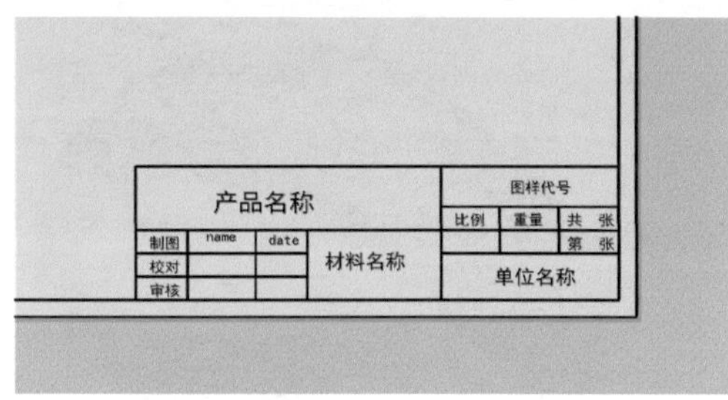

图5-258

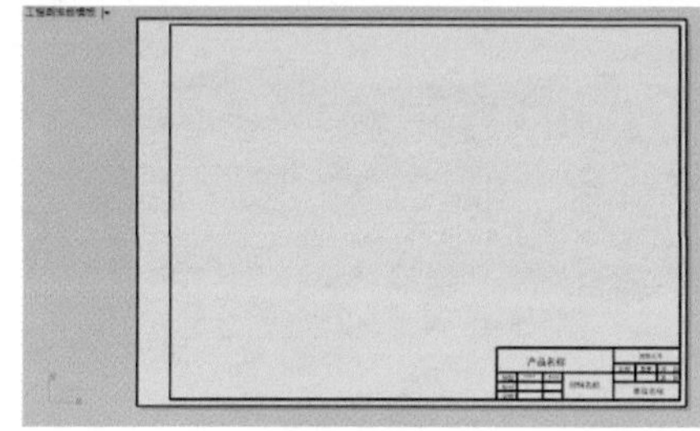

图5-259

04 打开一个建模好的文件，单击“新增图纸配置”按钮，选择“横向”、设置“起始子视图数”为4，如图5-260所示，完成后的效果如图5-261所示。

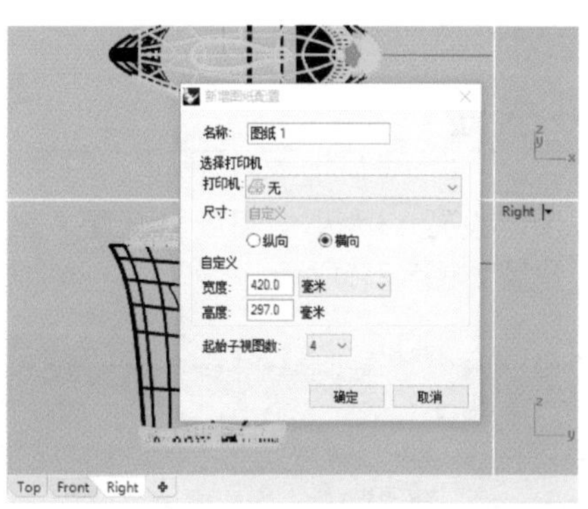

图5-260

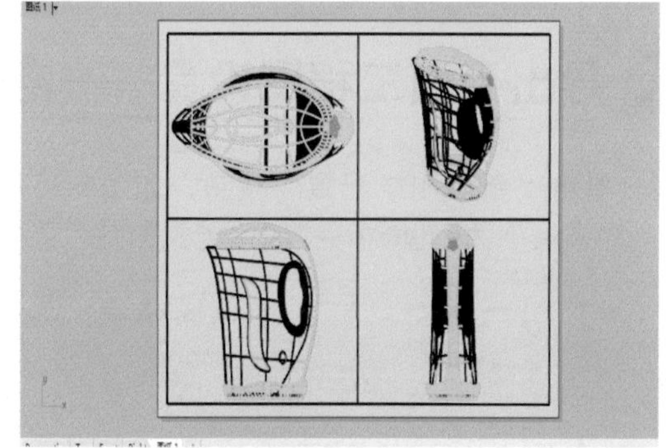

图5-261

05 在缩略图下方单击加号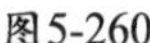，选择导入图纸配置，把之前做的模板导入，如图5-262所示，再选择图纸1上的4个图复制到模板上，如图5-263所示。

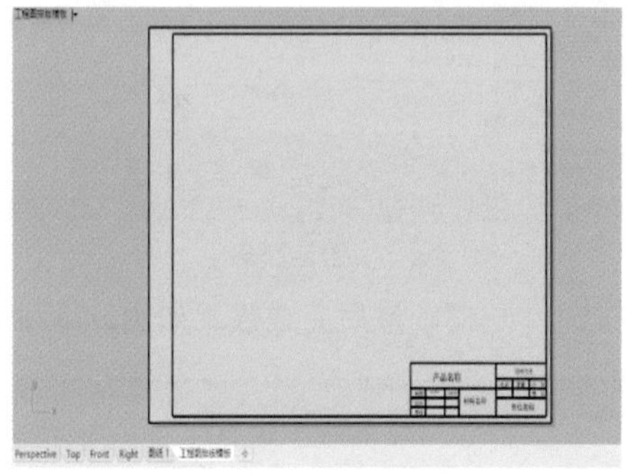

图5-262

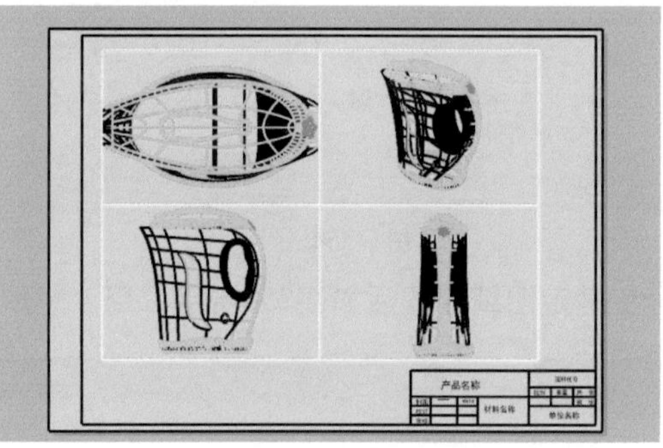

图5-263

06　在“工具-Rhino选项-文件”属性里面设置好单位为“毫米”，如图5-264所示，单击尺寸标注用来标注模型尺寸，如图5-265所示。

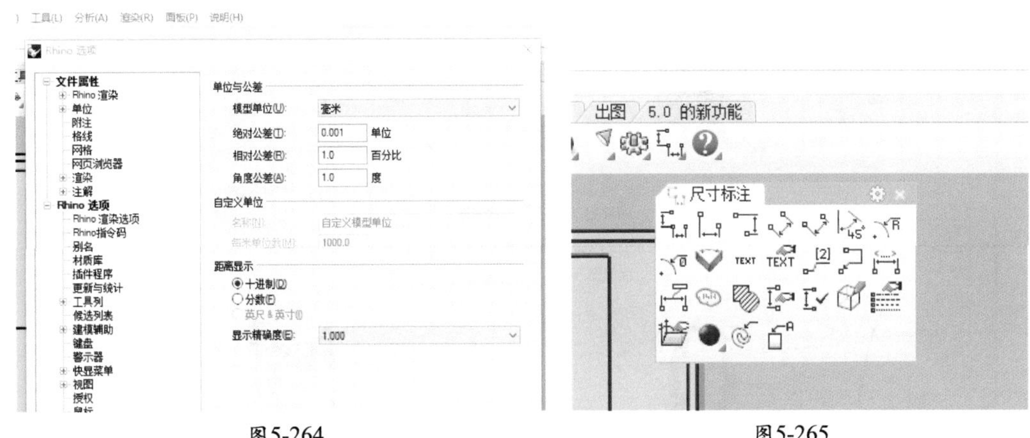

图5-264　　　　图5-265

07　先调节好模型大小，再用标注工具标注尺寸，如图5-266所示，在4个视图中输入图纸名称，如图5-267所示。

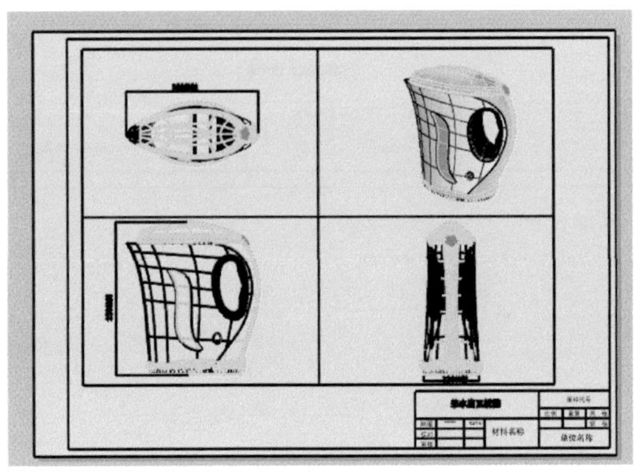

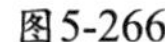

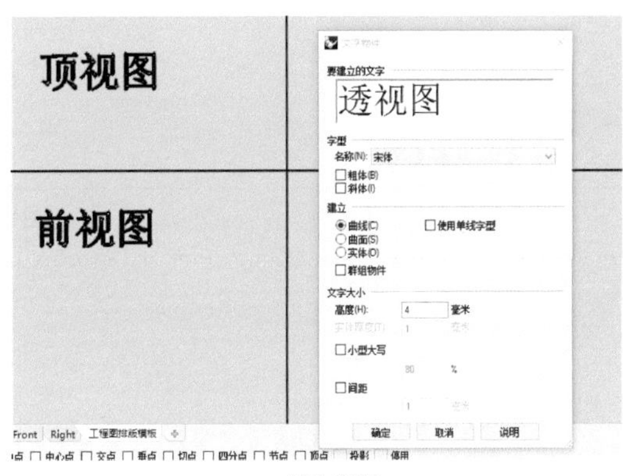

图5-266　　　　图5-267

08　单击“打印”按钮，选择图片文件格式JPG，视图与缩放比选择最大范围，如图5-268所示，在线行与线宽中将“预设线宽”改为0.3，可以把图纸中线改粗，如图5-269所示。

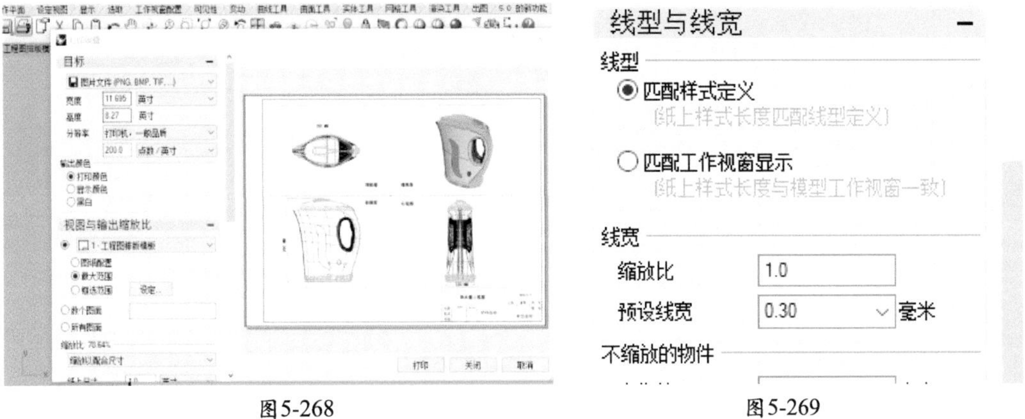

图5-268　　　　图5-269

09　最后设置完单击“打印”命令保存JPG格式图片，导出图片，如图5-270所示。

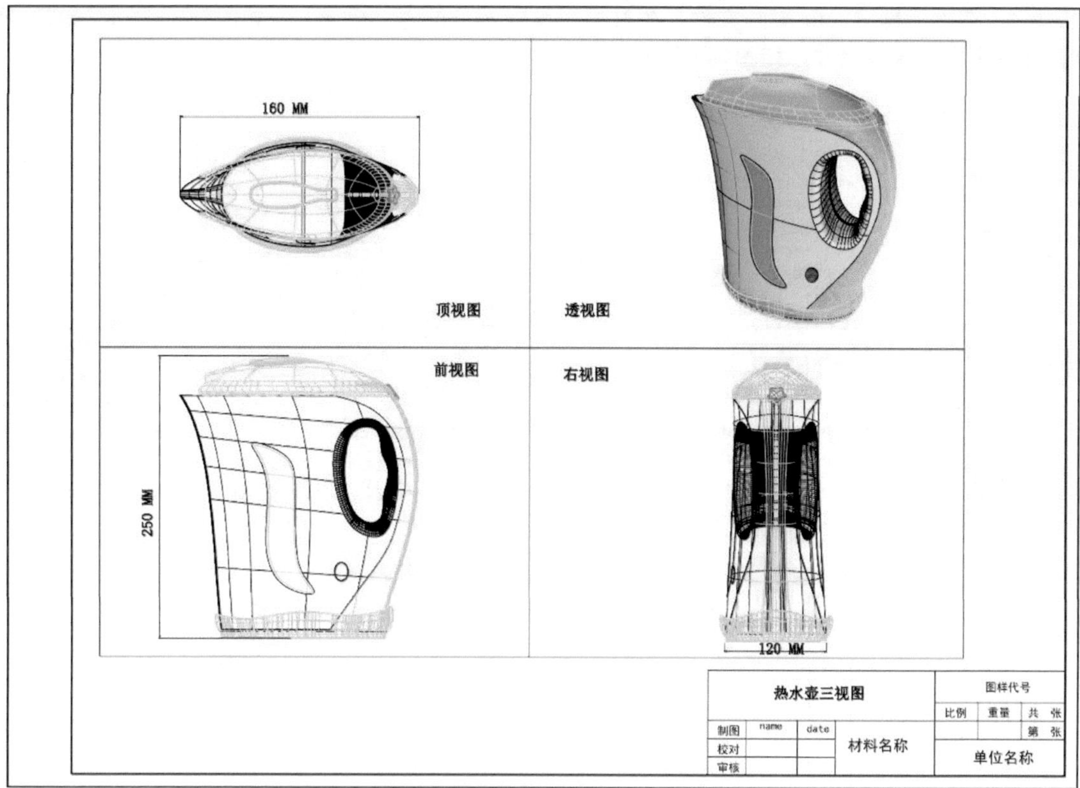
160 MM
顶视图
透视图
前视图
右视图
250 MM
120 MM
热水壶三视图
图样代号
比例
重量
共 张
第 张
制图
name
date
校对
审核
材料名称
单位名称

图5-270

第6章 渲染一种出彩的艺术——KeyShot 6.0渲染器

6.1 KeyShot概述

随着计算机软、硬件技术的飞速发展，计算机辅助产品造型设计技术得到了很好的普及应用。目前，在产品设计领域内使用的三维设计软件种类繁多，例如Rhino 3D、Pro/Engineer、3ds Max、UG 等。但在产品造型设计上，任何一款软件很难同时满足既能实现产品准确的三维建模，又能真实快速地进行效果渲染两方面的要求。而Rhino 3D强大精确的建模功能与KeyShot快速逼真的渲染能力结合使用，却能够方便、圆满地解决这一问题，如图6-1所示。

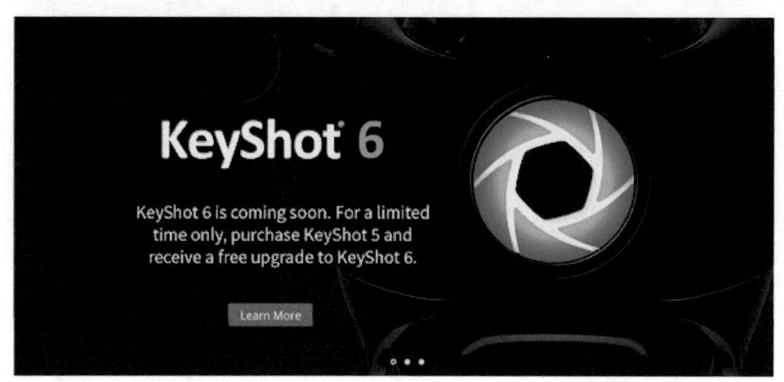

图6-1

KeyShot 意为“The Key to Amazing Shots”，是一个互动性的光线追踪与全域光渲染程序。无需复杂的设定即可产生相片般真实的 3D 渲染影像，大大提高了制图的效率和作图的效果。KeyShot为3D数据设计的、基于CPU独立的3D渲染和动画系统。它被设计成来进行复杂逼真图片的渲染软件。KeyShot是为设计师、工程师、全球范围的CG专家提供的，用于简单和快速地创建逼真的图片和3D动画模型。

在产品开发过程中，KeyShot用于制定设计决策和为客户快速创建设计效果图，同时这些照片级的渲染图也普遍应用产品的制造与营销环节。因此 KeyShot也在众多渲染软件中独领风骚，迅速成为目前最受产品设计公司欢迎的渲染软件。

在产品设计领域，利用Rhino强大精确的建模能力， 结合KeyShot快速逼真的渲染能力，能够准确实现设计师的想法，并能够快速提高产品设计效率。目前，两种软件的配合使用已经受到越来越多产品设计师的欢迎，同时也成为产品设计公司所推崇的三维设计软件组合。

KeyShot四大优势

- 简单

导入模型数据，在KeyShot中已经有调配好的材质和环境，只需把材质拖放到模型上，调整照明和材质参数，简单的几个步骤就可以完成照片级的渲染效果图，不需要任何专业背景都能够完成。

- 快速

KeyShot中分配材质完成后，就可以看到材质、照明和相机的所有变化，在界操作区就可以即时看到渲染完成后的效果，如图6-2所示。

- 神奇

KeyShot使用科学准确的材质和现实生活中的灯光，可以为3D数据提供最精确的图像。在几秒中的时间里，结合3D场景你会创建非常神奇的效果。

- 迅速动画

提供一个快速容易的创建动画平台，可以提供旋转、平移等简单的动画，可以作为产品的演示动画。

图6-2

6.2 KeyShot 6.0 界面介绍

下面分别介绍KeyShot 6.0界面各项主要功能，如图6-3所示。

图6-3

6.2.1　导入

建模好的3D模型文件，可以通过“导入”按钮把文件导入工作区。

KeyShot导入模型如图6-4所示。

图6-4

选择文件进行导入时，“KeyShot导入”对话框将出现，以下选项可用：

1. 位置

（1）几何中心

勾选该选项时，“几何中心”将导入模型并将模型放到环境的正中心，选定几何中心时，模型的原始3D坐标将被删除，如果不选定，模型将被放到最初创建它的3D空间的相同位置。

（2）贴合地面

勾选该选项时，“贴合地面”将导入模型，并将模型直接定位到地面上，这也将删除模型的原始3D坐标信息。

（3） 保持原始状态

勾选该选项时，“保持原始状态”将导入模型，并保留与原始起点有关的模型的位置。

2. 向上

不是所有的建模软件都以相同的方式定义向上轴的，可能需要根据自己的应用程序设置不同的方向，而不是默认的“Y向上”设置，尽管KeyShot可以识别3D建模软件的向上方向，但你的模型可能是以不同的方向构建的。

3. 环境和相机

（1）调整相机来查看几何图形

勾选此选项时，相机将居中以适应场景里导入的几何图形。

（2）调整环境来适应几何图形

勾选此选项时，环境将调整大小以适应场景里导入的几何图形。

4. 导入第二模型

当某个模型已经载入到场景里，又选择导入另一个模型，或者拖放模型到实时视图中时，导入对话框参数将略发生变化，会看到如下3个可用的选项。

（1）添加到场景

勾选此选项时，会将你的模型添加到现有场景里。

（2）新建几何图形

勾选此选项时，将会用新导入的几何图形替换掉原来的几何图形。

（3）更新几何图形

勾选此选项时，新添加的几何图形将更新已有的几何图形，如果部件名称匹配，将会替换掉原来的几何图形。

6.2.2 库

单击“库”按钮，主要包含材质库、颜色库、环境库、背景库、纹理库等，方便我们快速选择软件预设好的来使用，如图6-5所示。用户在进行产品渲染时根据需要把设定好的材质、照明环境、背景拖入到工作区即可。

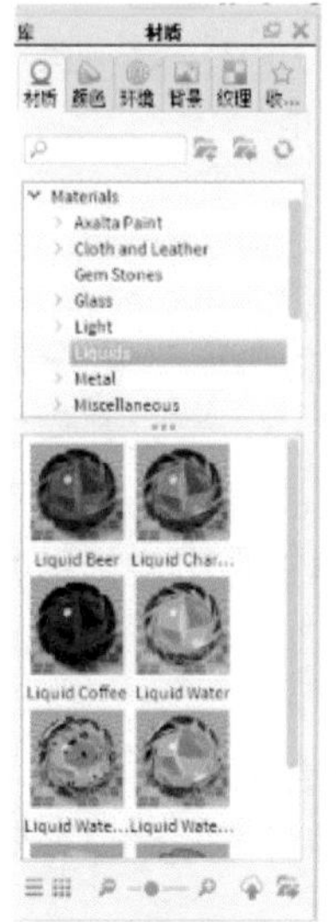

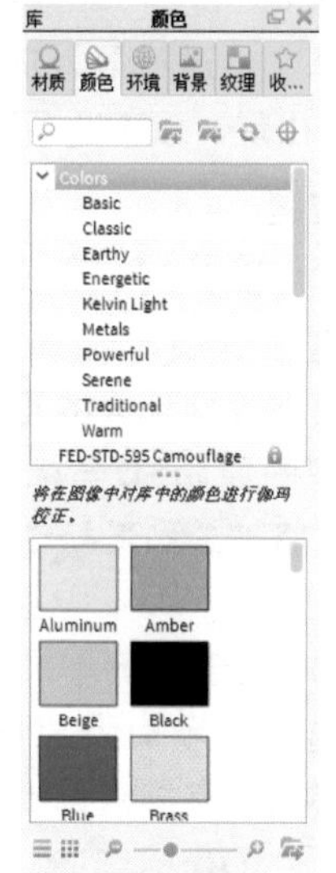

图6-5

6.2.3 项目

单击“项目”按钮，主要包含模型的信息，可以对面板中模型的场景、材质、环境等信息进行参数设置修改，如图6-6所示。

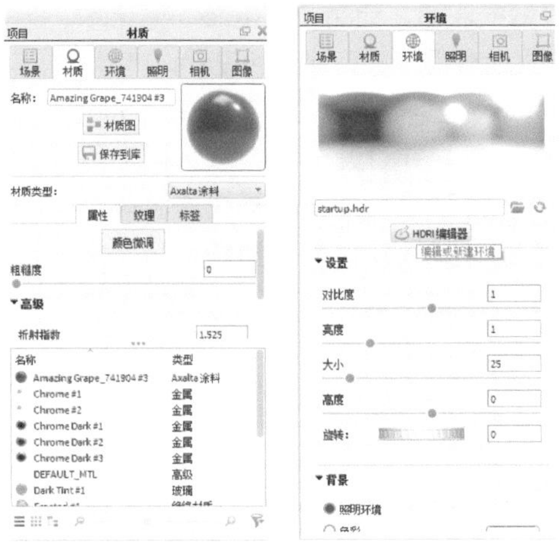

图6-6

6.2.4 动画

动画制作功能在KeyShot主界面下侧，单击“动画”按钮，弹出“动画”窗口，如图6-7所示。“动画”窗口包含上部的“前进”“后退”等按钮，这组按钮用于动画的控制。“循环”按钮用于控制动画是否循环放映，“预览”按钮用于预览动画的效果，“设置”按钮用于时间轴的设置。“动画向导”按钮用于制作动画，下侧的时间轴界面类似于Flash时间轴展示动画的持续时间和动作的先后顺序。

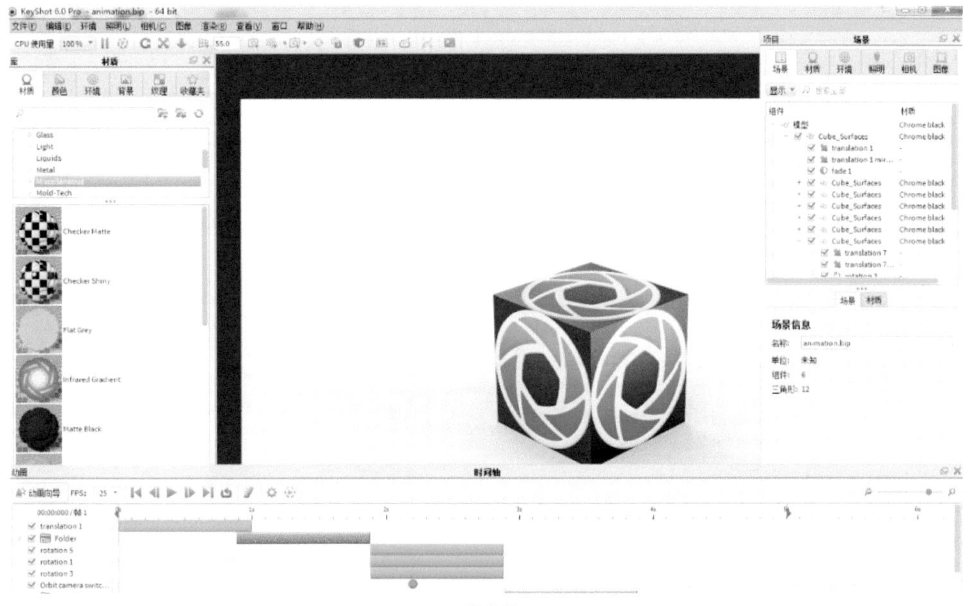

图6-7

KeyShot动画系统主要设计用来轻松实现移动部件的简单动画。动画不是使用传统关键帧系统创建的，而是作为模型或部件的单个转换，多个转换可以被添加到单一部件，所有的转换都将以时间轴表示，这些转换可以在时间轴里交互式地移动和缩放，以调整时间设置，改变动画的持续时间。

6.2.5 KeyShotVR

单击“KeyShotVR”面板按钮，可以进行做网页交互式的3D产品演示，提供转盘、球形、半球形等类型的动画方式，如图6-8所示。还可以制作交互式的可触摸观影，让用户在电脑、笔记本或移动设备上从各个角度全方位地查看产品、演示和设计。

KeyShotVR 集成于KeyShot，这意味着可以直接在KeyShot中创建高品质的交互性的产品图像，并且几分钟内就可以上传到网上。在电脑上查看图像可以拖动鼠标，而在触摸式设备上则通过手指触摸查看，完全不需要安装任何浏览插件。它完全不依赖WebGL，因此您可以随心所欲地在设备上拖动高度逼真的产品图像。

360° 全域体验KeyShotVR超越了简单的转盘视图。 使用KeyShotVR，您可以创建真正的全域360° 产品体验。查看产品的每个角度或使用相机作为转折，以创建第一人称视角或全景拍摄。 KeyShotVR向导将引导您完成，让您可以在渲染之前预览VR。

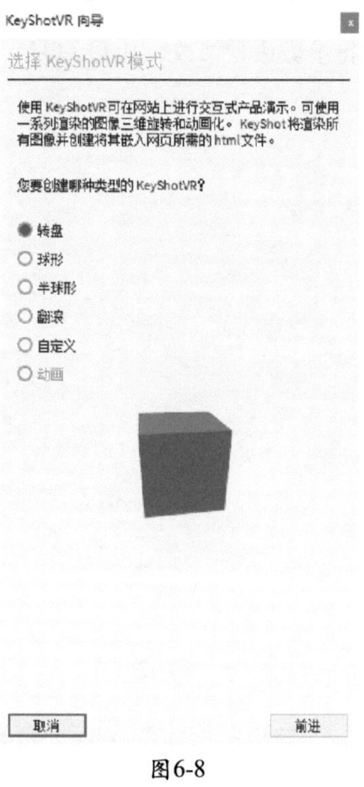

图6-8

- 触摸手势控制

通过触摸来放大、缩小、旋转图像，从而进一步查看产品的每个细节。创建KeyShotVR时就设置好了缩放比例，查看时保证您看到的是分辨率最高的高清图像。

- 动画演示产品

支持包括动画VR在内的6种不同的KeyShotVR类型，用动画生动逼真地演示产品功能的每一个细节。

6.2.6 渲染

单击“渲染”按钮，提供渲染产品输出的保存路径、格式、大小和分辨率等调节方式，如图6-9所示。

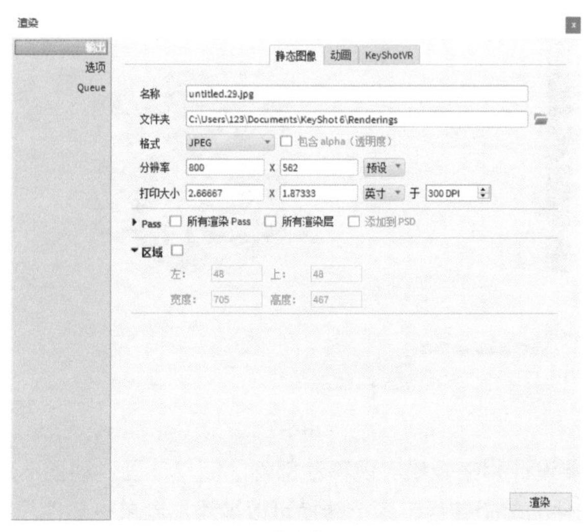

图6-9

6.3 KeyShot 6.0的新特征

6.3.1　提高流程效率

KeyShot 6.0提高流程效率的功能包括：室内照明模式、实时区域渲染、保存场景设置、多层PSD。

KeyShot 6.0提供了高效便捷的设置场景、令人惊叹的视觉效果和速度。KeyShot在效果呈现方面一直是快速和容易的。KeyShot 6.0继续专注于让用户的工作流程更顺畅，从导入到最终渲染，这些特性会使用户创造出的视觉效果比以往任何时候都要更快。

室内照明模式：KeyShot 6.0有6个新的照明模式和1个新的照明算法，设置或调整场景照明优化内部或产品照片，只需要切换到性能模式或使用自己自定义预设的一个按钮，效果如图6-10所示。

图6-10

实时区域渲染： KeyShot Pro用户可以在一个场景中的任何区域进行实时渲染。只有实时视图中的边界框包围的区域将呈现实时渲染效果。

保存场景设置：设置活动现场允许用户很容易与KeyShot高清用户共享一个场景创建KeyShot Pro。

多层PSD ：通过PSD文件渲染静态图像和动画帧，并传递单独的Photoshop图层文件。

6.3.2　更大的材质控制

KeyShot 6.0这方面的功能包括：强大的材质库、标签上的材质、材质动画。

KeyShot 6.0拥有更多的控制与增强材质，让三维图像编辑创造无限的可能性，如图6-11所示。KeyShot提供科学准确的材质，让你很简单就能够得到想要的外观。KeyShot 6.0带给用户更大的可控制材质选项与先进的编辑功能，来扩大用户的材质和结构的可能性。

图6-11

材质库：现在KeyShot 6.0的材质编辑比以往任何时候都更丰富，材质库会在单独的窗口中打开，并显示材质、纹理、标签和更多的节点在图形可视化复合材质内部的联系和关系。

材质在标签上：KeyShot 6.0可以应用于标签材质和纹理增强外观，以及更准确的通信性能。

材质动画：能够迅速地调整材质颜色或设置，改变材质不透明度或褪色。

6.3.3 惊人的新功能

KeyShot 6.0惊人的新功能包括：几何视图、几何图形编辑器、脚本控制台、移位镜头，如图6-12所示。

图6-12

当你想要更多地关注工作流创建，KeyShot 6.0中的新功能提供了令人难以置信的方式切掉那些耗时的步骤，和完全消除后处理步骤的自动化任务。

几何视图：KeyShot 6.0引入了一个全新的方式和几何视图设置场景。这种高度响应二次实时视图提供了一个额外的相机角度、1:1动画回放、相机路径动画控制。

几何图形编辑器：几何编辑带来了分裂的自由表面、计算顶点法线、分离单个表面和关闭开放的边界。

脚本控制台：分享、保存和自动化。KeyShot 脚本允许用户释放关于KeyShot功能更多的可能性使用Python脚本。

移位镜头：新的转移镜头允许用户在调整垂直场景时，只需要单击一个按钮，使建筑照片和内部设置成为一项轻松的乐事。

6.3.4 强大的功能增强

KeyShot 6.0强大的功能增强包括：相机路径动画、新增插件、保持图像质量、全景动画，如图6-13所示。

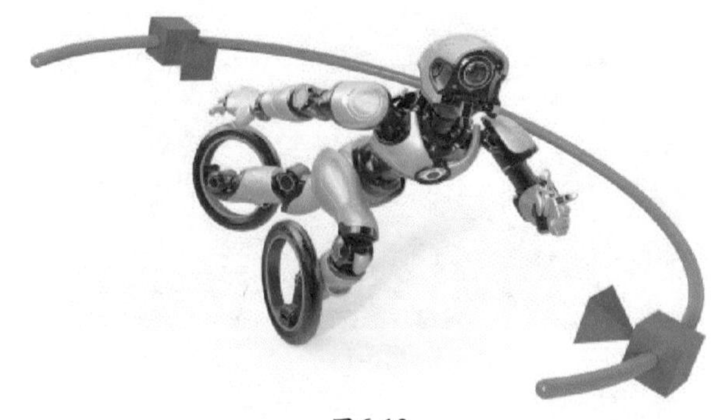

图6-13

相机路径动画：KeyShot 6.0能够增添相机路径动画的流畅性、更具活力的摄像机运动和更多的控制你的相机。

新增插件：新的免费插件带来更多的先进技术支持玛雅LiveLinking能力，3ds Max和电影4D。

保持图像质量：在互动网站和移动画面中保持惊人的细节和图像质量。

全景动画：KeyShot 6.0现在可以创建全景相机动画，简单地使用相机本身旋转的中心查看。

6.4 KeyShot 6.0 5种贴图介绍

在渲染物件的时候，贴图常常是不可缺少的部分，贴图主要用于描述对象表面的物质形态，构造真实世界中自然物质表面的视觉表象。不同的贴图能给人带来不同的视觉感受，KeyShot渲染器提供了5种贴图模式，分别为色彩贴图、反射贴图、凹凸贴图、法线贴图和不透明贴图，下面介绍这5种贴图。

6.4.1 色彩贴图

色彩贴图主要使用照片来替换基本的固体漫反射色，用来重建基于现实世界材质照片的逼真的数字材质，任何常规图像格式都可以映射到色彩贴图可用的材质类型上，图6-14展示了木质纹理在高级材质上映射到色彩纹理的效果。

图6-14

6.4.2 反射贴图

反射贴图可以使用黑色和白色数值指出有不同的反射强度级别的区域，黑色会指出反射率为0%的区域，而白色则指出反射率为100%的区域，图6-15中的金属部分是反光的，并发出反射光，而生锈的部分则没有，生锈的部分映射了黑色，而金属部分则映射了白色。

图6-15

6.4.3 凹凸贴图

凹凸贴图用于创建微小的材质细节，使模型表面产生凹凸不平的视觉效果，就像捶打过的烙和拉丝镍，如图6-16所示。创建凹凸贴图有两种不同的方法：第一种也是最简单的方法，是通过应用黑白图像，第二种方法是应用法线贴图。

图6-16

6.4.4 法线贴图

法线贴图主要用于创建图6-17所示的捶打过的烙，法线贴图比标准的黑白凹凸贴图包含更多的色彩，这些额外的色彩代表了X、Y和Z坐标上不同的失真级别，能够创建更加复杂的凹凸效果，而黑白凹凸贴图只有两种规模。当然了，大多数凹凸效果都可以看起来非常真实。

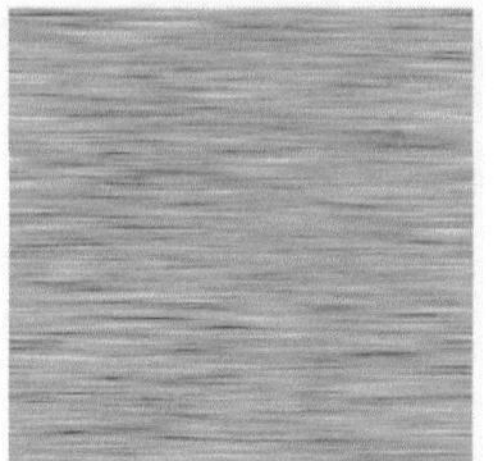

图6-17

6.4.5 不透明贴图

不透明贴图可以使用黑白值或者Alpha通道让材质的某些区域变透明，特别有助于创建网状材质，无需实际建模网洞，如图6-18所示。

图6-18

不透明模式

不透明模式可以设置成3种不同的方式，如下所述。

● Alpha

使用嵌入到图像里的Alpha通道创建透明度，如果没有现成的Alpha通道，将不显示透明度。

● 色彩

将黑色区域看作为完全透明，白色区域完全不透明，50%灰阶、50%透明，这种方式可以避免对Alpha通道的需求。

● 反色

反色是指色彩的相反颜色，白色将代表完全透明，黑色将代表完全不透明。

6.5 KeyShot 6.0材质的使用方法

材质可以看成是材质和质感的结合。在渲染程式中，它是表面各可视属性的结合，这些可视属性是指表面的色彩、纹理、光滑度、透明度、反射率、折射率、发光度等，因此材质在3D渲染过程中有着非常重要的作用。那么KeyShot3D渲染软件的材质通常都怎么使用呢？本节将着重讲解如何在KeyShot中复制材质、粘贴材质和编辑材质。

6.5.1 复制和粘贴材质

复制和粘贴材质的方法有两种。复制和粘贴时，最重要的是要理解，当材质复制到另一个从属部分时，任何编辑都会影响到该材质的两个部分。

方法一：通过按下“Shift+左键”将材质分配到一个模型。粘贴材质时，按“Shift+右键”，从项目库中将复制相同的材质，并将其粘贴到另一部分，后面所做的任何修改将影响到该材质两个部分。

方法二：通过鼠标拖曳，从大项目库中拖曳材质到模型的另一部分。

6.5.2　在项目库中使用材质

在主菜单的项目选项中，当在材质库中使用材质并分配到模型时，该材质被放置在“项目库”副本，所有材质将以缩略图的形式表示。该窗口将显示活跃场景内的所有材质。如果材质不再使用在场景中，它会自动从项目库中删除，如图6-19所示。

图6-19

6.5.3　编辑材质

查看材质特性，进行更改的方法有很多种，但所有的编辑是通过在项目窗口中找到的材质选项卡进行的，如图6-20所示。

访问材质性能的方法有以下4种。

（1）在实时视图模型上通过鼠标双击材质的一部分。

（2）通过鼠标双击重大项目库中的缩略图。

（3）通过场景树的一部分，用鼠标右击选择“编辑材质”。

（4）通过选择场景中的部分，在第二个窗格中选择“编辑材质”。

图6-20

对材质所做的所有编辑将在实时视图中交互更新。

6.6 KeyShot 6.0 控制灯光位置和反射的方法

调光在各类渲染软件中的作用都十分重要，可以说效果做得好不好，主要看灯光调得好不好。调光涉及到与环境的配合、反射、折射等问题。虽然环境灯光是KeyShot预设的，但是也有相当多的调整，可以改变它的位置和反射的情况。

按住“Ctrl+鼠标左键”，就可以在实时视图中拖曳我们的灯光了，这是简单快捷的方法。如图6-21所示，是拖曳调整灯光后的对比，显示相同的材质和环境相同的相机视图。

图6-21

这将旋转环境，改变环境项目窗口中的选项卡中发现的“旋转”属性值。KeyShot可以确定环境中最亮的光源，将计算出相应的阴影。

控制照明和反射的一个方法是通过调整项目窗口中的“环境”选项卡中的“高度”滑块，如图6-22所示。这将转向环境领域，并也将改变照明和反射如何影响模型。

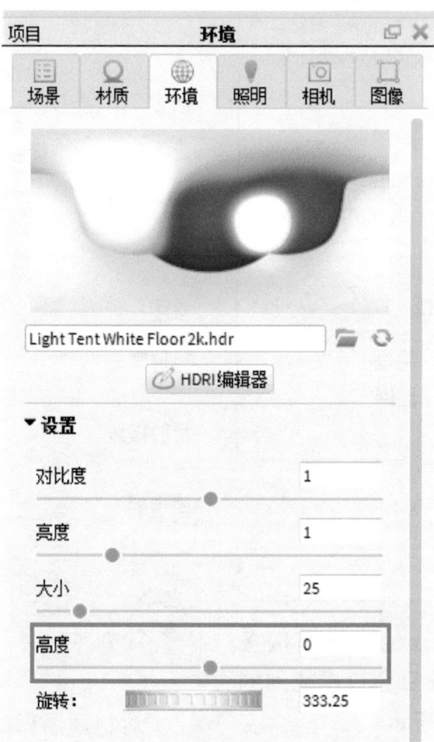

图6-22

另一种方法是在灯光照明环境领域项目窗口中的“环境”选项卡中调整“大小”滑块。

6.7 KeyShot 6.0 HDRI编辑器介绍

KeyShot是一个单机的3D渲染和动画制作应用程序，KeyShot HDRI编辑器是调整照明环境的一种简单方式，编辑器调节和针菜单可以停在“编辑器”对话框的左边或右边。

● 打开HDRI编辑器

KeyShot HDRI编辑器位于项目窗口的环境选项卡里，如图6-23所示。

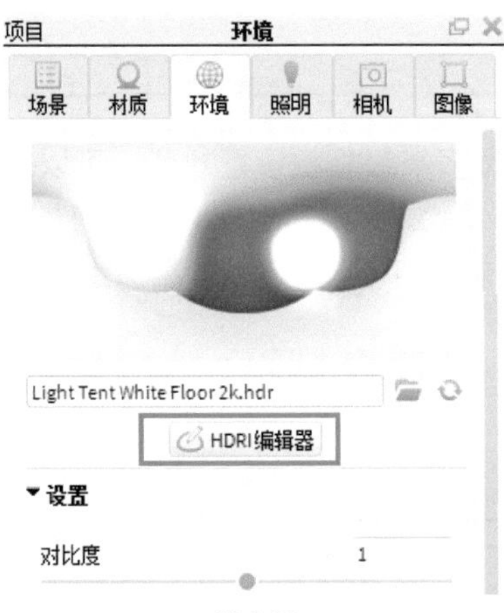

图6-23

单击“HDRI编辑器”按钮，出现如图6-24所示的对话框。

图6-24

● 文件（见图6-25）

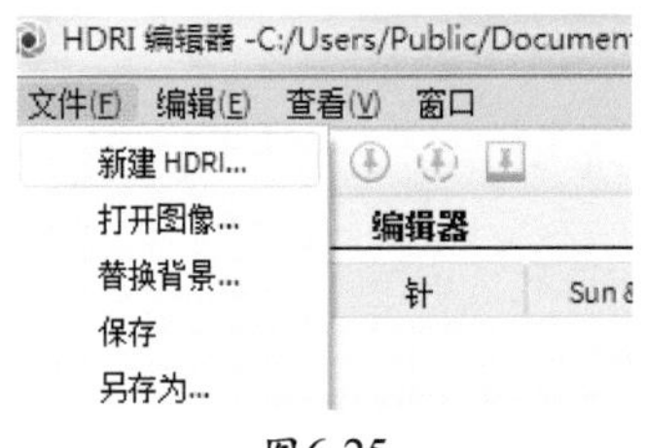

图6-25

新建HDRI：单击“新建HDRI”选项，可以从头开始创建一个HDRI环境，将会提示你给新建的HDRI选择分辨率和背景颜色。

打开图像：推荐使用HDRI图像文件或KeyShot HDZ时，HDRI编辑器允许使用低动态范围图像，如JPG、PN和GIF。

替换图像：用其他图像文件替换掉HDRI。

保存：将当前HDRI保存到KeyShot HDZ文件中。

另存为：将当前HDRI以不同的文件名保存为HDRI。

● 编辑（见图6-26）

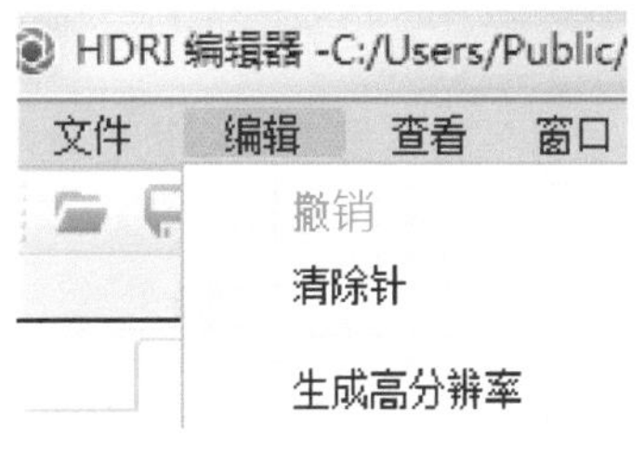

图6-26

撤销：列出在HDRI编辑器中执行的上一步操作，注意：HDRI编辑器中的“撤销”是一个单独的动作列表，并非KeyShot中的“撤销”。

清除针：从针列表删除所有的针。

生成高分辨率：当某个环境正在被编辑时，图像尺寸会缩小以提高性能，使用“生成高分辨率”选项查看完整的质量环境。

● 查看（见图6-27）

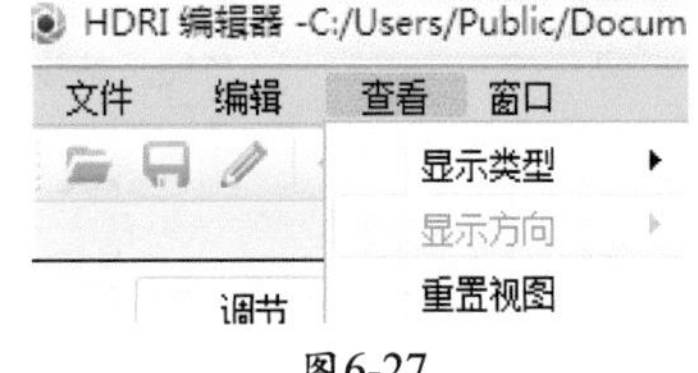

图6-27

显示类型：通过这里，可以在“平坦”和“球形”之间进行切换。“平坦”会将HDRI延伸为可以编辑的平坦矩形图像，“球形”选项展示减少失真的两个圆形投影上的图像。

显示方向：在这里选择最适合自己的方向。

重置视图：拖动HDRI之后，单击“重置视图”选项将HDRI移回到默认位置。

● 窗口（见图6-28）

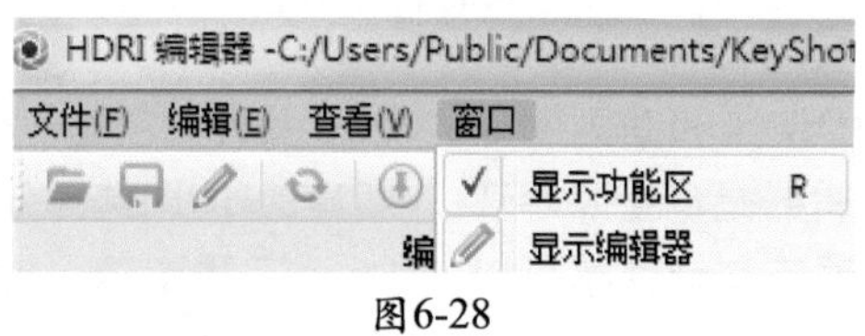

图6-28

显示功能区：启用该选项显示HDRI功能区，这里提供了很多HDRI编辑器快速操作工具。

显示编辑器：启用该选项显示编辑器面板，这里面有图像调节、针和Sun&Sky设置。

6.8 KeyShot 6.0景深功能使用方法

KeyShot是一个单机3D渲染和动画制作应用程序，有很多高级相机设置功能，可以微微调整视觉效果的外观，今天我们要讲的是Depth of Field（景深）功能。景深可以保持图像的某个区域聚焦，同时模糊其他区域，让观看者的注意力集中于特定的对象或细节，或者创建更加生动的照片。

● 启用景深功能

在“项目”窗口里，“相机”选项卡下面，向下滚动至“镜头特效”，勾选“景深”前面的复选框，启用“景深”功能，如图6-29所示。

图6-29

● 设置聚焦点

可以使用“对焦距离”滑动条手动设置深度，也可以单击选择“聚焦点”按钮，并选择屏幕上的区域或者想要聚焦的部分，如图6-30所示。

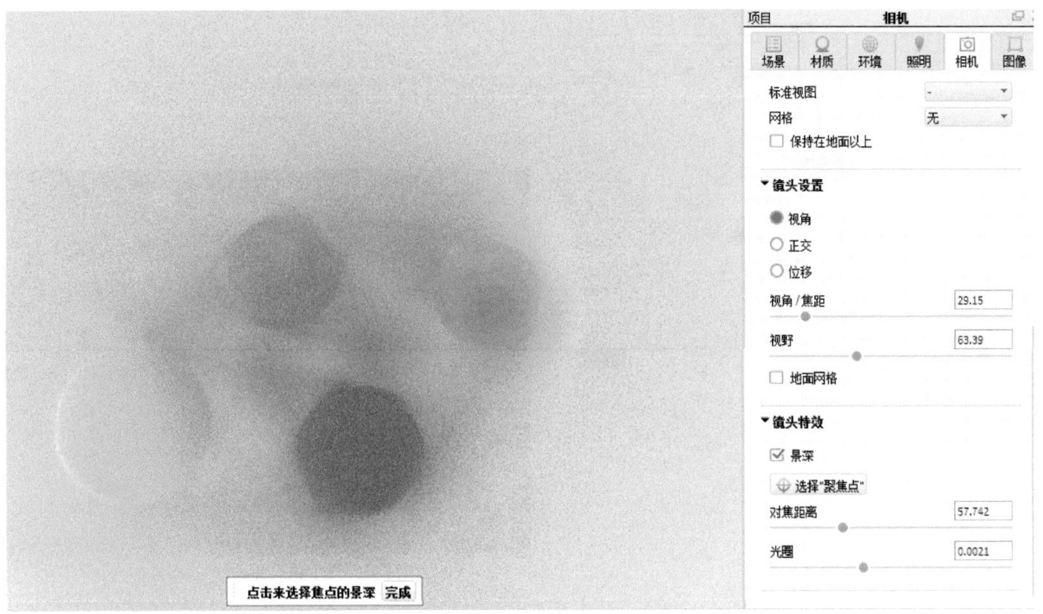

图6-30

● 调整强度

减少光圈值，创建较小的聚焦区域，以获得更加生动的效果，如图6-31所示。

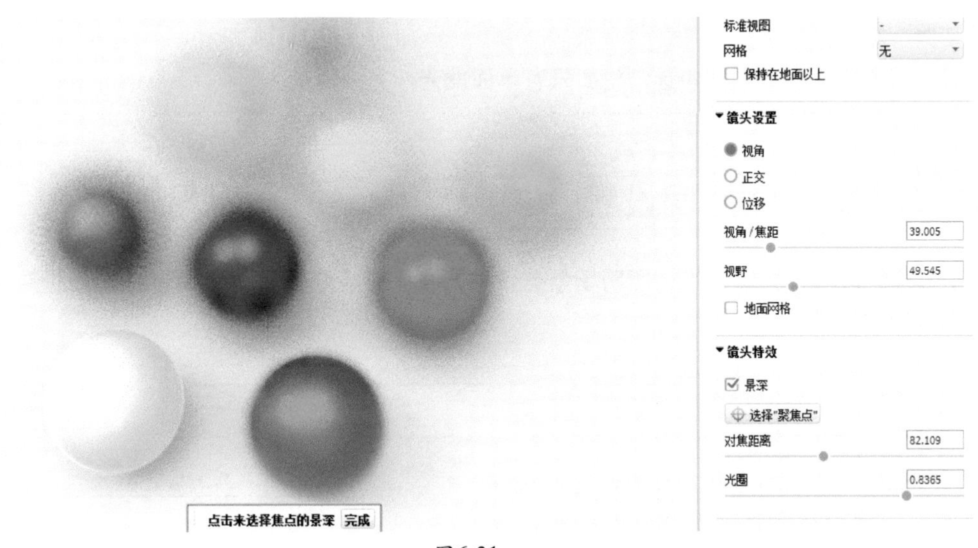

图6-31

6.9 KeyShot自发光材质运用

自发光材质是KeyShot里面唯一的发光材质，可用于模拟小的光源，如LED、灯具、会发光的屏幕显示。这个发光材质并不表示这个对象可以作为场景中的主光源。首先将“项目”>“环境”>“亮度”调到最暗，让整体环境光暗下来。当需要发光对象的光线对周围物件有影响，需要在“项目”>“照明”里勾选“细化间接照明”选项，以便在实时渲染窗口中照亮其他对象。也需要勾选“地面间接照明”选项，用来照亮地面，自发光材质面板如图6-32和图6-33所示。

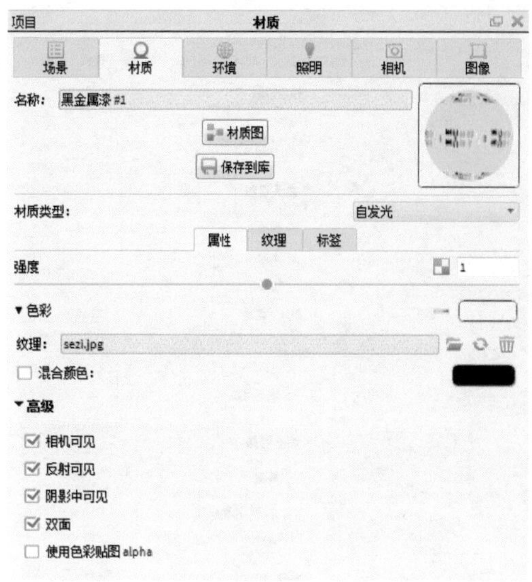

图6-32

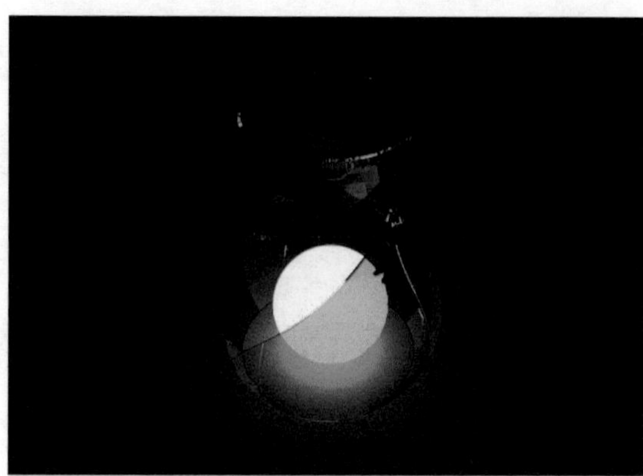

图6-33

【色彩】用于控制发光材质的颜色。

【强度】用于控制发光强度，当使用“色彩贴图”时依然有效。

【相机可见】用于对于相机隐藏发光材质物件，但是依然发出光线。

【反射可见】取消对该项的勾选，会在“镜面”反射里隐藏材质的发光效果，发光效果只对“漫反射”物件效果明显。

【双面】取消对该项的勾选，材质只有单面发光，另一面变为黑色。

6.10 KeyShot照明设置

在KeyShot3D渲染软件中，照明场景有两种方式：环境照明和物理照明，本文主要给大家讲解这两种照明方式。

6.10.1 环境照明

KeyShot中照明场景的主要方法是通过环境照明，环境照明利用球形高动态范围图像（HDRI）来表示内部或外部空间的完整准确的照明。

1. 环境预设

KeyShot自带很多环境照明预设，帮助用户快速上手，可以从库窗口的“环境”选项卡里访问所有的环境预设，其他环境可在KeyShot云上访问，如图6-34所示。

图6-34

2. 环境选项卡

“环境”选项卡是用户控制所有环境照明设置的地方，可通过项目窗口里的“环境”选项卡访问。

3. HDRI编辑器

KeyShot Pro用户可以在“环境”选项卡里直接看到HDRI编辑器，位于HDRI预览下面，如图6-35所示。

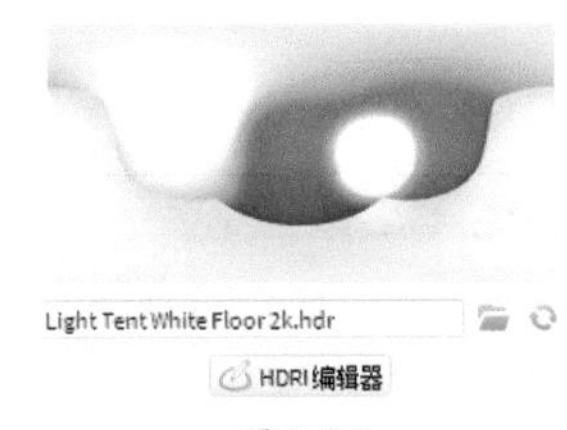

图6-35

6.10.2 物理照明

KeyShot里除了准确的环境照明，物理照明还允许添加不同类型的照明，成为KeyShot材质类型之后，可以将它们应用于任何几何图形，将该几何图形转变为本地照明源，这是一种完全不同于传统渲染软件的方法，其渲染照明更加灵活。

照明源

有3种材质类型照明源，提供不同的照明功能，如下所述。

（1）区域照明漫反射

可以将任何对象转变为照明阵列，在实时窗口中查看和调整位置，利用功率（瓦特）或Lumens（流明）控制照明的强度。

（2）点照明漫反射

可以将任何对象转变为点照明，在实时窗口中查看和调整位置，利用功率（瓦特）或Lumens（流明）控制照明的强度。

（3）点照明IES轮廓

在编辑器中单击文件夹图标加载IES轮廓，通过材质预览查看IES轮廓的形状。

6.10.3 添加照明

照明源可以添加到你喜欢的任何对象中，导入新的几何图形或使用现有几何图形作为照明源，可以让你同时轻松控制多个相同的照明源，无需在场景里导入并放置其他对象。

当你拖放“照明材质”到某个对象上时，KeyShot将通过添加一个灯泡图标到该对象旁边来识别该照明源，只需双击该对象，选择类型，然后从列表里选择其中一个照明源。

6.11 KeyShot动画的类型

模型/部件动画

这种类型的动画主要移动或改变场景里的几何图形。

6.11.1 平移动画

平移指的是动画的某个部件或模型沿着X、Y、Z轴移到另一个位置，在场景树里用鼠标右击部件或模型，从“动画”下拉列表中选择“平移”，或者通过动画向导，可以将平移应用到部件或模型上。CAD系统里的层次结构将保留，允许平移应用到整个配件或配件的单个部件。添加了平移之后，Y轴上一个单位的平移将被创建，持续时间为1秒钟，该平移将显示在部件下面的场景树中，如图6-36所示。

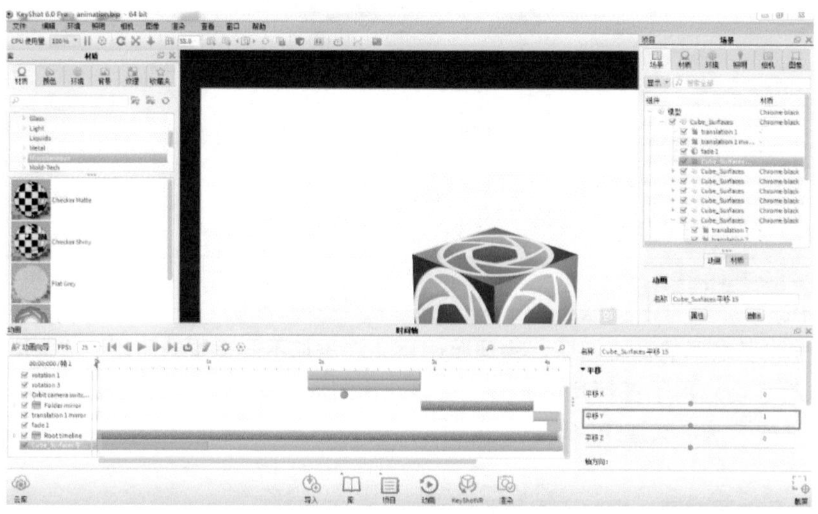

图6-36

6.11.2 旋转动画

旋转也是一种动画类型，模型或部件沿坐标轴旋转，该坐标轴可以通过使用模型或部件的本地坐标轴，或使用场景的整体全局坐标轴来定义，另外还有枢轴点。

旋转可以通过在场景树里右击部件或模型，从“动画”下拉列表中选择“旋转”，或者通过动画向导应用到部件或模型上。CAD系统里的层次结构将保留，允许旋转应用到整个配件或配件的单个部件。添加了旋转之后，X轴上一个90度的旋转将被创建，持续时间为1秒钟，该旋转将显示在部件下面的场景树中，如图6-37所示。

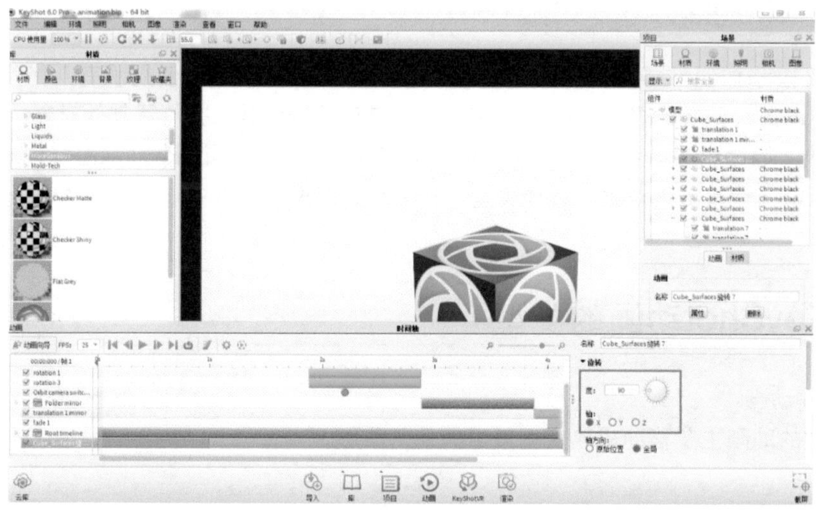

图6-37

6.11.3 淡出动画

可以快速将淡出部件的动画从一个透明度级别应用到另一个级别，实时调整部件的透明度，随着动画的构建查看实时更新。

创建部件或部件分组上的淡出效果和其他任何部件动画一样，在场景树里右击部件或部件分组，选择“动画”>“淡出”命令，如图6-38所示。根据需要调整“淡出始于”/“淡出结束于”值，以及动画时间轴右边属性面板中的淡出宽松时间和持续时间。还可以使用“动画向导”，选择“淡出”选项作为动画类型，然后继续通过向导选择部件，调整淡出设置。

图6-38

6.11.4 KeyShot 6.0 快捷键运用

KeyShot快捷键	
选择材质	Shift+ 左键
赋材质	Shift+ 右键
镜头缩放	Alt+ 中键
旋转模型	左键
移动模型	中键
打开背景图片	Ctrl + B
打开材质库	M
打开 HDIR	Ctrl + E
打开热键显示	K
满屏模式	F
显示所有模型	Ctrl + U
模型自由式旋转	Shift+Alt+Ctrl+ 中键
模型比例缩放	Shift+Alt+ 右键
模型水平旋转	Shift+Alt+ 中键
模型水平移动	Shift+Alt+ 左键
模型垂直移动	Shift+Alt+Ctrl+ 左键

6.12 KeyShot工作流程——静物实例讲解

KeyShot的使用非常简单和便捷，不管是在操作上还是后期的渲染，都比传统软件花费的时间要少很多，更重要的是对没有经验的初学者来说特别容易上手，能够大大减轻设计师的工作量。从数据导入到直接输出最后的逼真图像，仅仅只需要6个步骤，本文以KeyShot 6.0为例，使用其界面下部工具栏中的6个图标所提供的功能即可完成工作。下面以这组静物渲染为例，对KeyShot 6.0渲染器工作流程进行详细的介绍。

6.12.1 导入3D模型

单击KeyShot操作界面下部的“导入”按钮，即可导入多种类型的3D数据文件。KeyShot支持目前市面上众多的三维软件文件格式，例如：OBJ、SolidWorks、Rhino、SketchUp、STEP、3DS、IGES、FBX和WIRE等。

在Rhino里面建造好模型后，就需要使用图层对模型对象进行有效的管理，将建好的模型每个物件或者部件根据不同的材质设置不同图层，这样有利于导入KeyShot里面进行渲染。在建造好的这组静物模型中，单击标准栏中的“图层”按钮，然后在左边图层栏里单击右键新建图层。在选中其模型的状态下，把鼠标放置在图层上单击右键改变物件图层，再重新命名图层名字，这样就设置好了模型图层。依次用这种方法把里面的模型进行不同材质的分层，如图6-39所示。

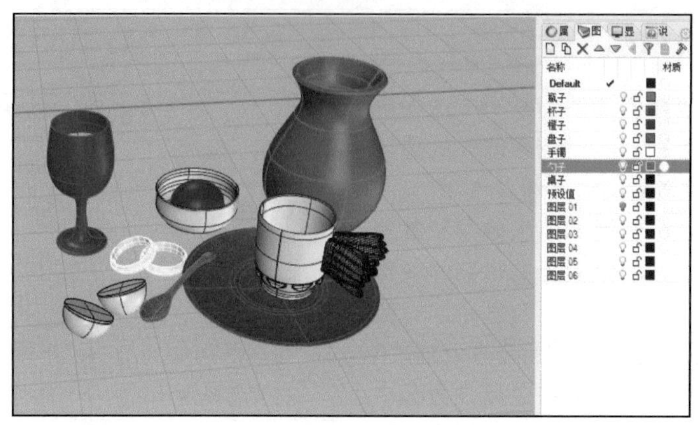

图6-39

6.12.2　给物件赋材质

打开KeyShot 6.0渲染器，选择命令中的“导入”选项，弹出“导入文件”对话框，在相应的路径中找到“静物”文件，即可以把模型文件导入渲染器中。

01　单击“材质”选项卡，打开材质库，通过“快捷键M”也可以打开它。按下“Shift+鼠标左键”单击选中某一个材质，再在物件上按下“Shift+鼠标右键”单击即可指定给该物件，如图6-40所示。另外，也可以将某一材质直接拖到某个物件上，就可以把材质赋给某个物件。双击物件即可修改物件的材质属性。

图6-40

02　单击“库”，左边一栏出现材质库，材质库里面有700多种模拟真实的材质。在此，首先把Metal（金属）材质拖到罐子、碗、手镯、勺子上，便可以看到金属的效果。将鼠标放在模型上单击右键，出现编辑材质选项，再用鼠标左键单击则出现右边的材质编辑面板，可以对材质属性参数进行调节，如图6-41所示。

图6-41

03 在“库”材质里面选择Glass(玻璃）材质，把其拖到玻璃杯上，里面酒的材质也用此材质代替，调节右边的参数和颜色，如图6-42所示。

图6-42

04 在“库”材质里面选择Mold-Tech，把其拖到橙子和柠檬模型的表面上，通过右边的参数调节粗糙度来模拟凹凸粗糙的材质感，如图6-43所示。

图6-43

05 柠檬材质设置，单击漫反射纹理，导入电脑里准备好的柠檬贴图，“映射”选择“UV坐标”，通过移动X轴和Y轴及角度，综合调整贴图的位置，完成后如图6-44所示效果。

图6-44

06 设置环境用来模拟周围环境的一个反射效果，单击“环境”按钮，在下拉列表中选择一张室内的环境贴图，连续单击鼠标两下赋予模型环境反射效果，如图6-45所示。

图6-45

6.12.3 选择光照环境

单击“环境”按钮打开环境库，将某一环境直接拖到当前场景中即可使用该环境。按下“Ctrl+鼠标左键”并拖动可以旋转场景，按下“Ctrl+R键”可以重设场景。可以使用键盘上的方向键来调节亮度。左右箭头是微调，上下箭头是粗调。在右边参数栏里面选择环境里面的设置，如图6-46所示。

图6-46

6.12.4 选择背景图片

01 单击“背景”按钮打开背景图片。按住“Ctrl+B键”可以实时地把模型放入背景图片中，但是照亮模式的灯光仍然是环境贴图，如图6-47所示。可以按“B键”来移除背景图片，按“E键”可以切换环境的显示。

图6-47

02 如果需要自定义背景图像，就可以选择环境里面的背景图像，单击加载你准备好的背景图像，导入到操作区里面，调整角度后如图6-48所示。

图6-48

6.12.5　调整摄像机

01 单击“项目”按钮打开“相机”面板，在“相机”面板中可以随时改变场景中相机的视角。

02 按“Ctrl+鼠标左键”并拖动可以围绕模型旋转，按“Alt+鼠标中键”可以缩放模型，按“Alt+鼠标右键”可以前后移动相机，相机的焦距可以用“Alt+鼠标中键”确定。按“Alt+Ctrl+鼠标右键”单击，可以指定摄像机镜头对准模型的指定区域。在对整体进行角度和环境的调整后，再进行渲染，渲染后的效果如图6-49所示。

图6-49

6.12.6 渲染导出图像

系统自动来实时计算渲染图像。用户可以实时地观察到每次调整的结果。按住“P键”可以随时随地保存当前满意的实时渲染结果。同时，按下“Ctrl+P键”可以设置渲染高分辨率的图像。按下“Ctrl+S键”可以随时保存修改的文件。全部设置完成后，就单击下面的“渲染”按钮，弹出设置面板，对渲染的保存路径、分辨率、打印大小进行调节，设置完成单击“渲染”按钮，如图6-50所示。

图6-50

6.13 制作旋转动画实例讲解

01 打开keyShot 6.0渲染器，在启动显示面板里面选择软件自带的模型相机，如图6-51所示。

图6-51

02 把相机模型导入后，单击下方的“动画”按钮，显示“动画”面板，如图6-52所示。

图6-52

03 在“动画”面板中，单击“动画向导”按钮弹出面板框，有“模型动画”和“相机动画”两种选择，在这里，运动方式我们选择模型动画的转盘，再单击“前进”按钮，如图6-53所示。

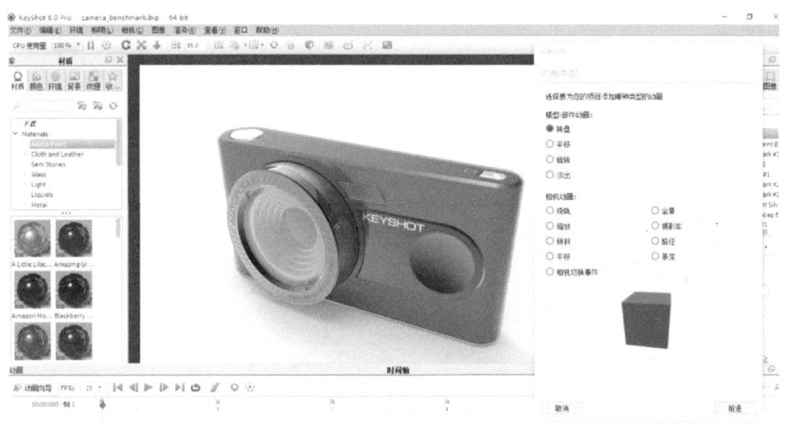

图6-53

04 单击“前进”按钮后会显示出动画应用的模型，再单击“前进”按钮，如图6-54所示。

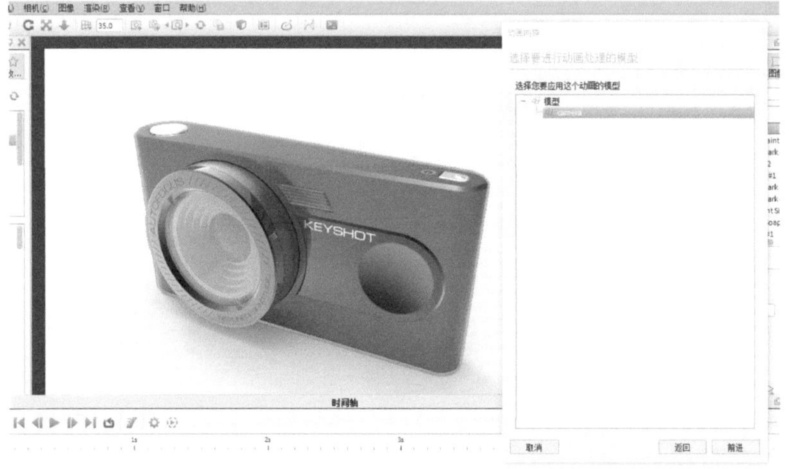

图6-54

05 这里选择“旋转中心”模型，方向为“顺时针”，“缓和运动”为“线性”，单击“完成”按钮，如图6-55所示。

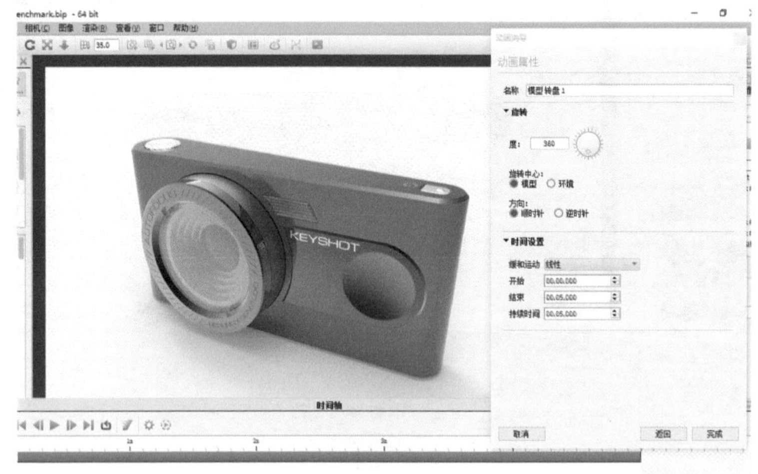

图6-55

06 在“动画”面板框中可以单击“播放”按钮，看效果如何，如图6-56所示。

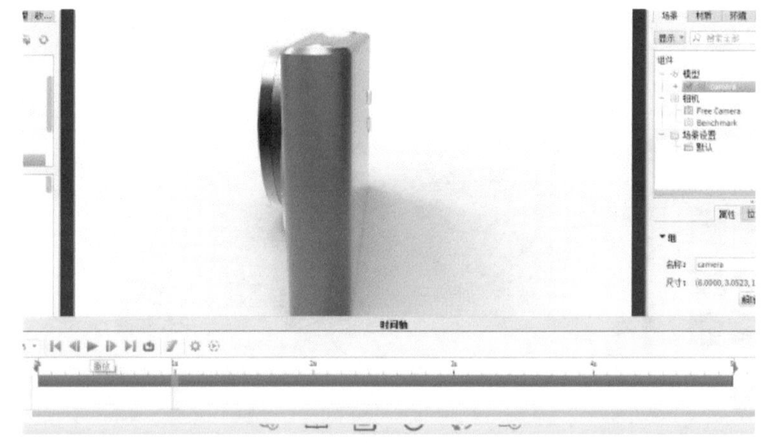

图6-56

07 最后就是保存动画，保存动画有两种途径：第一，单击“预览”按钮，在预览动画窗口中可以保存动画（见图6-57）。第二，在渲染界面中选择“输出动画”选项，然后选择视频，保存动画（见图6-58）。

图6-57

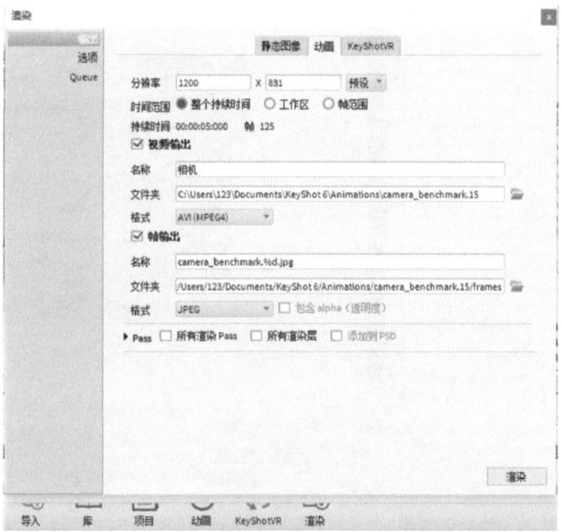

图6-58